National Computer Rank Examination

全国计算机等级考试

上机考试题库

二级 Python

全新 考试指南+高频考点+考试题库

含 二级公共基础知识

策未来◎编著

人民邮电出版社

北京

图书在版编目（CIP）数据

全国计算机等级考试上机考试题库. 二级Python /
策未来编著. —— 北京：人民邮电出版社，2021.1（2021.7重印）
ISBN 978-7-115-55133-7

Ⅰ. ①全… Ⅱ. ①策… Ⅲ. ①电子计算机－水平考试
－习题集②软件工具－程序设计－水平考试－习题集
Ⅳ. ①TP3-44

中国版本图书馆CIP数据核字(2020)第215859号

内 容 提 要

本书面向全国计算机等级考试二级 Python 语言科目，严格依据新版考试大纲整理试卷，并配有视频解析和详细的文字解析，以帮助考生在较短的时间内顺利通过考试。

本书共 4 部分。第 1 部分为考试大纲、考试环境、考试流程以及 Python 的安装和使用方法的介绍。第 2 部分为二级公共基础知识和二级 Python 语言程序设计的高频考点讲解。第 3 部分为精选的 10 套考试题库试卷及答案解析。第 4 部分为两套新增无纸化真考套卷及答案解析。

本书配有智能考试系统，该系统主要有考试题库、模拟考场等功能模块。其中，"考试题库"模块包含 13 套历年真考试卷，考生可指定用某一套真考试卷进行练习，并可以随时查看答案解析。"模拟考场"模块则是随机组卷，其考试过程完全模拟真实考试环境，限时做题；若考生未能在规定的考试时间内交卷，则系统会强制交卷。交卷后软件系统自动评分，其评分机制亦与真实考试一致，考生可据此自测，提高复习效率。

本书可作为全国计算机等级考试二级 Python 语言科目的练习册，也可以作为二级 Python 语言的考前复习书。

- ◆ 编　著　策未来
  责任编辑　牟桂玲
  责任印制　马振武
- ◆ 人民邮电出版社出版发行　　北京市丰台区成寿寺路 11 号
  邮编　100164　电子邮件　315@ptpress.com.cn
  网址　https://www.ptpress.com.cn
  三河市德利印刷有限公司印刷
- ◆ 开本：787×1092　1/16
  印张：14
  字数：464 千字　　　　　　　　　2021 年 1 月第 1 版
  印数：20 801 – 28 800 册　　　　2021 年 7 月河北第 5 次印刷

定价：59.00 元

读者服务热线：**(010)81055410**　印装质量热线：**(010)81055316**
反盗版热线：**(010)81055315**
广告经营许可证：京东市监广登字 20170147 号

丛书编委会

丛书主编：朱爱彬

学科主编：尹　海

编　　委(排名不分先后)：

刘志强	尚金妮	段中存	张明涛
朱爱彬	范二朋	胡结华	张　松
方廷香	尹　海	王　超	龚　敏
荣学全	李超群	赵宁宁	曹秀义
蔡广玉	刘　兵	王　勇	钱林林
韩雪冰	章　妹	王晓丽	何海平
刘伟伟	王　翔	费　菲	詹可军

前 言

全国计算机等级考试由教育部考试中心主办，是国内影响较大、参加考试人数较多的计算机水平考试。此考试的根本目的在于以考促学，这决定了它的报考门槛较低，考生不受年龄、职业、学历等背景的限制，任何人均可根据自己学习和使用计算机的实际情况，选考不同级别的考试。

对于二级 Python 语言程序设计科目，考生从报名到参加考试只有 3 个月左右的时间，备考时间短，不少考生存在选择题或操作题其中一项偏弱的情况，为帮助考生提高备考效率，我们精心编写了本书。

本书具有以下特点。

1．总结无纸化考试高频考点

要想在有限的时间内掌握所有的知识点，考生会感到无从下手。本书通过对无纸化考试题库中的题目进行分析，总结出二级公共基础知识以及二级 Python 语言程序设计的高频考点，以知识点串讲的形式，帮助考生快速、高效地掌握考点。

2．研究无纸化考试题库

在深入研究考试试题的基础上，本书对考试的题型和考查点进行总结。精选 10 套完整的真考试题，供考生演练考题和实践 Python 语言编程。每道试题都有答案解析，操作题还附带视频解析，扫码即可学习。

3．新增无纸化真考套卷及答案解析

每次计算机等级考试时，考试题库中都会更新部分试题。未来教育研究等级考试近二十年，根据试题分布规律，从新增的考试题库试题中精选两套试题，供考生模拟演练。

4．提供配套智能考试系统

为了更好地帮助考生提高复习效率，本书提供配套的智能考试系统。该系统主要包含以下功能模块。

●考试题库：包含历年考试题目，以套卷的形式提供。考生在练习时可以随时查看答案及解析。

●模拟考场：完全模拟真实考试环境，其操作界面、答题流程、评分标准均与真考的情况一致，能帮助考生提前熟悉真考环境和考试流程。

尽管我们在编写过程中精益求精，书中也难免存在错漏之处，恳请广大读者批评指正。考生在学习的过程中，可以访问未来教育考试网，及时获得考试信息及下载资源。如有疑问，可以发送邮件至 muguiling@ ptpress.com.cn，我们将会给您满意的答复。最后，祝愿各位考生顺利通过考试。

编 者

目　录

## 第1部分

上机考试指南

## Part 1

报 名

分为**考点现场报名与网上报名**。

考生在考点现场报名时，需出示有效身份证件以及缴纳相关的考试费。考生一定要亲自到场，不能由任何单位、个人代办。考生按要求进行信息采集，并逐一核实报名表上的个人信息。

考生在网上报名时，需先在所在省份的网上报名系统注册并填报相关基本信息、上传正面免冠电子近照，然后进行网上缴费或至指定地点缴费并确认身份信息，完成报名。

领取准考证

一般在考前15天左右，考生可登录报名网站查看、打印准考证，或者去报名考点领取。考试具体时间、地点均以准考证为准，不得更改。

模拟考试

一般在考前一周左右，考生可以携带有效身份证件和准考证到考点参加模拟考试，最好不要错过。

正式考试

考生携带有效身份证件、准考证等考试相关物品在指定时间到达考点，按照考场要求参加正式考试。

成绩查询

一般在考后30个工作日内由教育部考试中心将考试成绩下发给各省级承办机构。一般考后50个工作日，考生可查询成绩。查询方式有多种，考生届时要多关注网上的相关信息，或与考点联系。

领取证书

考试成绩为及格及以上者，由教育部考试中心颁发合格证书。一般考后45个工作日教育部考试中心将证书下发给各省级承办机构，然后由各省级承办机构逐级转发到考点。考生须与考点联系，在指定的时间由本人携带有效身份证件到考点领取证书。

1.1 考试大纲专家解读

1.1.1 二级公共基础知识考试大纲

基 本 要 求

（1）掌握计算机系统的基本概念，理解计算机硬件系统和计算机操作系统。

（2）掌握算法的基本概念。

（3）掌握基本数据结构及其操作。

（4）掌握基本排序和查找算法。

（5）掌握逐步求精的结构化程序设计方法。

（6）掌握软件工程的基本方法，具有初步应用相关技术进行软件开发的能力。

（7）掌握数据库的基本知识，了解关系数据库的设计。

考 试 内 容

1. 计算机系统

大 纲 要 求	专 家 解 读
（1）掌握计算机系统的结构。 （2）掌握计算机硬件系统结构,包括 CPU 的功能和组成,存储器分层体系,总线和外部设备。 （3）掌握操作系统的基本组成部分,包括进程管理、内存管理、目录和文件系统、I/O 设备管理	新增知识点,多出现在选择题的第 1 题中,约占总分的 1%

2. 基本数据结构与算法

大 纲 要 求	专 家 解 读
（1）算法的基本概念;算法复杂度的概念和意义(时间复杂度与空间复杂度)。 （2）数据结构的定义;数据的逻辑结构与存储结构;数据结构的图形表示;线性结构与非线性结构的概念。 （3）线性表的定义;线性表的顺序存储结构及其插入与删除运算。 （4）栈和队列的定义;栈和队列的顺序存储结构及其基本运算。 （5）线性单链表、双向链表与循环链表的结构及其基本运算。 （6）树的基本概念;二叉树的定义及其存储结构;二叉树的前序、中序和后序遍历。 （7）顺序查找与二分法查找算法;基本排序算法(交换类排序,选择类排序,插入类排序)	其中(1)、(3)、(4)、(6)是经常考核的内容,需要熟练掌握,多出现在选择题的第 2～4 题中,约占总分的 3%。其余考核内容在最近几次考试所占比例较小

3. 程序设计基础

大 纲 要 求	专 家 解 读
（1）程序设计方法与风格。 （2）结构化程序设计。 （3）面向对象的程序设计方法,对象,方法,属性及继承与多态性	其中(2)、(3)是本部分考核的重点,多出现在选择题的第 5 题中,约占总分的 1%

4. 软件工程基础

大纲要求	专家解读
(1) 软件工程基本概念,软件生命周期概念,软件工具与软件开发环境。 (2) 结构化分析方法,数据流图,数据字典,软件需求规格说明书。 (3) 结构化设计方法,总体设计与详细设计。 (4) 软件测试的方法,白盒测试与黑盒测试,测试用例设计,软件测试的实施,单元测试、集成测试和系统测试。 (5) 程序的调试,静态调试与动态调试	其中(3)、(4)、(5)是本部分考核的重点,多出现在选择题的第6~7题中,约占总分的2%

5. 数据库设计基础

大纲要求	专家解读
(1) 数据库的基本概念:数据库,数据库管理系统,数据库系统。 (2) 数据模型,实体联系模型及E-R图,从E-R图导出关系数据模型。 (3) 关系代数运算,包括集合运算及选择、投影、连接运算,数据库规范化理论。 (4) 数据库设计方法和步骤:需求分析、概念设计、逻辑设计和物理设计的相关策略	其中(2)、(3)、(4)是本部分考核的重点,多出现在选择题的第8~10题中,约占总分的3%。其中关系数据模型和关系代数运算是重中之重,考生要熟练掌握

考 试 方 式

(1) 公共基础知识不单独考试,与其他二级科目组合在一起,作为二级科目考核内容的一部分。

(2) 上机考试,10道单项选择题,占10分。

1.1.2　二级 Python 语言程序设计考试大纲

基 本 要 求

(1) 掌握 Python 语言的基本语法规则。

(2) 掌握不少于2个基本的 Python 标准库。

(3) 掌握不少于2个 Python 第三方库,掌握获取并安装第三方库的方法。

(4) 能够阅读和分析 Python 程序。

(5) 熟练使用 IDLE 开发环境,能够将脚本程序转变为可执行程序。

(6) 了解 Python 计算生态在以下方面(不限于)的主要第三方库名称:网络爬虫、数据分析、数据可视化、机器学习、Web 开发等。

考 试 内 容

1. Python 语言基本语法元素

大纲要求	专家解读
(1) 程序的基本语法元素:程序的格式框架、缩进、注释、变量、命名、保留字、数据类型、赋值语句、引用。 (2) 基本输入输出函数:input()、eval()、print()。 (3) 源程序的书写风格。 (4) Python 语言的特点	以选择题和操作题两种形式考核。选择题中常考核(1)和(2),分值约占总分的1%。操作题中经常考核(3)

2. 基本数据类型

大纲要求	专家解读
(1)数字类型:整数类型、浮点数类型和复数类型。 (2)数字类型的运算:数值运算操作符、数值运算函数。 (3)字符串类型及格式化:索引、切片、基本的 format() 格式化方法。 (4)字符串类型的操作:字符串操作符、处理函数和处理方法。 (5)类型判断和类型间转换	以选择题和操作题两种形式考核。选择题中常考核(1)和(2)。(3)、(4)及(5)是操作题的考核重点,在基本操作题和综合应用题中均有体现

3. 程序的控制结构

大纲要求	专家解读
(1)程序的三种控制结构。 (2)程序的分支结构:单分支结构、二分支结构、多分支结构。 (3)程序的循环结构:遍历循环、无线循环、break 和 continue 循环控制。 (4)程序的异常处理:try-except	以选择题和操作题两种形式考核。选择题中常考核(1)、(2)及(4),(3)中部分知识也在选择题中考核,分值约占总分的2%。(3)是操作题的考核重点

4. 函数和代码复用

大纲要求	专家解读
(1)函数的定义和使用。 (2)函数的参数传递:可选参数传递、参数名称传递、函数的返回值。 (3)变量的作用域:局部变量和全局变量	多以选择题形式考核

5. 组合数据类型

大纲要求	专家解读
(1)组合数据类型的基本概念。 (2)列表类型:定义、索引、切片。 (3)列表类型的操作:列表的操作函数、列表的操作方法。 (4)字典类型:定义、索引。 (5)字典类型的操作:字典的操作函数、字典的操作方法	以选择题和操作题两种形式考核。选择题常考核(1)、(2)及(4),约占总分的5%。(3)和(5)是操作题的考核重点,在3种操作题型中均有体现

6. 文件和数据格式化

大纲要求	专家解读
(1)文件的使用:文件打开、读写和关闭。 (2)数据组织的维度:一维数据和二维数据。 (3)一维数据的处理:表示、存储和处理。 (4)二维数据的处理:表示、存储和处理。 (5)采用 CSV 格式对一维、二维数据文件的读写	以选择题和操作题两种形式考核。(1)和(2)在选择题中多以定义和方法的使用为考核对象。(1)、(3)、(4)及(5)多为操作题的考核对象,其中(1)、(4)及(5)是综合应用题的考核重点

7. Python 计算生态

大纲要求	专家解读
(1)标准库:turtle 库(必选)、random 库(必选)、time 库(可选)。 (2)基本的 Python 内置函数。 (3)第三方库的获取和安装。 (4)脚本程序转变为可执行程序的第三方库:PyInstaller 库(必选)。 (5)第三方库:jieba 库(必选)、wordcloud 库(可选)。 (6)更广泛的 Python 计算生态,只要求了解第三方库的名称,不限于以下领域:网络爬虫、数据分析、文本处理、数据可视化、用户图形界面、机器学习、Web 开发、游戏开发等领域	以选择题和操作题两种形式考核。(4)和(5)是选择题常考核的对象。(1)和(2)是基本操作题和简单应用题常考核的对象。(3)在操作题的 3 种题型中均有体现

考试方式

(1)上机考试,考试时长 120 分钟,满分 100 分。

(2)单项选择题 40 分(含公共基础知识部分 10 分);操作题 60 分(基本操作题、简单应用题、综合应用题)

1.2　考试环境简介

1. 硬件环境

考试系统所需要的硬件环境如表 1.1 所示。

表 1.1　硬件环境

CPU	主频 3GHz 或以上
内　　存	2GB 或以上
显　　卡	SVGA 彩显
硬盘空间	10GB 以上可供考试使用的空间

2. 软件环境

考试系统所需要的软件环境如表 1.2 所示。

表 1.2　软件环境

操作系统	中文版 Windows 7
应用软件	Python 3.4 至 Python 3.6

3. 软件适用环境

本书配套的软件在教育部考试中心规定的考试环境下进行了严格的测试,适用于中文版 Windows 7、Windows 8 和 Windows 10 操作系统。

4. 题型及分值

全国计算机等级考试二级 Python 语言程序设计考试满分为 100 分,共有 4 种考核题型,单项选择题(40 题,共 40 分)、基本操作题(3 题,共 15 分)、简单应用题(2 题,共 25 分)、综合应用题(1 题,共 20 分)。

5. 考试时间

全国计算机等级考试二级 Python 语言程序设计考试时间为 120 分钟,由系统自动计时,考试时间结束后,考试系统自动将计算机锁定,考生不能继续进行考试。

1.3　考试流程演示

考生考试过程分为登录、答题、交卷等阶段。

1. 登录

在实际答题之前，考生需要进行考试系统的登录。一方面，这是考生姓名的记录凭据，考试系统要验证考生的"合法"身份；另一方面，考试系统也需要为每一位考生随机抽题，生成一份二级 Python 语言程序设计考试的试题。

（1）启动考试系统。双击桌面上的"NCRE 考试系统"快捷方式，或从"开始"菜单的"所有程序"中单击"第××（××为考次号）次 NCRE"，启动"NCRE 考试系统"。

（2）准考证号验证。在"考生登录"界面中输入准考证号，单击图 1.1 所示的"下一步"按钮，可能会出现两种情况。

- 如果输入的准考证号存在，将弹出"考生信息确认"界面，要求考生对准考证号、考生姓名及证件号进行验证，如图 1.2 所示。如果准考证号错误，则单击"重输准考证号"按钮重新输入；如果准考证号正确，则单击"下一步"按钮继续。

图 1.1　输入准考证号

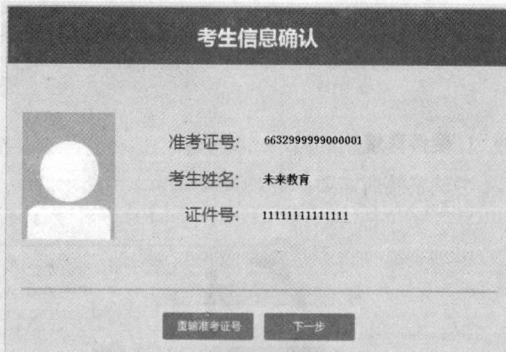

图 1.2　考生信息确认

- 如果输入的准考证号不存在，考试系统会显示图 1.3 所示的提示信息并要求考生重新输入准考证号。

（3）登录成功。当考试系统成功抽取试题后，屏幕上会显示二级 Python 语言程序设计的考试须知，考生须选中"已阅读"复选框并单击"开始考试"按钮，开始考试并计时，如图 1.4 所示。

图 1.3　准考证号无效

图 1.4　考试须知

2. 答题

（1）试题内容查阅窗口。登录成功后，考试系统将自动在屏幕中间弹出试题内容查阅窗口，至此，系统已为考生抽取了一套完整的试题,如图 1.5 所示。单击"选择题""基本操作""简单应用"或"综合应用"按钮,可以分别查看各题型的题目要求。

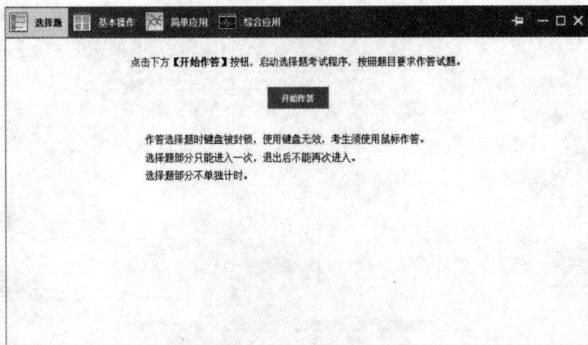

图 1.5　试题内容查阅窗口

当试题内容查阅窗口中显示上下或左右滚动条时,表示该窗口中的试题尚未完全显示,考生可用鼠标拖动滚动条显示余下的试题内容,防止因漏做试题而影响考试成绩。

(2)考试状态信息条。屏幕中出现试题内容查阅窗口的同时,屏幕顶部显示考试状态信息条,其中包括:①考生的报考科目、准考证号、考生姓名、考试剩余时间;②可以随时显示或隐藏试题内容查阅窗口的按钮;③退出考试系统进行交卷的按钮;④收起/固定顶部栏、查看作答进度、查看帮助文件的按钮,如图 1.6 所示。

图 1.6　考试状态信息条

(3)启动考试环境。在试题内容查阅窗口中,单击"选择题"按钮,再单击"开始作答"按钮,系统将自动进入选择题作答界面,可根据要求进行答题。注意:选择题作答界面只能进入一次,退出后不能再次进入。对于基本操作题、简单应用题及综合应用题,可单击"考生文件夹"按钮,在打开的文件夹中双击相应文件,在启动的 Python 开发环境中按照题目要求进行操作。

(4)考生文件夹。考生文件夹是考生存放答题结果的唯一位置。考生在考试过程中所操作的文件和文件夹绝对不能脱离考生文件夹,同时绝对不能随意删除此文件夹中的任何文件和文件夹,否则会影响考试成绩。当考生登录成功后,考试系统会自动在本计算机上创建一个以考生准考证号命名的文件夹,如 C:\NCRE_KSWJJ\66329999999000001。

(5)原始素材文件的恢复。如果考生在考试过程中,原始素材文件不能复原或被误删除时,可以单击试题内容查阅窗口中的"查看原始素材"按钮,系统将会下载原始素材文件到一个临时文件夹中。考生可以查看或复制原始素材文件,但是请勿在该临时文件夹中答题。

3. 交卷

考试过程中,系统会为考生计算剩余考试时间。在剩余 5 分钟时,系统会显示一个提示信息,提示考生注意存盘并准备交卷。计时结束,系统自动结束考试,强制交卷。

如果考生要提前结束考试并交卷,则在屏幕顶部考试状态信息条中单击"交卷"按钮,考试系统将弹出图 1.7 所示的作答进度窗口,其中会显示已作答题量和未作答题量。此时考生如果单击"确定"按钮,系统会再次显示确认对话框,如果仍选择"继续交卷",则进行交卷处理,退出考试系统;如果单击"取消"按钮,则返回考试界面,继续考试。

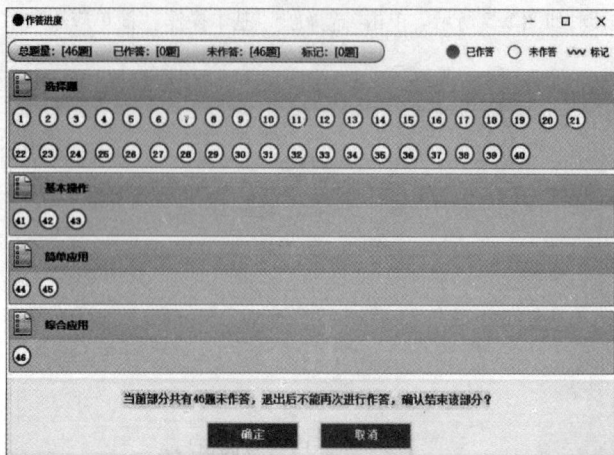

图 1.7　作答进度窗口

如果确定进行交卷处理,系统首先锁定屏幕,并显示"正在结束考试";当系统完成交卷处理时,在屏幕上显示"考试结束,请监考老师输入结束密码:",这时只要输入正确的结束密码就可结束考试。(注意:只有监考人员才能输入结束密码。)

1.4　Python 的安装与使用

1. Python 的安装

Python 的安装程序可从官网免费下载,如图 1.8 所示。

操作系统:Python 支持 Windows、Linux、macOS 等不同操作系统,应选择与自己计算机的操作系统相符合的版本安装。

操作系统字长:根据操作系统的字长(32 位/64 位),选择对应的安装程序。

版本:Python 有 2.x 版本和 3.x 版本,3.x 版本不完全兼容 2.x 版本。目前推荐 3.x 版本,而且绝大多数 Python 编写的库函数都可以在 Python 3.x 下稳定运行。

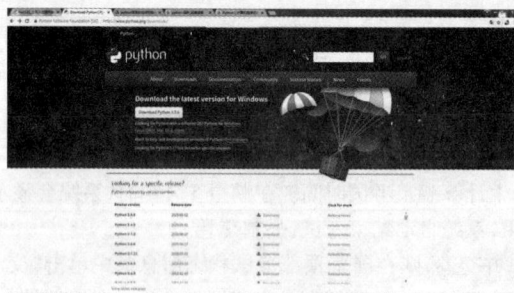

图 1.8　官网下载页面

Python 解释器的安装会启动安装程序引导过程,以 Windows 操作系统为例,引导过程的开始界面如图1.9 所示。在该界面中,需手动选中"Add Python 3.5 to PATH"复选框。

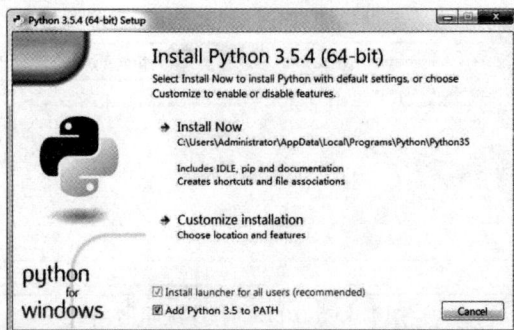

图 1.9　安装程序引导过程的开始界面

安装成功后,弹出图 1.10 所示的界面。

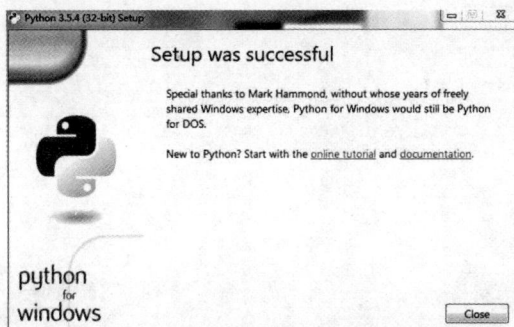

图 1.10　安装程序引导过程的结束界面

2. Python 的使用

(1)启动 Python 自带的运行环境 IDLE,如图 1.11 所示,在" >>> "提示符后输入"exit()"或"quit()"命令,可退出 Python 运行环境。

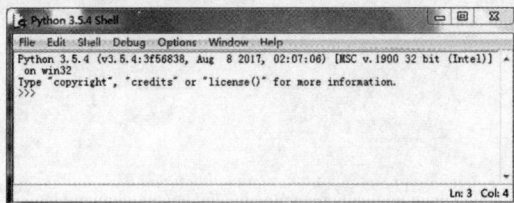

图 1.11　Python 自带的运行环境 IDLE

(2)在" >>> "后面编写简单的程序代码,如果代码量比较大,可以单击"File"→"New File"命令,新建程序编辑器,如图 1.12 所示。

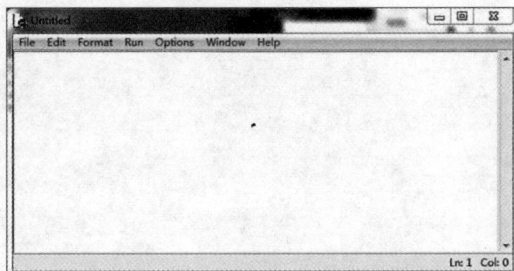

图 1.12　新建的程序编辑器

(3)在程序编辑器中编写完代码之后,按 < F5 > 键或者单击菜单栏中的"Run"→"Run Module"命令运行程序。注意:新建的文件在运行时需要先保存。程序编辑器除了具有识别中文字符的功能外,还具有关键字颜色区分、简单的智能提示、自动缩进等辅助功能,如图 1.13 所示。

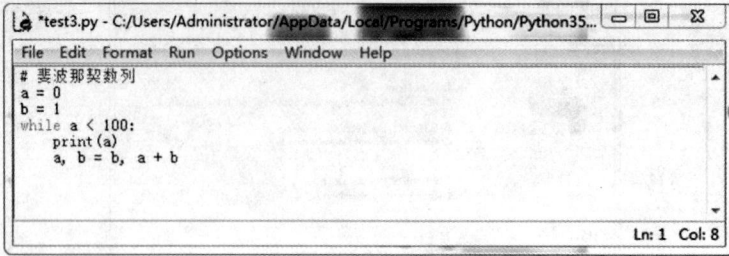

```
# 斐波那契数列
a = 0
b = 1
while a < 100:
    print(a)
    a, b = b, a + b
```

图 1.13　IDLE 的程序编辑器

　　Python 的源程序以".py"为扩展名。当运行源程序文件时,系统会自动生成对应的".pyc"字节编译文件,用于跨平台运行程序并提高程序运行速度。

## 第2部分

无纸化考试高频考点

Part 2

二级 Python 考试的试题分为选择题和操作题两部分。考试时，从考试题库选择题中按考点分布随机抽取 40 道题组成选择题部分；从考试题库操作题中随机抽取一套组成操作题部分。40 道选择题与一套操作题共同组成一套无纸化考试试卷。

本部分在深入研究考试题库的基础上，对题目涉及的知识点进行分析，将高频考点进行分类总结。其中 2.1 节为公共基础知识高频考点，2.2 节为 Python 程序设计高频考点。本部分旨在通过归纳让考生用较短的时间掌握有价值的内容，达到事半功倍的效果。

2.1 二级公共基础知识高频考点

通过对试卷公共基础知识部分的分析，公共基础知识占据了选择题前 10 题。这里以简练、通俗的语言列出公共基础知识的高频考点，以便考生复习备考。

2.2 二级 Python 语言程序设计高频考点

通过对试卷 Python 语言部分的分析，Python 语言部分占据了 30 题选择题以及操作题。我们总结了出题特点及考核重点，以考点的形式给出 Python 语言部分的高频考点。考生只有掌握这部分内容，即可从容应对考试。

2.1　二级公共基础知识高频考点

2.1.1　计算机系统

【考点1】　计算机概述

1. 计算机的发展历程

目前公认的第一台电子数字计算机是 ENIAC（Electronic Numerical Integrator And Computer），它于 1946 年在美国宾夕法尼亚大学研制成功。ENIAC 的计算速度是每秒 5000 次加法或 300 多次乘法。它的诞生标志着计算机时代的到来，从此以后，计算机以极高的速度发展。

根据计算机本身采用的物理器件不同，将其发展分为 4 个阶段。

第 1 阶段是电子管计算机时代，时间为 1946 年到 20 世纪 50 年代后期。

第 2 阶段是晶体管计算机时代，时间为 20 世纪 50 年代后期到 20 世纪 60 年代中期。

第 3 阶段是中小规模集成电路计算机时代，时间为 20 世纪 60 年代中期到 20 世纪 70 年代初期。

第 4 阶段是大规模和超大规模集成电路计算机时代，时间是 20 世纪 70 年代初期至今。

2. 计算机体系结构

虽然 ENIAC 可以大大提高计算速度，但它本身存在两大缺点：一是没有存储器；二是用布线接板进行控制，电路连接烦琐、耗时，在很大程度上抵消了 ENIAC 计算速度高带来的便利。因此，以美籍匈牙利数学家冯·诺依曼（John von Neumann）为首的研制小组于 1946 年提出了"存储程序控制"的思想，并开始研制存储程序控制的计算机 EDVAC（Electronic Discrete Variable Automatic Computer）。1951 年，ED-VAC 问世。

EDVAC 的主要特点如下。

（1）在计算机内部，程序和数据采用二进制数表示。

（2）程序和数据存放在存储器中，即采用程序存储的概念。计算机执行程序时，无须人工干预，能自动、连续地执行程序，并得到预期的结果。

（3）计算机硬件由运算器、控制器、存储器、输入设备及输出设备 5 大基本部件组成。

直到今天，计算机基本结构的设计仍采用冯·诺依曼提出的思想和原理，人们把符合这种设计的计算机称为"冯·诺依曼机"。冯·诺依曼也被誉为"现代电子计算机之父"。

3. 计算机系统基本组成

计算机系统由硬件系统和软件系统两大部分组成，如图 2.1 所示。

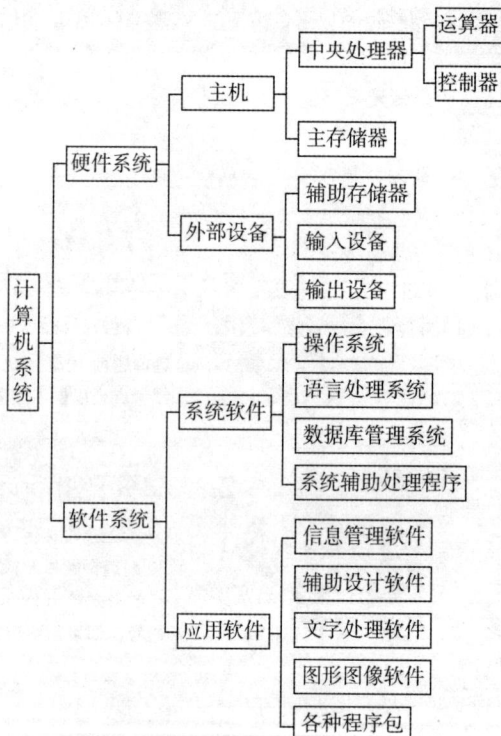

图 2.1　计算机系统的组成

硬件系统是由借助电、磁、光、机械等原理构成的各种物理部件的有机组合，是计算机系统赖以工作的实体。硬件系统也被称为裸机，裸机只能识别由 0 和 1 组成的机器代码。

软件系统是为运行、管理及维护计算机而编制的各种程序、数据及文档的总称。软件是计算机的核心，没有软件的计算机毫无实用意义。软件是用户与硬件之间的接口，用户可以通过软件使用计算机硬件上的数据信息资源。

计算机软件按照面向应用对象的不同主要分为系统软件和应用软件。系统软件是控制和协调计算机外部设备、支持应用软件开发和运行的软件,主要负责管理计算机系统中各种独立的硬件,使之可以协调工作。它主要包括操作系统、语言处理系统、数据库管理系统及系统辅助处理程序等。其中最主要的是操作系统,它提供了软件运行的环境。应用软件是指为满足用户不同的应用需求而提供的软件,它可以拓宽计算机系统的应用领域,放大硬件的功能。常用的应用软件有信息管理软件、辅助设计软件、文字处理软件、图形图像软件、各种程序包等。

【考点2】　计算机硬件系统

计算机硬件系统主要包含中央处理器、存储器(包括主存储器、高速缓冲存储器及辅助存储器)及其他外部设备,它们之间通过总线连接在一起。

1. 中央处理器

中央处理器(Central Processing Unit,CPU)是计算机的运算和控制核心,是计算机的"大脑",其功能主要是解释计算机指令和处理软件中的数据。CPU主要包括运算器和控制器两个部件,它们都包含寄存器,并通过总线连接起来。

(1)运算器负责对数据进行加工处理(对数据进行算术运算和逻辑运算)。

(2)控制器负责对程序所规定的指令进行分析,控制并协调输入、输出操作或对主存储器的访问。

(3)寄存器是高速存储区域,用来暂时存放参与运算的数据和运算结果。寄存器的类型较多,包括指令寄存器、地址寄存器、存储寄存器及累加寄存器。根据CPU中寄存器的数量和每个寄存器的大小(多少位)可以确定CPU的性能和速度。例如,64位的CPU是指CPU中的寄存器是64位的。所以,每个CPU指令可以处理64位的数据。

(4)CPU的主要技术性能指标有字长、主频、运算速度等。

● 字长是指CPU一次能处理的二进制数据的位数。在工作频率不变和CPU体系结构相似的前提下,字长越长,CPU的数据处理速度越快。

● 主频是指CPU的时钟频率,计算机的操作在时钟信号的控制下分步执行,每个时钟信号周期完成一步操作。主频越高,CPU的运算速度就越高。

● 运算速度通常是指CPU每秒钟所能执行的加法指令数目,常用百万次/秒(Million Instructions Per Second,MIPS)来表示。这个指标能更直观地反映计算机的运算速度。

2. 存储器

存储器是存储程序和数据的部件,它可以自动完成程序或数据的存取。

(1)存储器的分类。

● 按存储介质分类:半导体存储器、磁表面存储器、磁芯存储器、光盘存储器等。

● 按存取方式分类:随机存储器(Random Access Memory,RAM)、只读存储器(Read Only Memory,ROM)、串行访问存储器、直接存取存储器等。

● 按在计算机中的作用分类:主存储器(又称内存)、高速缓冲存储器(Cache)、辅助存储器(又称外存)等。

(2)主存储器。

存储器中最重要的是主存储器,它一般采用半导体存储器,包括RAM和ROM两种。

①RAM。

RAM具有可读写性,即信息可读、可写,当写入时,原来存储的数据被擦除;具有易失性,即断电后数据会消失,且无法恢复。RAM又分为静态RAM和动态RAM。

● 静态RAM(Static RAM,SRAM)的特点是集成度低,价格高,存储速度快,不需要刷新。

● 动态RAM(Dynamic RAM,DRAM)的特点是集成度高,价格低,存储速度慢,需要刷新。

DRAM目前被各类计算机广泛使用,内存条采用的就是DRAM。

②ROM。

ROM中信息只能读出不能写入,ROM具有内容永久性,断电后信息不会丢失。根据半导体制造工艺的不同,可将其分为可编程只读存储器(Programmable ROM,PROM)、可擦除可编程只读存储器(Erasable PROM,EPROM)、电可擦除可编程只读存储器(Electronically EPROM,EEPROM)、掩模型只读存储器(Masked ROM,MROM)等。

(3)高速缓冲存储器。

高速缓冲存储器是介于CPU和内存之间的一种小容量、可高速存取信息的芯片,用于解决它们之间速度不匹配的问题。高速缓冲存储器一般用速度高的SRAM元件组成,其速度与CPU相当,但价格较高。

(4)辅助存储器。

辅助存储器的容量一般都比较大,而且大部分可以移动,便于不同计算机之间进行信息交流。辅助存储器中数据被读入内存后,才能被 CPU 读取,CPU 不能直接访问辅助存储器。

存储器主要有 3 个性能指标:速度、容量和每位(bit)价格。一般来说,速度越快,价格越高;容量越大,位价格越低,容量越大,速度越慢。

3. 外部设备

(1)外部设备的分类。

计算机中 CPU 和主存储器构成主机,除主机以外,围绕着主机设置的各种硬件装置称为外部设备(外设)。外设的种类很多,应用比较广泛的有输入/输出(Input/Output, I/O)设备、辅助存储器及终端设备。

①输入/输出设备。

• 输入设备。输入设备是指向计算机输入数据和信息的设备,用于向计算机输入原始数据和处理数据的程序。常用的输入设备有键盘、鼠标、摄像头、扫描仪、语音输入设备、触感器等。

• 输出设备。输出设备的功能是将各种计算结果数据或信息以数字、字符、图像、声音等形式表示出来。常见的输出设备有显示器、打印机、绘图仪、投影仪、音箱等。

• 有一些设备同时集成了输入和输出两种功能,如光盘刻录机。

②辅助存储器。

辅助存储器可存放大量的程序和数据,且断电后程序和数据不会丢失。目前常见的辅助存储器有硬盘、闪存(U 盘、SM 卡、SD 卡、记忆棒、TF 卡等)及光盘等。

③终端设备。

终端设备是指经由通信设施向计算机输入程序和数据或接收计算机的输出处理结果的设备。终端设备分为通用终端设备和专用终端设备两类。通用终端设备泛指具有通信处理控制功能的通用计算机输入/输出设备。专用终端设备是指具有特殊性能、适用于特定业务范围的终端设备。

(2)硬盘。

硬盘是计算机主要的外部存储设备,具有容量大、存取速度快等优点。

①硬盘的分类。

根据磁头是否可移动,硬盘可以分为固定磁头硬盘和活动磁头硬盘两类。磁头和磁臂是硬盘的重要组成部分,磁头安装在磁臂上,负责读/写各磁道上的数据。

• 固定磁头硬盘中,每个磁道对应一个磁头。工作时,磁头无径向移动,其特点是存取速度快,省去了磁头寻找磁道的时间,但造价比较高。

• 活动磁头硬盘中,每个盘面只有一个磁头,在存取数据时,磁头在盘面上做径向移动。由于增加了"寻道"时间,其存取速度比固定磁头硬盘要慢。目前常用的硬盘都是活动磁头的。

②硬盘的信息分布。

• 记录面。硬盘通常由重叠的一组盘片构成,每个盘片的两面都可用作记录面,每个记录面对应一个磁头,所以记录面号就是磁头号。

• 磁道。当盘片旋转时,磁头若保持在一个位置上,则每个磁头都会在记录面上划出一个圆形轨迹,这些圆形轨迹就是磁道。一条条磁道形成一组同心圆,最外圈的磁道为 0 号,往内则磁道号逐步增加。

• 圆柱面。在一个硬盘中,各记录面上相同编号的磁道构成一个圆柱面。例如,某硬盘有 8 片(16 面),则 16 个 0 号磁道构成 0 号圆柱面,16 个 1 号磁道构成 1 号圆柱面……硬盘的圆柱面数就等于一个记录面上的磁道数,圆柱面号就对应磁道号。

• 扇区。通常将一个磁道划分为若干弧段,每个弧段称为一个扇区或扇段,扇区从 1 开始编号。

因此,硬盘寻址用的磁盘地址应该由硬盘号(一台计算机可能有多个硬盘)、记录面(磁头)号、圆柱面(磁道)号、扇区号等字段组成。

磁盘存储器的主要性能指标包括存储密度、存储容量、平均存取时间及数据传输率等。

(3)I/O 接口。

I/O 接口(I/O 控制器)用于主机和外设之间的通信,通过接口可实现主机和外设之间的信息交换。

①I/O 接口的功能。

• 实现主机和外设的通信联络控制。

• 进行地址译码和设备选择。

• 实现数据缓冲以匹配速度。

• 信号格式的转换(如电平转换、并/串或串/并转换、模/数或数/模转换等)。

• 传输控制命令和状态信息。

②I/O 方式。

I/O 方式包括程序查询方式、程序中断方式、直接存储器存取(Direct Memory Access, DMA)方式及 I/O 通道控制方式等。

• 程序查询方式:一旦某一外设被选中并启动,

主机将查询这个外设的某些状态位,看其是否准备就绪,若未准备就绪,主机将再次查询;若外设已准备就绪,则执行一次 I/O 操作。这种方式控制简单,但系统效率低。

　　●程序中断方式:在主机启动外设后,无须等待查询,继续执行原来的程序。外设在做好输入/输出准备时,向主机发送中断请求,主机接到请求后就暂时中止原来执行的程序,转去执行中断服务程序对外部请求进行处理,在中断处理完毕后返回原来的程序继续执行。

　　●DMA 方式:在内存和外设之间开辟直接的数据通道,可以进行基本上不需要 CPU 介入的内存和外设之间的信息传输,这样不仅保证了 CPU 的高效率,也能满足高速外设的需要。

　　●I/O 通道控制方式:是 DMA 方式的进一步发展,在系统中设有通道控制部件,每个通道有若干外设。主机执行 I/O 指令启动有关通道,通道执行通道程序,完成输入输出操作。通道是一种独立于 CPU 的专门管理 I/O 的处理机制,它控制设备与内存直接进行数据交换。通道有自己的通道指令,通道指令由 CPU 启动,并在操作结束时向 CPU 发出中断信号。

4. 总线

　　总线是一组能被多个部件分时共享的公共信息传输线路。分时是指同一时刻总线上只能传输一个部件发送的信息;共享是指总线上可以挂接多个部件,各个部件之间相互交换的信息都可以通过这组公共线路传输。

　　(1)总线的分类。

　　总线按功能层次可以分为 3 类。

　　●片内总线:指芯片内部的总线,如在 CPU 芯片内部寄存器与寄存器之间、寄存器与算术逻辑单元(Arithmetic and Logic Unit,ALU)之间都由片内总线连接。

　　●系统总线:指计算机硬件系统内各功能部件(CPU、内存、I/O 接口)之间相互连接的总线,也称内部总线。系统总线按传输的信息不同,又分为数据总线(双向传输)、地址总线(单向传输)及控制总线(部分“出”、部分“入”)。

　　●通信总线:用于计算机之间或计算机与其他设备(远程通信设备、测试设备)之间信息传输的总线,也称外部总线。依据总线的不同传输方式又分为串行通信总线和并行通信总线。

　　(2)总线的基本结构。

　　从系统总线的角度出发,总线的基本结构如下。

　　●单总线结构:只有一条系统总线,CPU、内存、I/O 设备都挂在该总线上,允许 I/O 设备之间、I/O 设备与 CPU 之间或 I/O 设备与内存之间直接交换信息。

　　●双总线结构:将低速 I/O 设备从单总线上分离出来,实现了内存总线与 I/O 总线分离。

　　●三总线结构:各部件之间采用 3 条各自独立的总线来构成信息通道。内存总线用于 CPU 和内存之间传输地址、数据及控制信息;I/O 总线用于 CPU 和外设之间通信;直接内存访问总线用于内存和高速外设之间直接传输数据。

　　(3)总线的性能指标。

　　●总线周期:一次总线操作(包括申请阶段、寻址阶段、传输阶段及结束阶段)所需的时间简称总线周期。总线周期通常由若干总线时钟周期构成。

　　●总线时钟周期:即计算机的时钟周期。

　　●总线的工作频率:总线上各种操作的频率,为总线周期的倒数。若总线周期=N×时钟周期,则总线的工作频率=时钟频率/N。

　　●总线宽度:通常指数据总线的根数,用位表示,如 32 根称为 32 位总线。

　　●总线带宽:可理解为总线的数据传输率,即单位时间内总线上传输数据的位数,通常用每秒传输信息的字节数来衡量,单位可用兆字节每秒(MB/s)表示。例如,总线工作频率为 33MHz,总线宽度为 32 位(4B),则总线带宽为 33×(32÷8)=132MB/s。

　　●时钟同步/异步:数据与时钟同步工作的总线称为同步总线,数据与时钟不同步工作的总线称为异步总线。

　　●总线复用:一种总线在不同的时间传输不同的信息。

　　●信号线数:地址总线、数据总线及控制总线 3 种总线数的总和。

　　(4)总线仲裁。

　　为了保证同一时刻只有一个申请者使用总线,总线控制机构中有总线判优和仲裁控制逻辑,即按照一定的优先次序来决定哪个部件首先使用总线,只有获得总线使用权的部件才能开始数据传输。总线判优按其仲裁控制机构的设置可分为两种。

- 集中式控制:总线控制逻辑基本上集中于一个设备(如 CPU)中。将所有的总线请求集中起来,利用一个特定的裁决算法进行裁决。

- 分布式控制:不需要中央仲裁器,即总线控制逻辑分散在连接于总线上的各个部件或设备中。

(5)总线操作。

在总线上的操作主要有读和写、块传输、写后读或读后写、广播和广集等。

(6)总线标准。

总线标准是国际上公布或推荐的连接各个模块的标准,是把各种不同的模块组成计算机系统时必须遵守的规范。

常见的系统总线标准有工业标准体系结构(Industry Standard Architecture, ISA)、扩展的 ISA (Extended Industry Standard Architecture, EISA)、视频电子标准协会(Video Electronics Standards Association, VESA)、外部设备互连(Peripheral Component Interconnect, PCI)及加速图形接口(Accelerated Graphics Port, AGP)等。

常见的外部总线标准有集成设备电路(Integrated Drive Electronics, IDE)、小型计算机系统接口(Small Computer System Interface, SCSI)、美国电子工业协会推行的串行通信总线标准(Recommended standard - 232C, RS - 232C)及通用串行总线(Universal Serial Bus, USB)等。

5.计算机的工作原理

计算机在执行程序时须将要执行的相关程序和数据先放入内存中,在执行时 CPU 根据当前程序指针寄存器的内容取出指令并执行,然后再取出下一条指令并执行,如此循环直到程序结束时才停止执行。其工作过程就是不断地取指令和执行指令,最后将计算的结果放入指令指定的存储器地址中。

(1)计算机指令格式。

指令是指计算机完成某个基本操作的命令。指令能被计算机硬件理解并执行。一条计算机指令是用一串二进制代码表示的,它通常包括两方面的信息:操作码和操作数(地址码),如图 2.2 所示。

操作码	操作数(地址码)

图 2.2　计算机指令

操作码指明指令所要完成操作的性质和功能,即指出进行什么操作。操作码也是二进制代码。对

于一种类型的计算机来说,各种指令的操作码互不相同,分别表示不同的操作。因此,指令中操作码的二进制位数决定了该类型计算机最多能具有的指令条数。

操作数指明操作码执行的操作对象。操作数可以是数据本身,也可以是存放数据的内存单元地址或寄存器名称。根据指令中操作数的性质,操作数又可以分为源操作数和目的操作数两类。例如,减法指令中减数和被减数为源操作数,它们的差为目的操作数。

如果指令中的操作码和操作数共占 n 个字节,则称该指令为 n 字节指令。

(2)计算机指令的寻址方式。

寻址方式是指找到当前正在执行指令的数据地址和下一条将要执行指令的地址的方法。

寻址方式被分为两大类:找到下一条将要执行指令的地址,称为指令寻址;找到当前正在执行指令的数据地址,称为数据寻址。

指令寻址分为顺序寻址和跳跃寻址两种。常见的数据寻址有立即寻址、直接寻址、隐含寻址、间接寻址、寄存器寻址、寄存器间接寻址、基址寻址、变址寻址、相对寻址及堆栈寻址等。

(3)计算机指令系统。

一台计算机所能执行的全部指令的集合,称为该计算机的指令系统。不同类型的计算机的指令系统的指令数目与格式也不同。但无论哪种类型的计算机,指令系统都应该具有以下功能指令。

- 数据传输类指令:用来实现数据在内存和 CPU 之间的传输。

- 运算类指令:用来进行数据的运算。

- 程序控制类指令:用来控制程序中指令的执行顺序。

- 输入/输出指令:用来实现外设与主机之间的数据传输。

- 处理器控制和调试指令:用来实现计算机的硬件管理等。

(4)指令的执行过程。

指令的执行过程可分为取指令、分析指令和执行指令 3 个步骤。

- 取指令:按照程序规定的次序,从内存取出当前执行的指令,并送到控制器的指令寄存器中。

- 分析指令:对所取的指令进行分析,即根据指令中的操作码确定计算机应进行什么操作。由指令中的地址码确定操作码存放的地址。

● 执行指令：根据指令分析结果，由控制器发出完成操作所需的一系列控制电位，以便指挥计算机有关部件完成这一操作，同时，为取下一条指令作好准备。

一般把计算机完成一条指令所花费的时间称为一个指令周期。指令周期越短，指令执行就越快。

【考点3】　数据的内部表示

1. 计算机中的数据及其存储单位

(1) 计算机中的数据。

计算机内部均使用二进制数表示各种信息，但计算机在与外部沟通中会采用人们比较熟悉和方便阅读的形式，如十进制数。其中的转换，主要由计算机系统的硬件和软件来实现。

二进制只有"0"和"1"两个数，相对十进制而言，二进制表示不但运算简单、易于物理实现、通用性强，而且所占的空间和所消耗的资源也少得多，可靠性较高。

(2) 计算机中数据的存储单位。

位(bit)是计算机中数据的最小存储单位，二进制数码只有 0 和 1，计算机中采用多个数码表示一个数，每一个数码称为 1 位。

字节(byte, B)是存储容量的基本单位，一个字节由 8 位二进制数组成。在计算机内部一个字节可以表示一个数据，也可以表示一个英文的字母或其他特殊字符，两个字节可以表示一个汉字。为了便于衡量存储器的大小，统一以字节为单位。表 2.1 所示为常用的存储单位。

表 2.1　常用的存储单位

存储单位	名称	换算	说明
KB	千字节	1 KB = 1024 B = 2^{10} B	适用于文件计量
MB	兆字节	1 MB = 1024 KB = 2^{20} B	适用于内存、软盘、光盘计量
GB	吉字节	1 GB = 1024 MB = 2^{30} B	适用于硬盘计量
TB	太字节	1 TB = 1024 GB = 2^{40} B	适用于硬盘计量

随着电子技术的发展，计算机的并行处理能力越来越强，人们通常将计算机一次能够并行处理的二进制数的个数称为字长，也称为计算机的一个"字"。字长是计算机的一个重要指标，直接反映一台计算机的计算能力和精度。字长越长，表示计算机的数据处理速度越快。计算机的字长通常是字节的整数倍，如 8 位、16 位、32 位。发展到今天，微型机的字长已达到 64 位，大型机的字长已达到 128 位。

2. 进位计数制及其转换

(1) 进位计数制。

数的表示规则称为数制。如果 R 表示任意整数，进位计数制为"逢 R 进一"。处于不同位置的数码代表的值不同，与它所在位置的权值有关。任意一个 R 进制数 D 均可展开为

$$(D)_R = \sum_{i=-m}^{n-1} k_i \times R^i$$

此时，R 为计数的基数，数制中固定的基本符号称为"数码"，i 称为位数，k_i 是第 i 位的数码，为 $0 \sim R-1$ 中的任一个，R^i 称为第 i 位的权，m、n 为最低位和最高位的位序号。例如，十进制数"5820"，基数 R 为 10，数码"8"的位数 $i=2$(位数从 0 开始计)，权值为 $R^i = 10^2$，此时"8"的值代表：$k_i \times R^i = 8 \times 10^2 = 800$。

常用数制包括二进制、八进制、十进制、十六进制，其中的各个要素如表 2.2 所示。

表 2.2　常用数制的各个要素

数制	基数	数码	权	进位	形式表示
二进制	2	0、1	2^i	逢二进一	B
八进制	8	0、1、2、3、4、5、6、7	8^i	逢八进一	O
十进制	10	0、1、2、3、4、5、6、7、8、9	10^i	逢十进一	D
十六进制	16	0、1、2、3、4、5、6、7、8、9、A、B、C、D、E、F	16^i	逢十六进一	H

通常用圆括号标注进制数，以数制基数作为下标的方式来表示不同的进制数，如二进制数$(1100)_B$、八进制数$(3567)_O$、十进制数$(5820)_D$，也可直接表示为$(1100)_2$、$(3567)_8$、$(5820)_{10}$。

十六进制除了数码 0～9 之外，还使用了 6 个英文字母 A、B、C、D、E、F，相当于十进制的 10、11、12、13、14、15。十进制数、二进制数、八进制数、十六进制数的对照如表2.3 所示。

表2.3　不同进制数的对照

十进制数	二进制数	八进制数	十六进制数	十进制数	二进制数	八进制数	十六进制数
0	0000	00	0	8	1000	10	8
1	0001	01	1	9	1001	11	9
2	0010	02	2	10	1010	12	A
3	0011	03	3	11	1011	13	B
4	0100	04	4	12	1100	14	C
5	0101	05	5	13	1101	15	D
6	0110	06	6	14	1110	16	E
7	0111	07	7	15	1111	17	F

（2）R 进制数转换为十进制数。

R 进制数转换为十进制数的方法是"按权展开"，如下。

二进制数转换为十进制数：$(11010)_2 = 1 \times 2^4 + 1 \times 2^3 + 0 \times 2^2 + 1 \times 2^1 + 0 \times 2^0 = (26)_{10}$

八进制数转换为十进制数：$(140)_8 = 1 \times 8^2 + 4 \times 8^1 + 0 \times 8^0 = (96)_{10}$

十六进制数转换为十进制数：$(A2B)_{16} = 10 \times 16^2 + 2 \times 16^1 + 11 \times 16^0 = (2603)_{10}$

（3）十进制数转换为 R 进制数

将十进制数转换为 R 进制数时，可将此数分成整数与小数两部分分别转换，然后拼接起来即可。下面以十进制数转换为二进制数为例进行介绍。

十进制整数转换为二进制整数的方法是"除2取余法"，具体步骤如下。

步骤1：把十进制数除以2得到商和余数，商再除以2又得到商和余数……依次除下去直到商是0为止。

步骤2：以最先除得的余数为最低位，最后除得的余数为最高位，从最高位到最低位依次排列。

将十进制整数13 转换为二进制整数，步骤如表2.4所示。

表2.4　将十进制整数转换为二进制整数步骤

步骤	1	2	3	4
除式	13/2	6/2	3/2	1/2
商	6	3	1	0
余数	1	0	1	1

将余数从高位向低位排列，即$(1101)_2$

十进制小数转换为二进制小数采用"乘2取整法"，具体步骤如下。

步骤1：把小数部分乘以2得到一个新数，然后取整数部分，剩下的小数部分继续乘以2，然后取整数部分，剩下的小数部分再乘以2，一直取到小数部分为0为止。

步骤2：以最先乘得的乘积整数部分为最高位，最后乘得的乘积整数部分为最低位，从高位向低位依次排列。

将十进制小数 0.125 转换为二进制小数，步骤如表2.5 所示。

表2.5　将十进制小数转换为二进制小数步骤

步骤	1	2	3
乘式	0.125×2	0.25×2	0.5×2
乘积	0.25	0.5	1
小数部分	0.25	0.5	0
整数部分	0	0	1

将整数部分从高位向低位排列，即$(0.001)_2$

将十进制数转换为八进制数、十六进制数，均可以采用类似的"除以8取余""除以16取余""乘8取整""乘16取整"的方法来实现转换。

（4）二进制数、十六进制数、八进制数之间的转换。

①二进制数转换为十六进制数。

将二进制数转换为十六进制数的操作步骤如下。

步骤1：二进制数从小数点开始，整数部分向左、小数部分向右，每4位分成1节。

步骤2：整数部分最高位不足4位或小数部分最低位不足4位时补"0"。

步骤3：将每节4位二进制数依次转换成1位十

六进制数,再把这些十六进制数连接起来即可。

将二进制数(10111100101. 00011001101)₂转换为十六进制数,如表2.6所示。

表2.6　将二进制数转换为十六进制数

二进制数	0101	1110	0101	.	0001	1001	1010
十六进制数	5	E	5	.	1	9	A

十六进制数按顺序连接,即(5E5.19A)₁₆

同理,将二进制数转换为八进制数,只要将二进制数按每3位为1节划分,并分别转换为1位八进制数即可。

②十六进制数转换为二进制数。

将十六进制数转换为二进制数,就是对每1位十六进制数,用与其等值的4位二进制数代替。将十六进制数(1AC0.6D)₁₆转换为二进制数,如表2.7所示。

表2.7　将十六进制数转换为二进制数

十六进制数	1	A	C	0	.	6	D
二进制数	0001	1010	1100	0000	.	0110	1101

二进制数按顺序连接,即(0001101011000000.01101101)₂

同理,将八进制数转换为二进制数,只需分别将每1位八进制数转换为3位二进制数即可。

3. 无符号数和带符号数

在计算机中,采用数字化方式来表示数据,数据有无符号数和带符号数之分。

(1)无符号数。

无符号数是指整个机器字长的全部二进制位均表示数值位(没有符号位),相当于数的绝对值。字长为 n 的无符号数的表示范围为 $0 \sim 2^n - 1$。若机器字长为8位,则数的表示范围为 $0 \sim 2^8 - 1$,即 $0 \sim 255$。

(2)带符号数。

日常生活中,把带有"+"或"-"符号的数称为真值。在机器中,数的"+""-"是无法识别的,因此需要把符号数字化。通常,约定二进制数的最高位为符号位,0表示正号,1表示负号。这种把符号数字化的数称为机器数。常见的机器数有原码、反码、补码及移码等不同的表示形式。

●原码。原码是机器数中最简单的一种表示形式,符号位为0表示正数,符号位为1表示负数,数值位即真值的绝对值。用原码实现乘除运算的规则很简单,但实现加减运算的规则很复杂。

●反码。正数的反码与原码相同;负数的反码是对该数的原码除符号位外的各位取反(将0变为1,将1变为0)。

●补码。正数的补码与原码相同;负数的补码是在该数的反码的最低位(即最右边一位)加1。

●移码。一个真值的移码和补码只差一个符号位,若将补码的符号位由0改为1,或由1改为0,即可得该真值的移码。

4. 机器数的定点表示和浮点表示

根据小数点的位置是否固定,在计算机中有两种方法表示小数点,即定点表示和浮点表示。定点表示的机器数称为定点数,浮点表示的机器数称为浮点数。

(1)定点表示。

定点表示即约定机器数中的小数点位置是固定不变的,小数点不再使用"."表示,而是约定它的位置。在计算机中通常采用两种简单的约定:将小数点的位置固定在最高位之前、符号位之后,或固定在最低位之后。一般常称前者为定点小数(纯小数),后者为定点整数(纯整数)。

定点数的运算除了加、减、乘、除外,还有移位运算。移位运算根据操作对象的不同分为算术移位(带符号数的移位)和逻辑移位(无符号数的移位)。

(2)浮点表示。

计算机中处理的数不一定是纯小数或纯整数(如圆周率约3.1416),而且在运算中常常会遇到非常大(如太阳的质量约 2×10^{33} g)或非常小(如电子的质量约 9×10^{-28} g)的数值,它们用定点表示非常不方便,但可以用浮点表示。

浮点表示是指以适当的形式将比例因子表示在数据中,让小数点的位置根据需要而浮动。例如,$679.32 = 6.7932 \times 10^2 = 6793.2 \times 10^{-1} = 0.67932 \times 10^3$。

通常,浮点数被表示成

$$N = S \times R^j$$

其中,N 为浮点数,S 为其尾数,j 为其阶码,R 是浮点数阶码的底(隐含,在机器数中不出现)。通常 $R = 2$,j 和 S 都是带符号的定点数。可见,浮点数由阶码和尾数两部分组成,如图2.3所示。

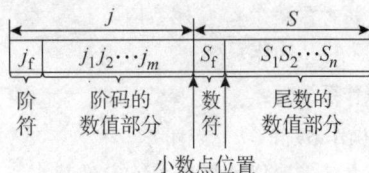

图2.3　浮点数的表示形式

阶码是整数,阶符 j_f 和阶码的位数 m 共同反映浮点数的表示范围和小数点的实际位置;数符 S_f 反映浮点数的正/负;尾数的 n 位反映浮点数的精度。

为了提高运算的精度,浮点数的尾数必须为规格化数(即尾数的最高位必须是一个有效值)。如果不是规格化数,需要修改阶码并左/右移尾数,使其变成规格化数。将非规格化数转换为规格化数的过程称为规格化操作。例如,二进制数0.0001101可以表示为 0.001101×2^{-01}、0.01101×2^{-10}、0.1101×2^{-11}……而其中只有 0.1101×2^{-11} 是规格化数。

现代计算机中,浮点数一般采用 IEEE 754 标准。IEEE 754 标准浮点数的格式如图 2.4 所示。

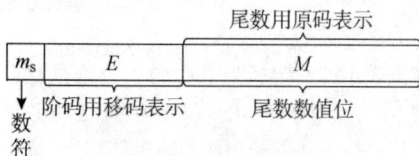

图 2.4　IEEE 754 标准浮点数的格式

这种标准规定常用的浮点数格式有短浮点数(单精度,即 float 型)、长浮点数(双精度,即 double 型)、临时浮点数,如表 2.8 所示。除临时浮点数外,短浮点数和长浮点数的尾数用隐藏位的原码表示,阶码用移码表示。

表 2.8　IEEE 754 标准规定常用的浮点数格式

类型	数符	阶码	尾数数值	总位数	偏置值	
					十六进制	十进制
短浮点数	1	8	23	32	7FH	127
长浮点数	1	11	52	64	3FFH	1023
临时浮点数	1	15	64	80	3FFFH	16383

以短浮点数为例,最高位为数符位;其后是 8 位阶码,以 2 为底,用移码表示,阶码的偏置值为 $2^{8-1} - 1 = 127$;其后 23 位是原码表示的尾数数值位。对于规格化的二进制浮点数,数值的最高位总是“1”,为了能使尾数多表示一位有效位,将这个“1”隐藏,因此尾数数值实际是 24 位。隐藏的“1”是一位整数。在浮点数格式中表示的 23 位尾数是纯小数。例如,$(12)_{10} = (1100)_2$,将它规格化后结果为 1.1×2^3,其中整数部分的 1 将不存储在 23 位尾数内。

【考点4】　操作系统

1. 操作系统概述

(1) 操作系统的功能与任务。

操作系统是现代计算机系统中最基本和最核心的系统软件之一,所有其他的软件都依赖于操作系统的支持。

操作系统是配置在计算机硬件上的第 1 层软件,是对硬件系统的首次扩充。其主要作用是管理好硬件设备,提高它们的利用率和系统的吞吐量,并为用户和软件提供一个简单的接口,便于用户使用。

如果把操作系统看成计算机系统资源的管理者,则操作系统的任务及其功能主要有以下 5 个方面。

• 处理器(CPU)管理:对进程进行管理。其主要功能有创建和撤销进程,对多个进程的运行进行协调,实现进程之间的信息交换,以及按照一定的算法把处理器分配给进程等。

• 存储器管理:为多道程序的运行提供良好的环境,提高存储器的利用率,方便用户使用,并能从逻辑上扩充内存。因此,存储器管理应具有内存分配和回收、内存保护、地址映射及内存扩充等功能。

• 设备管理:完成用户进程提出的 I/O 请求,为用户进程分配所需的 I/O 设备,并完成指定的 I/O 操作;提高 CPU 和 I/O 设备的利用率,提高 I/O 速度,方便用户使用 I/O 设备。因此,设备管理应具有缓冲管理、设备分配、设备处理以及虚拟设备等功能。

• 文件管理:对用户文件和系统文件进行管理以方便用户使用,并保证文件的安全性。因此,文件管理应具有对文件存储空间的管理、目录管理、文件的读/写管理以及文件的共享与保护等功能。

• 提供用户接口:为了方便用户使用计算机和操作系统,操作系统向用户提供了“用户和操作系统的接口”。

(2) 操作系统的发展。

操作系统经历了如下的发展过程:手工操作(无操作系统)、批处理系统、多道程序系统、分时系统、实时操作系统、个人计算机操作系统。

(3) 操作系统的分类。

根据使用环境和对作业处理方式的不同,操作系统分为多道批处理操作系统、分时操作系统、实时操作系统、网络操作系统、分布式操作系统、嵌入式操作系统等。

2. 进程管理

(1) 程序的并发执行。

程序只有经过执行才能得到结果。程序的执行又分为顺序执行和并发执行。

一个具有独立功能的程序独占处理器直至执行结束的过程称为程序的顺序执行。顺序执行具有顺序性、封闭性及可再现性等特点。

程序顺序执行时,虽然可以给程序员带来方便,但系统资源的利用率很低。为此,在系统中引入了多道程序技术,使程序或程序段间能并发执行。程序的并发执行是指一组在逻辑上互相独立的程序或程序段在执行过程中,其执行时间在客观上互相重叠,即一个程序段的执行尚未结束,另一个程序段的执行已经开始的执行方式。

并发程序在执行过程中有以下几个特点。

- 失去了封闭性。
- 不可再现性。
- 间断性,即程序之间可以互相制约。

并发程序具有并行性和共享性,而顺序程序则以顺序性和封闭性为基本特征。

(2)进程的基本概念。

进程是指一个具有一定独立功能的程序关于某个数据集合的一次运行活动。简单地说,进程是指可以并发执行的程序的执行过程。

进程与程序有关,但它与程序又有本质的区别,主要反映在以下几个方面。

- 进程是程序在处理器上的一次执行过程,它是动态的概念。程序只是一组指令的有序集合,其本身没有任何运行的含义,是一个静态的概念。
- 进程具有一定的生命周期,它能够动态地产生和消亡。程序可以作为一种软件资源长期保存,它的存在是永久的。
- 进程包括程序和数据,还包括记录进程相关信息的“进程控制块”。
- 一个程序可能对应多个进程。
- 一个进程可以包含多个程序。

(3)进程的状态及其转换。

进程从创建、产生、撤销至消亡的整个生命周期,有时占有处理器并运行,有时虽可运行但分不到处理器,有时虽有空闲处理器但因等待某个事件发生而无法运行,这说明进程是活动的且有状态变化。一般来说,一个进程的活动情况至少可以划分为以下5种基本状态。

- 运行状态:进程占有处理器、正在运行的状态。
- 就绪状态:进程具备运行条件、等待系统分配处理器以便运行的状态。
- 等待状态:又称阻塞状态或睡眠状态,指进程不具备运行条件、正在等待某个事件完成的状态。
- 创建状态:进程正在创建过程中、尚不能运行的状态。
- 终止状态:进程运行结束的状态。

处于运行状态的进程个数不能大于处理器个数,处于就绪和等待状态的进程可以有多个。进程的几种基本状态之间在一定的条件下是可以互相转换的。图2.5表示了进程的5种基本状态之间在一定条件下的转换。

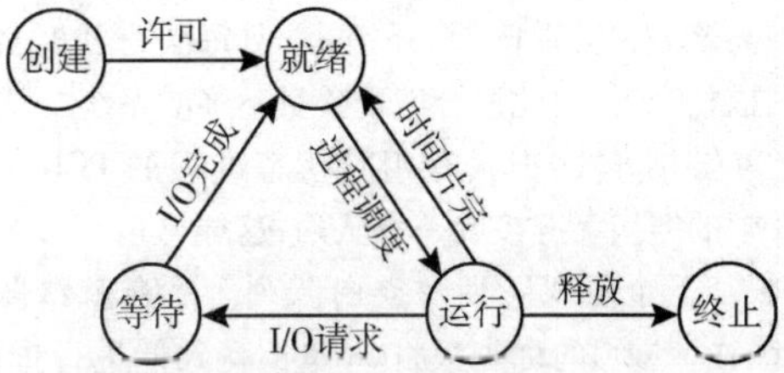

图 2.5　进程的 5 种基本状态的转换

(4)进程控制块。

每个进程有且仅有一个进程控制块(Process Control Block,PCB)。它是进程存在的唯一标识,是操作系统用来记录和刻画进程状态及环境信息的数据结构,是进程动态特征的汇集,也是操作系统掌握进程的唯一资料结构和管理进程的主要依据。PCB包括进程执行时的状况,以及进程让出处理器之后所处的状态、断点等信息。

PCB中通常应包括以下基本内容。

- 进程名:唯一标识对应进程的一个标识符或数字,系统根据该标识符来识别一个进程。
- 特征信息:反映该进程是不是系统进程等信息。
- 执行状态信息:说明对应进程当前的状态。
- 通信信息:反映该进程与其他进程之间的通信关系。
- 调度优先数:用于分配处理器时参考的一种信息,它决定在所有就绪的进程中,究竟哪一个进程先得到处理器。
- 现场信息:在对应进程放弃处理器时,将处理器的一些现场信息(如指令计数器值、各寄存器值等)保留在该进程的 PCB 中,当下次恢复运行时,只要按保存值重新装配即可继续运行。
- 系统栈:主要反映对应进程在执行时的一条嵌套调用路径上的历史。
- 进程映像信息:用以说明该进程的程序和数据存储情况。
- 资源占有信息:指明对应进程所占有的外设种类、设备号等。
- 族关系:反映该进程与其他进程间的隶属关系。

除此之外,PCB 中还包含文件信息、工作单元等内容。

（5）进程的组织。

进程的物理组织方式通常有线性方式、链接方式及索引方式。

• 线性方式：将系统中所有的 PCB 都组织在一个线性表中，将该表的首地址存放在内存的一个专用区域中。该方式实现简单、开销小，但每次查找时都需要扫描整个表，因此适合进程数目不多的系统。

• 链接方式：把具有相同状态进程的 PCB 通过 PCB 中的链接字链接成一个队列，这样可以形成就绪队列、若干个阻塞队列及空白队列等。在就绪队列中，往往按进程的优先级将 PCB 从高到低进行排列，将优先级高的进程的 PCB 排在队列的前面。

• 索引方式：系统根据所有进程不同的状态，建立几个索引表，如就绪索引表、阻塞索引表，并把各索引表在内存的首地址记录在内存的一些专用单元中。在每个索引表的表目中，记录具有相应状态的某个 PCB 在 PCB 表中的地址。

（6）进程调度。

进程调度是指按一定策略动态地把 CPU 分配给处于就绪队列中的某一进程并使之执行的过程。进程调度亦可称为处理器调度或低级调度，相应的进程调度程序可称为分配程序或低级调度程序。进程调度仅负责对 CPU 进行分配。

进程调度方式有抢占方式和非抢占方式。抢占方式指就绪队列中一旦有优先级高于当前正在运行的进程出现时，系统便立即把 CPU 分配给高优先级的进程，并保存被抢占了 CPU 的进程的有关状态信息，以便以后恢复。而对于非抢占方式，一旦 CPU 分给了某进程，即使就绪队列中出现了优先级比它高的进程，高优先级进程也不能抢占现行进程的 CPU。

基本的进程调度算法有先来先服务调度算法、时间片轮转调度算法、优先级调度算法等。

（7）其他概念。

• 线程。线程是比进程更小的能独立运行的基本单位，用它来提高程序的并行程度，减少系统开销，可进一步提高系统的吞吐量。

• 死锁。各进程互相独立地动态获得，不断申请和释放系统中的软硬件资源，这就有可能使系统中若干个进程均因互相"无知地"等待对方所占的资源而无限地等待。这种状态称为死锁。

3. 存储管理

存储管理是操作系统的重要组成部分，管理的主要对象是内存。操作系统的主要任务之一是尽可能方便用户使用和提高内存利用率。此外，有效的存储管理也是多道程序设计技术的关键支撑。

（1）存储管理的功能。

• 地址变换。

• 内存分配。

• 存储共享与保护。

• 存储器扩充。

（2）地址重定位。

地址变换：当用户程序进入内存执行时，必须把用户程序中的所有相对地址（逻辑地址）转换成内存中的实际地址（物理地址）。

地址重定位：在进行地址转换时，必须修改程序中所有与地址有关的项，也就是要对程序中的指令地址以及指令中有关地址的部分（有效地址）进行调整。

地址重定位建立用户程序的逻辑地址与物理地址之间的对应关系，实现方式包括静态地址重定位和动态地址重定位。

• 静态地址重定位是在程序执行之前将操作系统的重定位装入程序，程序必须占用连续的内存空间，且一旦装入内存后，程序便不再移动。

• 动态地址重定位则在程序执行期间进行，由专门的硬件机构来完成，通常采用一个重定位寄存器，在每次进行存储访问时，将取出的逻辑地址加上重定位寄存器的内容形成物理地址。

动态地址重定位的优点是不要求程序装入固定的内存空间，在内存中允许程序再次移动位置，而且可以部分地装入程序运行，同时也便于多个作业共享同一程序的副本。动态地址重定位技术被广泛采用。

（3）存储管理技术。

①连续存储管理。

基本特点：内存空间被划分成一个个分区，一个作业占一个分区，即系统和用户作业都以分区为单位享用内存。

在连续存储管理中，地址重定位采用静态地址重定位，分区的存储保护可采用上、下界寄存器保护方式。

分区分配方式分为固定分区和可变分区。固定分区存储管理的优点是简单，要求的硬件支持少；缺点是容易产生内部碎片。可变分区避免了固定分区中每个分区都可能有剩余空间的情况，但由于它的空闲区域仍是离散的，因此会出现外部碎片。

②分页式存储管理。

在分页式存储管理中，当作业提出存储分配请求时，系统首先根据存储块大小把作业分成若干页，每一页可存储在内存的任意一个空白块内。这样，只要建立起程序的逻辑页和内存的存储块之间的对应关系，借助动态地址重定位技术，分散在不连续物理存储块中的用户作业就能够正常运行。

分页式存储管理的优点是能有效解决碎片问题，内存利用率高，内存分配与回收算法也比较简单；缺点是采用动态地址变换机构增加了硬件成本，也降低了处理器的运行速度。

③分段式存储管理。

在分段式存储管理中，作业的地址空间由若干个逻辑段组成，每一段是一组逻辑意义完整的信息集合，并有自己的名字（段名）。每一段都是以 0 开始的、连续的一维地址空间，整个作业则构成了二维地址空间。

分段式存储管理是以段为基本单位分配内存的，且每一段必须分配连续的内存空间，但各段之间不要求连续。由于各段的长度不一样，因此分配的内存空间大小也不一样。

分段式存储管理较好地解决了程序和数据的共享以及程序动态链接等问题。与分页式存储管理一样，分段式存储管理采用动态重定位技术来进行地址转换。分页式存储管理的优点体现在内存空间的管理上，而分段式存储管理的优点体现在地址空间的管理上。

④段页式存储管理。

段页式存储管理是分页和分段两种存储管理方式的结合，它同时具备两者的优点。

段页式存储管理是目前使用较多的一种存储管理方式，它有如下特点。

• 将作业地址空间分成若干个逻辑段，每段都有自己的段名。

• 每段再分成若干大小固定的页，每段都从 0 开始为自己的各页依次编写连续的页号。

• 对内存空间的管理仍然和分页存储管理一样，将其分成若干个与页面大小相同的物理块，对内存空间的分配是以物理块为单位的。

• 作业的逻辑地址包括 3 个部分：段号、段内页号及页内位移。

⑤虚拟存储器管理。

连续存储管理和分页分段式存储管理技术必须为作业分配足够的内存空间，装入其全部信息，否则作业将无法运行。把作业的全部信息装入内存后，实际上并非同时使用这些信息，有些部分运行一次，有些部分暂时不用或在某种条件下才使用。让作业全部信息驻留于内存是对内存资源的极大浪费，会降低内存利用率。

虚拟存储器管理技术的基本思路是把内存扩大到大容量外存上，把外存空间当作内存的一部分，作业运行过程中可以只让当前用到的信息进入内存，其他当前未用的信息留在外存；而当作业进一步运行，需要用到外存中的信息时，再把已经用过但暂时还不会用到的信息换到外存，把当前要用的信息换到已空出的内存中，从而给用户提供一个比实际内存空间大得多的地址空间。这种大容量的地址空间并不是真实的存储空间，而是虚拟的，因此，这样的存储器称为虚拟存储器。

虚拟存储器管理主要采用请求页式存储管理、请求段式存储管理及请求段页式存储管理技术实现。

4. 文件管理

在操作系统中，无论是用户数据，还是计算机系统程序和应用程序，甚至各种外设，都是以文件形式提供给用户的。文件管理就是对用户文件和系统文件进行管理，方便用户使用，并保证文件的安全性，提高外存空间的利用率。

（1）文件与文件系统的概念。

文件是指一组带标识（文件名）的、具有完整逻辑意义的相关信息的集合。用户作业、源程序、目标程序、初始数据、输出结果、汇编程序、编译程序、连接装配程序、编辑程序、调试程序及诊断程序等，都是以文件的形式存在的。

各个操作系统的文件命名规则略有不同，文件名的格式和长度因系统而异。一般来说，文件名由文件名和扩展名两部分组成，前者用于识别文件，后者用于区分文件类型，中间用"."分隔开。

操作系统中与管理文件有关的软件和数据称为文件系统。它负责为用户建立、撤销、读/写、修改及复制文件，还负责对文件的按名称存取和存取控制。常用的、具有代表性的文件系统有 EXT2/4、NFS、HPFS、FAT、NTFS 等。

（2）文件类型。

文件依据不同标准可以有多种类型，如表 2.9 所示。

表 2.9　文件类型

划分标准	文件类型
按用途划分	系统文件、库文件、用户文件
按性质划分	普通文件、目录文件、特殊文件
按保护级别划分	只读文件、读写文件、可执行文件、不保护文件
按文件数据的形式划分	源文件、目标文件、可执行文件

（3）文件系统模型。

文件系统的传统模型为层次模型，该模型由许多不同的层组成。每一层都会使用下一层的功能来创建新的功能，为上一层服务。层次模型比较适合支持单个文件系统。

（4）文件的组织结构。

①文件的逻辑结构。

文件的逻辑结构是用户可见结构。根据有无逻辑结构，文件可分为记录式文件和流式文件。

在记录式文件中，每个记录都用于描述实体集中的一个实体。各记录有着相同或不同数目的数据项，记录的长度可分为定长和不定长两类。

流式文件内的数据不再组成记录，只是一串有顺序的信息集合（有序字符流）。这种文件的长度以字节为单位。可以把流式文件看作记录式文件的一个特例：一个记录仅有一个字节。

②文件的物理结构。

文件按不同的组织方式在外存上存放，就会得到不同的物理结构。文件的物理结构有时也称为文件的"存储结构"。

文件在外存上有连续存放、链接块存放及索引表存放 3 种不同的存放方式，其对应的存储结构分别为顺序结构、链接结构及索引结构。

（5）文件目录管理。

①文件目录的概念。

为了能对一个文件进行正确的存取，必须为文件设置用于描述和控制文件的数据结构，称为文件控制块（File Control Block，FCB）。FCB 一般应包括以下内容。

• 有关文件存取控制的信息：文件名、用户名、文件主存取权限、授权者存取权限、文件类型及文件属性等。

• 有关文件结构的信息：记录类型、记录个数、记录长度、文件所在设备名及文件物理结构类型等。

• 有关文件使用的信息：已打开文件的进程数、文件被修改的情况、文件最大长度及文件当前大小等。

• 有关文件管理的信息：文件建立日期、最近修改日期及最后访问日期等。

文件与 FCB 一一对应，而人们把多个 FCB 的有序集合称为文件目录，即一个文件控制块就是一个文件目录项。通常，一个文件目录也被看作一个文件，可称为目录文件。

对文件目录的管理就是对 FCB 的管理。对文件目录的管理除了要解决存储空间的有效利用问题外，还要解决快速搜索、文件命名冲突以及文件共享等问题。

②文件目录结构。

文件目录根据不同结构可分为单级目录、二级目录、多层级目录、无环图结构目录及图状结构目录等。

• 单级目录的优点是简单，缺点是查找速度慢，不允许重名，不便于实现文件共享。

• 二级目录提高了检索目录的速度；在不同的用户目录中，可以使用相同的文件名；不同用户还可以使用不同的文件名访问系统中的同一个共享文件。但对同一用户目录，也不能有两个同名的文件存在。

• 多层级目录也叫树结构目录，既可以方便用户查找文件，又可以把不同类型和不同用途的文件分类；允许文件重名，不但不同用户目录可以使用相同名称的文件，同一用户目录也可以使用相同名称的文件；利用多级层次结构关系，可以更方便地设置保护文件的存取权限，有利于文件的保护。其缺点为不能直接支持文件或目录的共享等。

• 为了使文件或目录可以被不同的目录所共享，出现了结构更复杂的无环图结构目录和图状结构目录等。

③存取权限。

存取权限可以通过建立访问控制表和存取权限表来实现。

大型文件系统主要采用两个措施来进行安全性保护：一是对文件和目录进行权限设置，二是对文件和目录进行加密。

（6）文件存储空间管理。

存储空间管理是文件系统的重要任务之一。文件存储空间管理实质上是空闲块管理问题，它包括空闲块的组织、空闲块的分配及空闲块的回收等问题。

空闲块管理方法主要有空闲文件项、空闲区表、空闲块链、位示图、空闲块成组链接法（UNIX 操作系统中）等。

5. I/O 设备管理

I/O 设备类型繁多，差异又非常大，因此 I/O 设备管理是操作系统中最庞杂和琐碎的部分之一。

（1）I/O 软件的层次结构。

I/O 软件的设计目标是将 I/O 软件组织成一种层次结构，每一次都是利用其下层提供的服务，完成 I/O 功能中的某些子功能，并屏蔽这些功能实现的细节，向上层提供服务。

通常把 I/O 软件组织成 4 个层次,如图 2.6 所示,图中的箭头表示 I/O 的控制流。各层次功能如下。

• 用户层软件:用于实现与用户交互的接口,用户可直接调用该层所提供的、与 I/O 操作有关的库函数对设备进行操作。

• 设备独立性软件:用于实现用户程序与设备驱动器的统一接口、设备命名、设备的保护以及设备的分配与释放等,同时为设备管理和数据传送提供必要的存储空间。

• 设备驱动程序:与硬件直接相关,用于具体实现系统对设备发出的操作指令,驱动 I/O 设备工作。

• 中断处理程序。用于保持被中断进程的 CPU 环境,转入相应的中断处理程序进行处理,处理完毕再恢复被中断进程的现场,并返回到被中断进程。

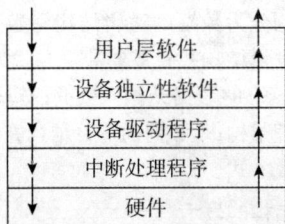

图 2.6 I/O 软件的层次结构

(2)中断处理程序。

当一个进程请求 I/O 操作时,该进程将被"挂起",直到 I/O 设备完成 I/O 操作后,设备控制器向 CPU 发送一个中断请求,CPU 响应后便转向中断处理程序。中断处理过程如下。

• CPU 检查响应中断的条件是否满足。

• 如果条件满足,CPU 响应中断,则 CPU 关中断,使其进入不可再次响应中断的状态。

• 保存被中断进程的 CPU 环境。

• 分析中断原因,调用中断处理子程序。

• 执行中断处理子程序。

• 退出中断,恢复被中断进程的 CPU 现场或调度新进程占用 CPU。

• 开中断,CPU 继续执行。

I/O 操作完成后,驱动程序必须检查本次 I/O 操作中是否发生了错误,并向上层软件报告,最终向调用者报告本次 I/O 的执行情况。

(3)设备驱动程序。

设备驱动程序是驱动物理设备和 DMA 控制器或 I/O 控制器等直接进行 I/O 操作的子程序的集合。它负责启动 I/O 设备进行 I/O 操作,指定操作的类型和

数据流向等。设备驱动程序有如下功能。

• 接收由设备独立性软件发来的命令和参数,并将命令中的抽象要求转换为与设备相关的低层次操作序列。

• 检查用户 I/O 请求的合法性,了解 I/O 设备的工作状态,传递与 I/O 设备操作有关的参数,设置设备的工作方式。

• 发出 I/O 命令,如果设备空闲,便立即启动 I/O 设备,完成指定的 I/O 操作;如果设备忙碌,则将请求者的请求块挂在设备队列上等待。

• 及时响应由设备控制器发来的中断请求,并根据其中断类型,调用相应的中断处理程序进行处理。

(4)设备独立性软件。

为了实现设备独立性,必须在设备驱动程序之上设置一层软件,称为与设备无关的 I/O 软件,或设备独立性软件。其主要功能①向用户层软件提供统一接口;②设备命名;③设备保护;④提供一个独立于设备的块;⑤缓冲技术;⑥设备分配和状态跟踪;⑦错误处理和报告等。

(5)用户层软件。

用户层软件在层次结构的最上层,它面向用户,负责与用户和设备无关的 I/O 软件通信。当接收到用户的 I/O 指令后,该层会把具体的请求发送到与设备无关的 I/O 软件进一步处理。它主要包含用于 I/O 操作的库函数和 SPOOLing 系统。此外,用户层软件还会用到缓冲技术。

(6)设备的分配与回收。

由于设备、控制器及通道资源的有限性,因此不是每一个进程随时随地都能得到这些资源。进程必须首先向设备管理程序提出资源申请,然后,由设备分配程序根据相应的分配算法为进程分配资源。如果申请进程得不到它所申请的资源,将被放入资源等待队列中等待,直到所需要的资源被释放。如果进程得到了它所需要的资源,就可以使用该资源完成相关的操作,使用完之后通知系统,系统将及时回收这些资源,以便其他进程使用。

2.1.2 数据结构与算法

【考点1】 什么是算法

1.算法及其基本特征

算法是指对解题方案准确而完整的描述。简单地说,算法就是解决问题的操作步骤。

算法不等于数学上的计算方法,也不等于程序。程序可以描述算法。

算法的基本特征如下。

(1)可行性:步骤可以实现;执行结果达到预期目的。

(2)确定性:步骤明确,不模棱两可,不准有多义性。

(3)有穷性:有限的时间内完成。

(4)拥有足够的情报:当拥有足够的输入信息和初始化信息时,算法才是有效的;当提供的情报不够时,算法可能无效。

2.算法复杂度

算法复杂度用来衡量算法的优劣,它包括算法的时间复杂度和算法的空间复杂度。

(1)算法的时间复杂度。

算法的时间复杂度是指执行算法所需要的计算工作量。

算法的时间复杂度不等于算法程序执行的具体时间。算法程序执行的具体时间受到所使用的计算机、程序设计语言,以及算法实现过程中的许多细节的影响,而算法的时间复杂度与这些因素无关。

算法所需要的计算工作量是用算法所执行的基本运算次数来度量的。算法所执行的基本运算次数与问题的规模有关。

当具体分析一个算法的工作量时,在同一个问题规模下,算法所执行的基本运算次数还可能与特定的输入有关。即输入不同时,算法所执行的基本运算次数不同。

(2)算法的空间复杂度。

算法的空间复杂度是指执行这个算法所需要的存储空间。

执行算法所需要的存储空间包括 3 个部分:输入数据所占的存储空间;程序本身所占的存储空间;算法执行过程中所需要的额外空间。其中,额外空间包括算法执行过程中的工作单元,以及某种数据结构所需要的附加存储空间。如果额外空间量相对于问题规模(即输入数据所占的存储空间)来说是常数,即额外空间量不随问题规模的变化而变化,则称该算法是原地(in place)工作的。

为了降低算法的空间复杂度,主要应减少输入数据所占的存储空间和额外空间,通常采用压缩存储技术来实现。

【考点2】　数据结构的基本概念

1.什么是数据结构

数据结构是指相互有关联的数据元素的集合。它包含两个要素,即"数据"和"结构"。

数据是需要处理的数据元素的集合。一般来说,这些数据元素具有某个共同的特征。如早餐、午餐、晚餐这 3 个数据元素有一个共同的特征,即它们都是一日三餐的名称,从而构成了"一日三餐"的集合。

所谓"结构",就是关系,是集合中各个数据元素之间存在的某种关系(或联系)。在数据处理领域中,通常把数据元素两两之间的关系用前/后件关系(或直接前驱/直接后继关系)来描述。如当考虑一日三餐的时间顺序关系时,"早餐"是"午餐"的前件(或直接前驱),而"午餐"是"早餐"的后件(或直接后继);同样,"午餐"是"晚餐"的前件,"晚餐"是"午餐"的后件。

数据结构分为数据的逻辑结构和数据的存储结构。数据的逻辑结构指反映数据元素之间逻辑关系(即前后件关系)的数据结构。数据的存储结构又称为数据的物理结构,是数据的逻辑结构在计算机存储空间中的存放方式。

2.数据结构的表示

数据的逻辑结构的数学形式定义——数据结构是一个二元组:

$$B = (D, R)$$

其中,B 表示数据结构;D 是数据元素的集合;R 是 D 上关系的集合,它反映了 D 中各数据元素之间的前后件关系。前后件关系也可以用一个二元组来表示。

如果把一日三餐看作数据结构,则可表示成

$B = (D, R)$

$D = \{$早餐,午餐,晚餐$\}$

$R = \{($早餐,午餐$),($午餐,晚餐$)\}$

如果把部队军职看作数据结构,可表示成:

$B = (D, R)$

$D = \{$连长,排长,班长,士兵$\}$

$R = \{($连长,排长$),($排长,班长$),($班长,士兵$)\}$

一个数据结构除了用二元关系表示外,还可以用图形来表示。用中间标有元素值的方框表示的数据元素,一般称为数据节点,简称节点。对于每一个二元组,用一条有向线段从前件指向后件。

一日三餐的数据结构如图 2.7(a)所示。而部队军职数据结构如图 2.7(b)所示。

（a）一日三餐数据结构的图形表示

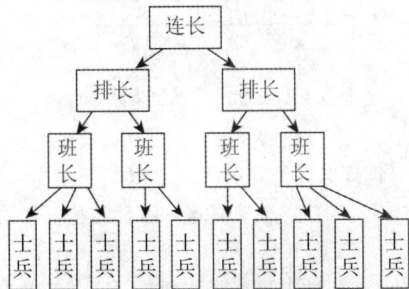

（b）军职数据结构的图形表示

图 2.7　数据结构的图形表示

由前/后件关系还可引出 3 个基本概念,如表 2.10 所示。

表 2.10　节点基本概念

基本概念	含义	例子
根节点	数据结构中,没有前件的节点	在图 2.7(a)中,"早餐"是根节点; 在图 2.7(b)中,"连长"是根节点
终端节点（或叶子节点）	数据结构中,没有后件的节点	在图 2.7(a)中,"晚餐"是终端节点; 在图 2.7(b)中,"士兵"是终端节点
内部节点	数据结构中,除了根节点和终端节点以外的节点	在图 2.7(a)中,"午餐"是内部节点; 在图 2.7(b)中,"排长"和"班长"是内部节点

3. 线性结构与非线性结构

根据数据结构中各数据元素之间前/后件关系的复杂程度,一般将数据结构划分为两大类型,线性结构和非线性结构,如表 2.11 所示。

表 2.11　线性结构和非线性结构

类型	含义	例子
线性结构	一个非空的数据结构如果满足以下两个条件就称为线性结构: •有且只有一个根节点; •每一个节点最多有一个前件,也最多有一个后件	图 2.7(a)所示的一日三餐数据结构
非线性结构	不满足以上两个条件的数据结构就称为非线性结构,非线性结构主要是指树形结构和网状结构	图 2.7(b)所示的军职数据结构

如果一个数据结构中没有数据元素,则称该数据结构为空的数据结构。在只有一个数据元素的数据结构中,删除该数据元素,就得到一个空的数据结构。

【考点3】　线性表及其顺序存储结构

1. 线性表的基本概念

数据结构中,线性结构习惯称为线性表,线性表是最简单、也是最常用的一种数据结构。

线性表是 $n(n \geq 0)$ 个数据元素构成的有限序列,表中除第一个元素外的每一个元素,有且只有一个前件,除最后一个元素外,有且只有一个后件。

线性表要么是空表,要么可以表示为

$$(a_1, a_2, \cdots, a_i, \cdots, a_n)$$

其中,$a_i(i=1,2,\cdots,n)$ 是线性表的数据元素,也称为线性表的一个节点,同一线性表中的数据元素必定具有相同的特性,即属于同一数据对象。数组、矩阵、向量等都是线性表。

非空线性表具有以下结构特征。

•只有一个根节点,即节点 a_1,它无前件。

•有且只有一个终端节点,即节点 a_n,它无后件。

•除根节点与终端节点外,其他所有节点有且只有一个前件,并有且只有一个后件。

节点个数 n 称为线性表的长度,当 $n=0$ 时,称为空表。

2. 线性表的顺序存储结构

通常,线性表可以采用顺序存储和链式存储两种存储结构。

顺序存储是存储线性表最简单的结构,具体做法是将线性表中的元素一个接一个地存储在一片相邻的存储区域中。这种顺序存储的线性表也被称为顺序表。

顺序表具有以下两个基本特征。

•线性表中所有元素所占的存储空间是连续的。

•线性表中各数据元素在存储空间中是按逻辑顺序依次存放的。

在顺序表中,其前、后件两个元素在存储空间中是紧邻的,且前件元素一定存储在后件元素的前面。

【考点4】 栈和队列

1.栈及其基本运算

栈(stack)是一种特殊的线性表,它所有的插入与删除都限定在表的同一端进行,允许插入与删除的一端称为栈顶,不允许插入与删除的一端称为栈底。当栈中没有元素时,称为空栈。

栈的修改原则是"后进先出"或"先进后出"。

通常用指针 top 来指示栈顶的位置,用指针 bottom 来指向栈底。栈顶指针 top 反映了栈不断变化的状态。

假设栈 $S = (a_1, a_2, \cdots, a_n)$,则称 a_1 为栈底元素,a_n 为栈顶元素。栈中元素按 $a_1, a_2, \cdots, a_n$ 的次序进栈,退栈的第一个元素应为栈顶元素 a_n。图2.8所示为栈结构和入栈、退栈示意。

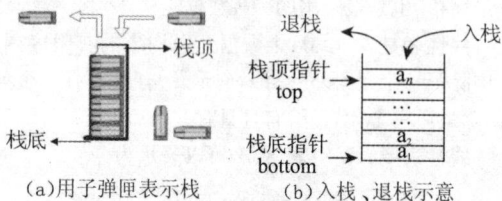

（a)用子弹匣表示栈　　（b)入栈、退栈示意

图2.8　栈结构和入栈、退栈示意

栈的基本运算有3种:入栈、退栈及读栈顶元素。

栈和一般线性表的存储方法类似,通常也可以采用顺序存储和链式存储。

2.队列及其基本运算

(1)队列的定义。

队列(queue)是指允许在一端进行插入,而在另一端进行删除的线性表。允许进行删除运算的一端称为队头(排头),允许进行插入运算的一端称为队尾。若有队列:

$$Q = (q_1, q_2, \cdots, q_n)$$

那么,q_1 为队头元素(排头元素),q_n 为队尾元素。队列中的元素是按照 $q_1, q_2, \cdots, q_n$ 的顺序进入的,退出队列时也只能按照这个次序依次退出。与栈相反,队列又称为"先进先出"或"后进后出"的线性表。

(2)队列的运算。

可以用顺序存储的线性表来表示队列。为了指示当前执行退队运算的队头位置,需要一个队头指针(排头指针)front;为了指示当前执行入队运算的队尾位置,需要一个队尾指针 rear。队头指针 front 总是指向队头元素的前一个位置,而队尾指针 rear 总是指向队尾元素。队尾指针 rear 和队头指针 front 共同反映了队列中元素动态变化的情况。图2.9所示为队列

的入队、退队示意。

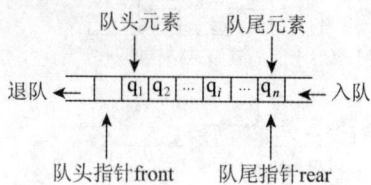

图2.9　队列的入队、退队示意

(3)循环队列及其运算。

在实际应用中,队列的顺序存储结构一般采用循环队列的形式。

所谓循环队列,就是将队列存储空间的最后一个位置绕到第一个位置,形成逻辑上的环状空间,供队列循环使用。

在循环队列中,用队尾指针 rear 指向队列中的队尾元素,用队头指针 front 指向排头元素的前一个位置。因此,从队头指针 front 指向的后一个位置直到队尾指针 rear 指向的位置之间所有的元素均为队列中的元素。

循环队列的初始状态为空,即 front = rear = m,如图2.10所示。

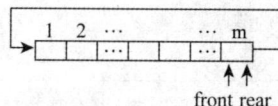

图2.10　循环队列初始状态示意

在循环队列中,当 front = rear 时,不能确定队列是满还是空。在实际使用循环队列时,通常会增加一个标志 s 来区分队列是满还是空。当 s = 0 时表示队列空;当 s = 1 且 front = rear 时表示队列满。

【考点5】 线性链表

1.线性链表的基本概念

(1)线性链表。

线性链表指线性表的链式存储结构,简称链表。这种链表每个节点只有一个指针域,又称为单链表。

在线性链表中,第一个元素没有前件,因此指向链表中的第一个节点的指针,是一个特殊的指针,称为这个链表的头指针(HEAD)。最后一个元素没有后件,因此,线性链表最后一个节点的指针域为空,用 NULL 或 0 表示。

线性链表的存储单元是任意的,即各数据节点的存储序号可以是连续的,也可以是不连续的;各节点在存储空间中的位置关系与逻辑关系不一致,前/后件关系由存储节点的指针来表示。当线性链表指向第一个数据元素的头指针等于 NULL 或者 0 时,该表称为空表。

在某些应用中,对线性链表中的每个节点设置两个指针,一个指针域存放前件的地址,称为左指针(Llink);一个指针域存放后件的地址,称为右指针(Rlink)。这样的线性链表称为双向链表。图2.11所示为双向链表示意。在双向链表中,由于为每个节点设置了两个指针,因此从某一个节点出发,可以很方便地找到其他任意一个节点。

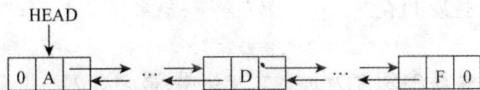

图2.11　双向链表示意

（2）带链的栈。

栈也可以采用链式存储结构表示,可以把栈组织成一个单链表。这种数据结构称为带链的栈。图2.12（a）所示为带链的栈示意。

（3）带链的队列。

与栈类似,队列也可以采用链式存储结构表示。带链的队列就是用一个单链表来表示队列,队列中的每一个元素对应链表中的一个节点。图2.12（b）所示为带链的队列示意。

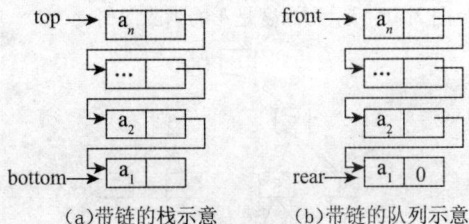

（a）带链的栈示意　　（b）带链的队列示意

图2.12　带链的栈和带链的队列示意

（4）顺序表和链表的比较。

顺序表和链表的优缺点如表2.12所示。

表2.12　顺序表和链表的优缺点

类型	优点	缺点
顺序表	①可以随机存取表中的任意节点; ②无须为表示节点间的逻辑关系额外增加存储空间	①插入和删除运算的效率很低; ②存储空间不便于扩充; ③不便于对存储空间进行动态分配
链表	①当进行插入和删除运算时,只需要改变指针即可,不需要移动元素; ②链表的存储空间易于扩充并且方便空间的动态分配	需要额外的空间(指针域)来表示数据元素之间的逻辑关系,存储密度比顺序表低

2.循环链表

在单链表的第一个节点前增加一个表头节点,队头指针指向表头节点,最后一个节点的指针域的值由NULL改为指向表头节点,这样的链表称为循环链表。在循环链表中,所有节点的指针构成了一个环状链。

在循环链表中,只要指出表中任何一个节点的位置,就可以从它出发访问到表中其他所有的节点。并且,由于表头节点是循环链表固有的节点,因此,即使在表中没有数据元素的情况下,表中也至少有一个节点存在,从而使空表和非空表的运算统一。

循环链表的逻辑状态如图2.13所示。

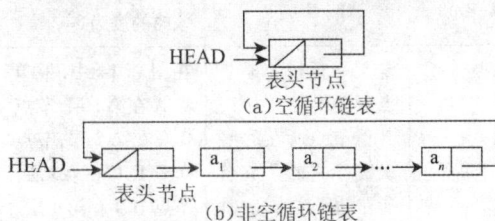

图2.13　循环链表的逻辑状态

【考点6】　树与二叉树

1.树的基本概念

树(tree)是一种简单的非线性结构。如一个家族中的族谱关系为A有后代B、C;B有后代D、E、F;C有后代G;E有后代H、I,则这个家族的成员及血统关系可用图2.14所示的"倒置的树"来描述。树的相关术语如表2.13所示。

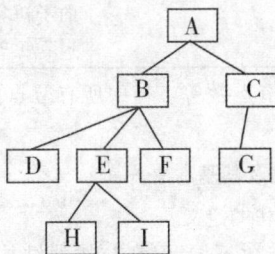

图2.14　树的示例

表2.13　树的相关术语

基本概念	含义	例子
父节点 （根）	在树结构中,每一个节点只有一个前件,称为该节点的父节点;没有前件的节点只有一个,称为树的根节点,简称树的根	在图2.14中,节点A是树的根节点

续表

基本概念	含义	例子
子节点和叶子节点	在树结构中,每一个节点可以有多个后件,称为该节点的子节点。没有后件的节点称为叶子节点	在图 2.14 中,节点 D、H、I、F、G 均为叶子节点
度	在树结构中,一个节点所拥有的后件个数称为该节点的度,所有节点中最大的度称为树的度	在图 2.14 中,根节点 A 和节点 E 的度为2,节点 B 的度为3,节点 C 的度为1,叶子节点 D、H、I、F、G 的度为0。所以,该树的度为3
深度	定义一棵树的根节点所在的层次为1,其他节点所在的层次等于它的父节点所在的层次加1。树的最大层次称为树的深度	在图 2.14 中,根节点 A 在第1层,节点 B、C 在第2层,节点 D、E、F、G 在第3层,节点 H、I 在第4层。所以,该树的深度为4
子树	在树中,以某节点的一个子节点为根构成的树称为该节点的一棵子树	在图 2.14 中,节点 A 有 2 棵子树,它们分别以 B、C 为根节点。节点 B 有 3 棵子树,它们分别以 D、E、F 为根节点,其中,以 D、F 为根节点的子树实际上只有根节点一个节点

树中的节点数等于树中所有节点的度之和再加 1。

2. 二叉树及其基本性质

(1)二叉树的定义。

二叉树与树不同,但它与树的结构很相似,图 2.15 所示为一棵二叉树。

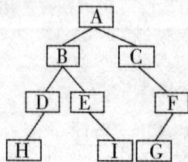

图 2.15　一棵二叉树

二叉树的特点如下。

①二叉树可以为空,空的二叉树没有节点,非空

二叉树有且只有一个根节点。

②每个节点最多有两棵子树,即二叉树中不存在度大于 2 的节点。

③二叉树的子树有左右之分,其次序不能任意颠倒。

(2)二叉树的性质。

二叉树具有以下几个性质。

性质 1:在二叉树的第 k 层上,最多有 $2^{k-1}(k \geq 1)$ 个节点。

性质 2:深度为 m 的二叉树中,最多有 $2^m - 1$ 个节点。

性质 3:对任何一棵二叉树,度为 0 的节点(即叶子节点)总是比度为 2 的节点多一个。

性质 4:具有 n 个节点的二叉树,其深度至少为 $[\log_2 n] + 1$,其中 $[\log_2 n]$ 表示取 $\log_2 n$ 的整数部分。

(3)满二叉树和完全二叉树。

满二叉树是指除最后一层外,每一层上的所有节点都有两个子节点的二叉树。即满二叉树在其第 k 层上有 2^{k-1} 个节点,且深度为 m 的满二叉树共有 $2^m - 1$ 个节点。

图 2.16 所示为深度是 4 的满二叉树。

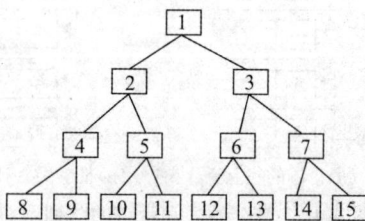

图 2.16　满二叉树

完全二叉树是指除最后一层外,每一层上的节点数均达到最大值,在最后一层上只缺少右边的若干节点的二叉树。图 2.17 所示为深度是 4 的完全二叉树。

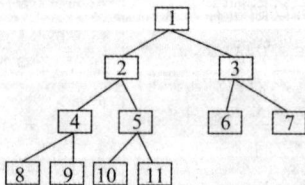

图 2.17　完全二叉树

由完全二叉树可知,满二叉树一定是完全二叉树,完全二叉树一般不是满二叉树。完全二叉树具有如下特点:

①叶子节点只可能在最后两层出现;

②对于任一节点,若其右子树的深度为 m,则该

节点左子树的深度为 m 或 $m+1$。

性质5:具有 n 个节点的完全二叉树的深度为 $[\log_2 n]+1$。

3.二叉树的存储结构

在计算机中,二叉树通常采用链式存储结构。用于存储二叉树中元素的存储节点由数据域和指针域两部分构成。由于每一个元素可以有两个后件,因此用于存储二叉树的存储节点的指针域有两个:一个用于指向该节点的左子节点,即左指针域;另一个用于指向该节点的右子节点,即右指针域。二叉树的存储节点如图 2.18 所示。

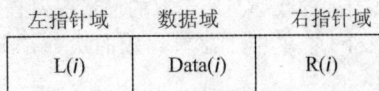

左指针域	数据域	右指针域
L(i)	Data(i)	R(i)

图 2.18　二叉树的存储节点

由于二叉树的存储结构中每一个存储节点有两个指针域,因此二叉树的链式存储结构也称为二叉链表。

满二叉树与完全二叉树可以按层次进行顺序存储。

4.二叉树的遍历

二叉树的遍历是指不重复地访问二叉树中的所有节点。

在遍历二叉树的过程中,一般先遍历左子树,再遍历右子树。在先左后右的原则下,根据访问根节点的次序不同,二叉树的遍历可以分为 3 种:前序遍历(DLR)、中序遍历(LDR)、后序遍历(LRD)。

(1)前序遍历。

首先访问根节点,然后遍历左子树,最后遍历右子树;并且在遍历左子树和右子树时,仍然先访问根节点,然后遍历左子树,最后遍历右子树。对图 2.19 中的二叉树进行前序遍历的结果(或称为该二叉树的前序遍历序列)为 A,B,D,H,E,I,C,F,G。

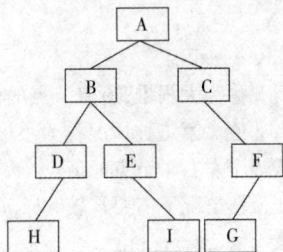

图 2.19　一棵二叉树

(2)中序遍历。

首先遍历左子树,然后访问根节点,最后遍历右子树;并且在遍历左子树和右子树时,仍然首先遍历左子树,然后访问根节点,最后遍历右子树。对图 2.19中的二叉树进行中序遍历的结果(或称为该二叉树的中序遍历序列)为 H,D,B,E,I,A,C,G,F。

(3)后序遍历。

首先遍历左子树,然后遍历右子树,最后访问根节点;并且在遍历左子树和右子树时,仍然首先遍历左子树,然后遍历右子树,最后访问根节点。对图 2.19中的二叉树进行后序遍历的结果(或称为该二叉树的后序遍历序列)为 H,D,I,E,B,G,F,C,A。

如果已知一棵二叉树的前序遍历序列和中序遍历序列,可以唯一确定这棵二叉树;已知一棵二叉树的后序遍历序列和中序遍历序列,也可以唯一确定这棵二叉树。但是,已知一棵二叉树的前序遍历序列和后序遍历序列,不能唯一确定这棵二叉树。

【考点7】　查找

1.顺序查找

基本思想:从线性表的第一个元素开始,逐个将线性表中的元素与被查元素进行比较,若相等,则查找成功,停止查找;若整个线性表扫描完毕,仍未找到与被查元素相等的元素,则表示线性表中没有要查找的元素,查找失败。

- 最好情况下,第一个元素就是要查找的元素,则比较次数为1。
- 最坏情况下,最后一个元素才是要找的元素,或者在线性表中,没有要查找的元素,则需要与线性表中所有的元素比较,比较次数为 n。
- 平均情况下,大约需要比较 $n/2$ 次。

在以下两种情况中,顺序查找是唯一的选择。

(1)线性表为无序表(即表中的元素是无序的),则不管采用的是顺序存储结构,还是链式存储结构,都只能用顺序查找。

(2)即使线性表是有序的,如果采用的是链式存储结构,也只能用顺序查找。

2.二分法查找

能使用二分法查找的线性表必须满足两个条件:用顺序存储结构;线性表是有序表。此处的"有序"特指元素按非递减顺序排列,即从小到大排列,但允许相邻元素相等。

对于长度为 n 的有序线性表,利用二分法查找元素 X 的过程如下。

将 X 与线性表的中间项比较过程如下。

- 如果 X 的值与中间项的值相等,则查找成功,结束查找。

● 如果 X 小于中间项的值,则在线性表的前半部分以二分法继续查找。

● 如果 X 大于中间项的值,则在线性表的后半部分以二分法继续查找。

顺序查找每比较一次,只将查找范围缩小 1,而二分法查找,每比较一次,可将查找范围缩小为原来的一半,效率大大提高。对于长度为 n 的有序线性表,在最坏情况下,二分法查找只需比较 $\log_2 n$ 次。

【考点8】　排序

排序是指将一个无序序列整理成按值非递减顺序排列的有序序列。

1. 交换类排序

交换类排序是借助数据元素的“交换”来进行排序的一种方法。

(1)冒泡排序。

在数据元素的序列中,对于某个元素,如果其后存在一个元素小于它,则称之为存在一个逆序。冒泡排序的基本思想就是通过两两相邻数据元素之间的比较和交换,不断地消去逆序,直到所有数据元素以非递减顺序排列为止。

在最坏情况下,对长度为 n 的线性表排序,冒泡排序需要比较的次数为 $n(n-1)/2$。

(2)快速排序。

基本思想:在待排序的 n 个元素中取一个元素 K(通常取第一个元素),以元素 K 作为分割标准,把所有小于元素 K 的数据元素都移到 K 前面,把所有大于元素 K 的数据元素都移到 K 后面。这样,以 K 为分界线,把线性表分割为两个子表,这称为一趟排序。然后,对 K 前后的两个子表分别重复上述过程,直到分割的子表的长度为 1 为止。这时线性表已经排好序。

快速排序在最坏情况下需要进行 $n(n-1)/2$ 次比较,但实际的排序效率要比冒泡排序高得多。

2. 插入类排序

插入类排序是每次将一个待排序元素,按其元素值的大小插入前面已经排好序的子表中的适当位置,直到全部元素插入完成为止。

(1)简单插入排序。

简单插入排序是把 n 个待排序的元素看成一个有序表和一个无序表。开始时,有序表只包含一个元素,而无序表包含另外 $n-1$ 个元素。每次取无序表中的第一个元素插入有序表中的正确位置,使之成为增加一个元素的新的有序表。插入元素时,插入位置

及其后的记录依次向后移动。最后有序表的长度为 n,而无序表为空,此时排序完成。

在最坏情况下,简单插入排序需要进行 $n(n-1)/2$ 次比较。

(2)希尔排序。

希尔排序的基本思想是,先取一个整数(称为增量)$d_1 < n$,把全部数据元素分成 d_1 个组,所有距离为 d_1 倍数的元素放在一组中,组成了一个子序列,对每个子序列分别进行简单插入排序。然后取 $d_2 < d_1$ 重复上述分组和排序工作,直到 $d_i = 1$,即所有记录在一组中为止。

希尔排序的效率与所选取的增量序列有关。在最坏情况下,希尔排序需要比较的次数是 $n^r (1 < r < 2)$。

3. 选择类排序

选择类排序的基本思想是通过每一次从待排序序列中选出值最小的元素,然后将其顺序放在已排好序的有序子表的后面,直到全部序列满足排序要求为止。

(1)简单选择排序。

基本思想:先从所有 n 个待排序的数据元素中选择最小的元素,将该元素与第 1 个元素交换,再从剩下的 $n-1$ 个元素中选出最小的元素与第 2 个元素交换。重复操作直到所有的元素有序为止。

简单选择排序在最坏的情况下需要比较 $n(n-1)/2$ 次。

(2)堆排序。

若有 n 个元素的序列 $(h_1, h_2, \cdots, h_n)$,将元素按顺序组成一棵完全二叉树,当且仅当满足下列条件时称为堆。

$$\begin{cases} h_i \geq h_{2i} \\ h_i \geq h_{2i+1} \end{cases}$$

或者

$$\begin{cases} h_i \leq h_{2i} \\ h_i \leq h_{2i+1} \end{cases}$$

其中,$i = 1, 2, 3, \cdots, n/2$。

第一种情况称为大根堆,所有节点的值大于或等于左右子节点的值。第二种情况称为小根堆,所有节点的值小于或等于左右子节点的值。

堆排序在最坏情况下需要比较 $n\log_2 n$ 次。

2.1.3　程序设计基础

【考点1】　程序设计风格

程序的质量主要受到程序设计的方法、技术及风

格等因素的影响。"清晰第一、效率第二"是当今主导的程序设计风格,即首先要保证程序的清晰、易读,其次考虑提高程序的执行速度、节省系统资源。

要形成良好的程序设计风格,主要应注重和考虑下述因素。

①源程序文档化。

②数据说明风格:次序应规范化;变量安排有序化;使用注释来说明复杂数据的结构等。

③语句的结构:不要在同一行内写多个语句;首先保证程序正确,然后提高速度;尽可能使用库函数;避免不必要的转移等。

④输入和输出:对所有的输入数据都要进行检验,确保输入数据的合法性;在采用交互式输入/输出方式进行输入时,在屏幕上使用提示符明确提示输入的请求,同时在数据输入过程中和输入结束时,应在屏幕上给出状态信息;给所有的输出加注释,并设计良好的输出报表格式等。

【考点2】　结构化程序设计

就程序设计方法的发展而言,主要经历了结构化程序设计和面向对象的程序设计两个阶段。

1. 结构化程序设计的原则

结构化程序设计的重要原则是自顶向下、逐步求精、模块化及限制使用 goto 语句。

2. 结构化程序设计的基本结构

结构化程序设计方法是使用"顺序结构""选择结构"及"循环结构"3 种基本结构就足以表达其他各种结构的程序设计方法。它们的共同特征是:严格地只有一个入口和一个出口。

遵循结构化程序的设计原则,按此原则设计出的程序具有以下优点。

• 程序易于理解、使用及维护。

• 提高了编程工作的效率,降低了软件开发成本。

【考点3】　面向对象方法

1. 面向对象方法的优点

• 与人类习惯的思维方法一致。

• 稳定性好。

• 可重用性好。

• 便于开发大型软件产品。

• 可维护性好。

2. 面向对象方法的基本概念

(1)对象。

面向对象方法中的对象由两部分组成。

①数据,也称为属性,即对象所包含的信息,表示对象的状态。

②方法,也称为操作,即对象能执行的功能、所具有的行为。

对象的基本特点如表 2.14 所示。

表 2.14　对象的基本特点

特点	描述
标识唯一性	对象是可区分的,且由对象的本质来区分,而不是通过描述来区分
分类性	指可以将具有相同属性和操作的对象抽象成类
多态性	指同一个操作可以是不同对象的行为,不同对象执行同一操作可以产生不同的结果
封装性	从外面看只能看到对象的外部特性,对象的内部对外是不可见的
模块独立性好	由于完成对象功能所需的元素都被封装在对象内部,因此模块独立性好

(2)类和实例。

类(class)是具有共同属性、共同方法的对象的集合,是关于对象的抽象描述,反映属于该对象类型的所有对象的性质。一个具体对象则是其对应类的一个实例(instance)。

例如,"大学生"是一个大学生类,它描述了所有大学生的性质。因此,任何大学生都是类"大学生"的一个对象(这里的"对象"不可用"实例"来代替),而一个具体的大学生"张三"是类"大学生"的一个实例。

类是关于对象性质的描述,它同对象一样,包括一组数据属性和在数据上的一组合法操作。

(3)消息。

消息(message)传递是对象间通信的手段,一个对象通过向另一个对象发送消息来请求其服务。

(4)继承。

在面向对象的程序设计中,类与类之间可以继承,一个子类可以直接继承其父类的全部描述(数据和操作)。这些属性和操作在子类中不必定义。此外,子类还可以定义它自己的属性和操作。

如"四边形"类是"矩形"类的父类,"四边形"类可以有"顶点坐标"等属性,有"移动""旋转""求周长"等操作。"矩形"类除了继承"四边形"类的属性和操作外,还可定义自己的属性和操作,如"长""宽"等属性和"求面积"等操作。

继承具有传递性,如果类 Z 继承类 Y,类 Y 继承类 X,则类 Z 继承类 X。

需要注意的是,类与类之间的继承应根据需要来做,并不是任何类都要继承。

(5)多态性。

在面向对象的软件技术中,多态性是指子类对象可以像父类对象那样使用,同样的消息(如方法)既可以发送给父类对象也可以发送给子类对象。

例如在一般类 polygon(多边形)中定义了一个方法 Show()显示自身,但并不确定执行时到底画一个什么图形。特殊类 square 和类 rectangle 都继承了 polygon 类的显示操作,但其实现的结果却不同,把方法 Show()的消息发送给一个 rectangle 类的对象是在屏幕上画一个矩形,而将方法 show()的消息发送给一个 square 类的对象则是在屏幕上画一个正方形。

2.1.4　软件工程基础

【考点1】　软件工程的基本概念

1. 软件定义与软件特点

计算机软件是由程序、数据及相关文档构成的完整集合,它与计算机硬件一起组成计算机系统。其中,程序和数据是机器可执行的,文档是机器不可执行的。

软件具有以下特点。

(1)软件是一种逻辑实体,具有抽象性。

(2)软件没有明显的制作过程。

(3)软件在使用期间不存在磨损、老化问题。

(4)软件对硬件和环境具有依赖性。

(5)软件复杂性高,成本高。

(6)软件开发涉及诸多的社会因素。

2. 软件的分类

计算机软件按功能分为系统软件、应用软件、支撑软件(或工具软件)。

(1)系统软件是管理计算机的资源,提高计算机的使用效率,为用户提供各种服务的软件。如操作系统(Operating System,OS)、数据库管理系统(Data Base Management System,DBMS)、编译程序、汇编程序及网络软件等。系统软件是最靠近计算机硬件的软件。

(2)应用软件是为了应用于特定的领域而开发的软件。我们熟悉的办公软件、即时通信软件、杀毒软件、财务管理系统软件等属于应用软件。

(3)支撑软件是介于系统软件和应用软件之间,协助用户开发软件的工具软件,其中包括帮助程序人员开发和维护软件产品的工具软件,也包括帮助管理人员控制开发进程和项目管理的工具软件。

3. 软件工程

软件工程是试图用工程、科学及数学的原理与方法研制、维护计算机软件的有关技术和管理方法,是应用于计算机软件的定义、开发及维护的一整套方法、工具、文档、实践标准及工序。软件工程包含 3 个要素:方法、工具及过程。

抽象、信息隐蔽、模块化、局部化、确定性、一致性、完备性及可验证性是软件工程的原则。

4. 软件过程

软件过程是把输入转换为输出的一组彼此相关的资源和活动。软件过程是为了获得高质量软件所需要完成的一系列任务的框架,它规定了完成各项任务的工作步骤。软件过程所进行的基本活动主要有软件规格说明、软件开发或软件设计与实现、软件确认、软件演进。

5. 软件生命周期

软件开发应遵循软件生命周期。通常把软件产品从问题定义、可行性研究、需求分析、概要设计、详细设计、软件实现、软件测试、使用、维护和退役的过程称为软件生命周期。软件生命周期分为 3 个时期,共 8 个阶段,如图 2.20 所示。

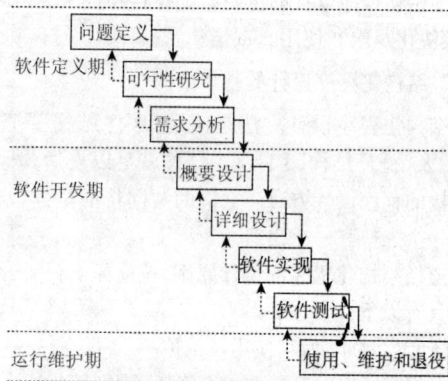

图 2.20　软件生命周期

图 2.20 中的软件生命周期各阶段的主要任务介绍如下。

(1)问题定义:确定要解决的问题是什么。

(2)可行性研究:决定该问题是否存在一个可行的解决办法,确定完成开发任务的实施计划。

(3)需求分析:对待开发软件提出的需求进行分析并给出详细定义。编写软件规格说明书和初步的用户手册,提交评审。

(4)软件设计:通常又分为概要设计和详细设计两个阶段,其目的是给出软件的结构、模块的划分、功能的分配以及处理流程等。软件设计阶段提交评审的文档有概要设计说明书、详细设计说明书及测试计划初稿。

（5）软件实现：在软件设计的基础上编写程序。该阶段完成的文档有用户手册、操作手册等面向用户的文档，以及为下一步做准备而编写的单元测试计划。

（6）软件测试：在设计测试用例的基础上，检验软件的各个组成部分，编写测试分析报告。

（7）使用和维护：将已交付的软件投入运行，同时不断地维护，进行必要而且可行的扩充和删改。

【考点2】　需求分析及其方法

1. 需求分析

（1）需求分析相关概念。

需求分析是发现需求、求精、建模及定义需求的过程。需求分析将创建所需的数据模型、功能模型及控制模型。

需求分析阶段的工作可以分为4个方面：需求获取、需求分析、编写需求规格说明书及需求评审。

（2）需求规格说明书。

需求规格说明书是需求分析阶段的最后成果。需求规格说明书应重点描述软件的目标，如软件的功能需求、性能需求、外部接口、属性及约束条件等。

需求规格说明书的特点：正确性、无歧义性、完整性、可验证性、一致性、可理解性、可修改性、可追踪性。

（3）需求分析方法。

需求分析方法可以分为结构化分析方法和面向对象分析方法两大类。

①结构化分析方法。结构化分析方法主要包括面向数据流的结构化分析方法、面向数据结构的Jackson系统开发方法及面向数据结构的结构化数据系统开发方法。

②面向对象分析方法。面向对象分析是面向对象软件工程方法的第一个环节，包括概念原则、过程步骤、表示方法、提交文档等规范要求。

另外，从需求分析建模的特性来划分，需求分析方法还可以分为静态分析方法和动态分析方法。

2. 结构化分析方法的常用工具

结构化分析方法是使用数据流图、数据字典、结构化英语、判定表及判定树等工具，来建立一种新的、被称为结构化规格说明的目标文档。

需求分析的结构化分析方法中常用的工具是数据流图（Data Flow Diagram, DFD）。数据流图的主要图形元素与说明如表2.15所示。

表2.15　数据流图的主要图形元素与说明

名称	图形元素	说明
数据流 （data flow）	⟶	沿箭头方向传输数据，一般在旁边标注数据流名
加工 （process）	◯	又称转换，表示数据处理
存储文件 （file）	—	又称数据源，表示处理过程中存放各种数据的文件
源/宿 （source/sink）	▭	数据起源的地方或目的地

为使构造的数据流图表达完整、准确、规范，应遵循如下的构造规则和注意事项。

（1）数据流图上的每个元素都必须被命名。

（2）对加工处理建立唯一、层次性的编号，并且每个加工处理通常要求既有输入，又有输出。

（3）数据存储之间不应有数据流。

（4）数据流图的一致性，即输入/输出、读/写的对应。

（5）父图、子图关系与平衡规则：子图个数不大于父图中的处理个数。所有子图的输入/输出数据流和父图中相应处理的输入/输出数据流必须一致。

【考点3】　软件设计及其方法

1. 软件设计的基本概念

软件设计的基本目标是用比较抽象、概括的方式确定目标系统如何完成预定的任务。也就是说，软件设计是确定系统的物理模型。

软件设计是开发阶段最重要的步骤之一。从工程管理的角度来看可分为两步：概要设计和详细设计。从技术方面来看，软件设计包括结构设计、数据设计、接口设计、过程设计4个步骤。

将软件按功能分解为组成模块，是概要设计的主要任务。划分模块要本着提高独立性的原则。模块独立性的高低决定设计的好坏，而设计又是决定软件质量的关键环节。模块的独立性可以由两个定性标准度量：耦合性和内聚性。

（1）耦合性衡量不同模块彼此间互相依赖（连接）的紧密程度。

（2）内聚性衡量一个模块内部各个元素彼此结合的紧密程度。

模块的内聚性越高，模块间的耦合性就越低，可见模块的耦合性和内聚性是相互关联的。因此,好的软件设计,应尽量做到高内聚、低耦合。

2.概要设计

（1）概要设计的任务

概要设计又称总体设计,软件概要设计的基本任务如下。

①设计软件系统结构。

②设计数据结构和数据库。

③编写概要设计文档:概要设计阶段的文档有概要设计说明书、数据库设计说明书及集成测试计划等。

④评审概要设计文档。

（2）结构图

在概要设计中,常用的软件结构设计工具是结构图（Structure Chart,SC）,也称为程序结构图。它反映了整个系统的功能实现以及模块之间的联系。

结构图的基本图符及其含义如表 2.16 所示。

表 2.16　结构图的基本图符及其含义

概念	含义	基本图符
模块	一个矩形代表一个模块,矩形内注明模块的名字或主要功能	▭
调用关系	矩形之间的直线（或箭头）表示模块的调用关系	—
信息	用带注释的箭头表示模块调用过程中来回传递的信息。如果希望进一步标明传递的信息是数据信息还是控制信息,则可用带实心圆的箭头表示控制信息,用空心圆箭头表示数据信息	⦿——→

软件结构图是一种层次化的表示,它指出了软件各个模块之间的关系,如图 2.21 所示。

软件结构图术语及其含义如表 2.17 所示。

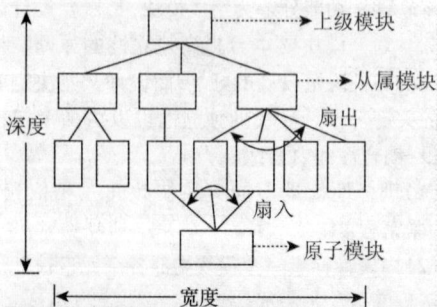

图 2.21　软件结构图

表 2.17　软件结构图术语及其含义

术语	含义
上级模块	控制其他模块的模块
从属模块	被另一个模块调用的模块
原子模块	树中位于叶子节点的模块,也就是没有从属节点的模块
深度	表示控制的层数
宽度	最大模块数的层的控制跨度
扇入	调用一个给定模块的模块个数
扇出	由一个模块直接调用的其他模块个数

好的软件设计结构通常顶层扇出多,中间扇出较少,底层扇入多。

3.详细设计

详细设计的任务是为结构图中的每一个模块确定实现算法和局部数据结构,用某种选定的表达工具表示算法和数据结构的细节。

常用的设计工具有程序流程图（Program Flow Diagram,PFD）、N－S 图、问题分析图（Problem Analysis Diagram,PAD）、HIPO 图、判定表、PDL。

【考点 4】　软件测试

1.软件测试的目的和准则

软件测试的目的是在软件投入运行之前,尽可能多地发现软件中的错误。软件测试是保证软件质量、可靠性的关键步骤。它是对软件规格说明、设计及编码的最后复审。

软件测试应遵循如下准则。

（1）所有测试都应追溯到用户需求。

（2）在测试之前制定测试计划,并严格执行。

（3）充分注意测试中的群集现象。

（4）避免由程序的编写者测试自己的程序。

（5）不可能进行穷举测试。

（6）妥善保存测试计划、测试用例、出错统计及最终分析报告,为维护提供方便。

2.软件测试方法

软件测试方法较多,如果根据软件是否需要被执行,可以分为静态测试和动态测试,如果根据功能划分,可以分为白盒测试和黑盒测试。

（1）静态测试和动态测试。

①静态测试。静态测试包括代码检查、静态结构分析、代码质量度量等。其中代码检查分为代码审查、代码走查、桌面检查、静态分析等具体形式。静态

测试不实际运行软件,主要通过人工进行分析。

②动态测试。动态测试就是通常所说的上机测试,通过运行软件来检验软件中的动态行为和运行结果的正确性。

动态测试的关键是设计高效、合理的测试用例。测试用例就是为测试设计的数据,由测试输入数据和预期的输出结果两部分组成。

(2)白盒测试和黑盒测试。

①白盒测试。白盒测试假设程序装在一只透明的白盒子里,测试者完全了解程序的结构和处理过程。它根据程序的内部逻辑来设计测试用例,检查程序中的逻辑通路是否都按预定的要求正确地工作。

白盒测试的主要技术有逻辑覆盖测试、基本路径测试等。其中逻辑覆盖测试又分为语句覆盖、路径覆盖、判定覆盖、条件覆盖及判断-条件覆盖。

②黑盒测试。黑盒测试又称功能测试或数据驱动测试,着重测试软件功能,假设程序装在一只黑盒子里,测试者完全不了解或不考虑程序的结构和处理过程。它根据规格说明书的功能来设计测试用例,检查程序的功能是否符合规格说明书的要求。

常用的黑盒测试方法和技术有等价类划分法、边界值分析法、错误推测法及因果图等。

3.软件测试的实施

软件测试的实施过程主要有 4 个步骤:单元测试、集成测试、确认测试(验收测试)及系统测试。

(1)单元测试。

单元测试也称模块测试,模块是软件设计的最小单位,单元测试是对模块的正确性进行检验,以期尽早发现各模块内部可能存在的各种错误。

单元测试通常在编码阶段进行,单元测试的依据除了源程序以外还有详细设计说明书。

单元测试可以采用静态测试或者动态测试。动态测试通常以白盒测试为主,测试程序的结构;以黑盒测试为辅,测试程序的功能。

(2)集成测试。

集成测试也称组装测试,它是对各模块按照设计要求组装成的程序进行测试,主要目的是发现与接口有关的错误(系统测试与此类似)。

集成测试主要发现设计阶段产生的错误。集成测试的依据是概要设计说明书,通常采用黑盒测试。

集成的方式可以分为非增量方式(一次性组装方式)集成和增量方式集成两种。增量方式包括自顶向下、自底向上,以及自顶向下和自底向上相结合的混合增量方式。

(3)确认测试。

确认测试的任务是检查软件的功能、性能及其他特征是否与用户的需求一致,它是以需求规格说明书作为依据的测试。确认测试通常采用黑盒测试。

(4)系统测试。

在确认测试完成后,把软件系统整体作为一个元素,与计算机硬件、支持的软件、数据、人员及其他计算机系统的元素组合在一起,在实际运行环境下对计算机系统进行一系列的集成测试和确认测试,这样的测试称为系统测试。

【考点5】　程序的调试

1.程序调试的基本概念

调试(debug),也称为排错,是在成功测试之后出现的步骤。也就是说,调试是在测试发现错误之后排除错误的过程。程序调试的任务是诊断和改正程序中的错误。

程序调试由两部分组成。

(1)根据错误的迹象确定程序中错误的确切性质、原因及位置。

(2)对程序进行修改,改正这个错误。

2.调试方法

从是否跟踪和执行程序的角度,调试分为静态调试和动态调试。静态调试是主要的调试手段,是指通过人的思维来分析程序的代码和排错。而动态调试是静态测试的辅助手段,主要调试方法有强行排错法、回溯法、原因排除法(二分法、归纳法及演绎法)等。

2.1.5　数据库设计基础

【考点1】　数据库的基本概念

1.基本概念

(1)数据。

描述事物的符号记录称为数据。数据库系统中的数据具有长期保存的特点,它们通常被称为持久性数据,而把一般存放在计算机内存中的数据称为临时性数据。

(2)数据库。

数据库(Data Base,DB)是指长期存储在计算机内的、有组织的、可共享的数据集合。

通俗理解,数据库就是存放数据的仓库,只不过,数据库存放数据是按一定格式的数据模式存放的。数据库中的数据具有两大特点:"集成"与"共享"。

(3)数据库管理系统。

数据库管理系统是数据库的机构,它是一个系统软件,负责数据库中的数据组织,数据操纵,数据维护、控制及保护,数据服务等。

数据库管理系统是数据库系统的核心,它位于用户与操作系统之间,从软件分类的角度来看,它属于系统软件。

数据库管理系统的主要功能包括:数据模式定义;数据存取的物理构建;数据操纵;数据完整性、安全性的定义与检查;数据库的并发控制与故障恢复;数据的服务等。

为了完成以上6个功能,数据库管理系统提供了相应的数据语言。

①数据定义语言。该语言负责数据的模式定义与数据的物理存取构建。

②数据操纵语言。该语言负责数据的操纵,包括查、增、删、改等操作。

③数据控制语言。该语言负责数据完整性、安全性的定义与检查,以及并发控制、故障恢复等功能。

(4)数据库管理员。

由于数据库的共享性,数据库的规划、设计、维护、监视等需要有专人(数据库管理员)管理。其主要工作是设计数据库、维护数据库、改善系统性能,及提高系统效率等。

(5)数据库系统。

数据库系统由如下几部分组成:数据库、数据库管理系统、数据库管理员、系统平台之一——硬件平台、系统平台之二——软件平台数据库系统是以数据库管理系统为核心的、完整的运行实体。

(6)数据库应用系统。

在数据库系统的基础上,如果使用数据库管理系统软件和数据库开发工具开发软件,用相关的可视化工具开发出软件界面,则构成了数据库应用系统(Data Base Application System,DBAS)。数据库应用系统包括数据库、数据库管理系统、人员(数据库管理员和用户)、硬件平台、软件平台、应用软件、应用界面7个部分。

2. 数据管理技术的发展

数据管理技术的发展经历了3个阶段:人工管理阶段、文件系统阶段及数据库系统阶段。3个阶段中的背景和特点如表2.18所示。

表2.18　数据管理技术的3个阶段的背景和特点

对比项		人工管理阶段	文件系统阶段	数据库系统阶段
背景	应用目的	科学计算	科学计算、管理	大规模管理
	硬件背景	无直接存取设备	磁盘、磁鼓	大容量磁盘
	软件背景	无操作系统	有文件系统	有数据库管理系统
	处理方式	批处理	联机实时处理、批处理	分布处理、联机实时处理和批处理
特点	数据管理者	人	文件系统	数据库管理系统
	数据面向的对象	某个应用程序	某个应用程序	现实世界
	数据共享程度	无共享,冗余度大	共享性差,冗余度大	共享性好,冗余度小
	数据的独立性	不独立,完全依赖于程序	独立性差	具有高度的物理独立性和一定的逻辑独立性
	数据的结构化	无结构	记录内有结构,整体无结构	整体结构化,用数据模型描述
	数据控制能力	由应用程序控制	由应用程序控制	由数据库管理系统提供数据安全性、完整性、并发控制及恢复

3. 数据库系统的基本特点

与人工管理和文件系统相比,数据库系统具有图2.22所示的基本特点。

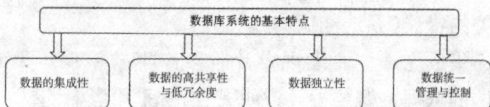

图2.22　数据库系统的基本特点

数据库系统的数据独立性,是指数据库中数据独立于应用程序且不依赖于应用程序,即数据的逻辑结构、存储结构与存取方式的改变不会影响应用程序。数据独立性一般分为物理独立性和逻辑独立性两级。

4. 数据库系统的内部结构体系

数据库系统在其内部分为三级模式和两级映射，如图 2.23 所示。

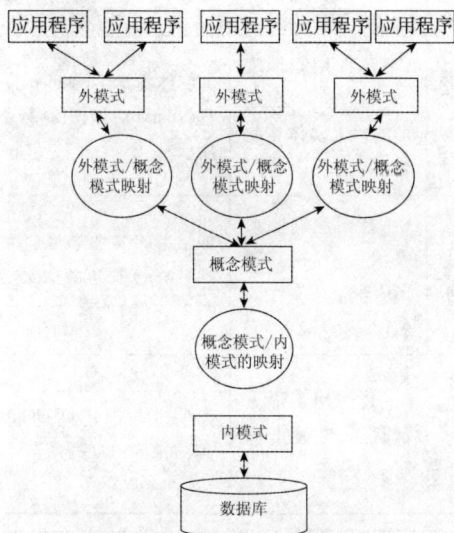

图 2.23　三级模式、两级映射关系

(1)数据库系统的三级模式。

数据库系统在其内部分为三级模式，即概念模式、内模式及外模式。

①概念模式。概念模式也称模式，是对数据库系统中全局数据逻辑结构的描述，是全体用户的公共数据视图。对它的描述可用数据库管理系统中的数据定义语言定义。

②外模式。外模式也称子模式或者用户模式，是用户的数据视图，也就是用户所能够看见和使用的局部数据的逻辑结构和特征的描述，是与某一应用有关的数据的逻辑表示。外模式通常是概念模式的子集。

③内模式。内模式又称物理模式，是数据物理结构和存储方式的描述，是数据在数据库内部的表示方式。

三级模式反映了模式的 3 个不同环境和它们的不同要求。其中内模式处于最内层，它反映了数据在计算机物理结构中的实际存储形式；概念模式处于中层，它反映了设计者的数据全局逻辑要求；而外模式处于最外层，它反映了用户对数据的要求。

一个数据库只有一个概念模式和一个内模式，有多个外模式。

(2)数据库系统的两级映射。

数据库系统在三级模式之间提供了两级映射：外模式/概念模式的映射和概念模式/内模式的映射。两级映射保证了数据库中的数据具有较高的逻辑独立性和物理独立性。

【考点2】　数据模型

1. 数据模型的基本概念

(1)数据模型的概念。

数据模型(data model)是对数据特征的抽象。通俗来讲，数据模型就是对现实世界的模拟、描述或表示，建立数据模型的目的是建立数据库来处理数据。

(2)数据模型的 3 要素。

数据模型通常由数据结构、数据操作及数据约束 3 部分组成。

①数据结构：主要描述数据的类型、内容、性质以及数据间的联系等。

②数据操作：主要描述在相应数据结构上的操作类型与操作方式。

③数据约束：主要描述数据结构内数据间的语法、语义联系，它们之间的制约与依存关系，以及数据动态变化的规则，以保证数据的正确、有效及相容。

(3)数据模型的类型。

数据模型按照不同的应用层次分为以下 3 种类型。

①概念模型：着重于对现实世界复杂事物的描述及对它们内在联系的刻画。目前，比较著名的概念模型有实体联系模型(E-R 模型)、面向对象模型、谓词模型等。

②数据模型：是面向数据库系统的模型，着重于在数据库系统一级的实现。成熟并大量使用的数据模型有层次模型、网状模型、关系模型及面向对象模型等。

③物理模型：是面向计算机物理实现的模型。此模型给出了数据模型在计算机上物理结构的表示。

2. E-R 模型

E-R 模型是广泛使用的概念模型。它采用了 3 个基本概念：实体、属性及联系。

(1)E-R 模型的基本概念。

①实体。客观存在并且可以相互区别的事物称为实体。实体可以是一个实际的事物，如一本书、一

间教室等;也可以是一个抽象的事件,如一场演出、一场比赛等。

②属性。描述实体的特性称为属性。例如,一个学生可以用学号、姓名、出生年月等来描述。

③联系。实体之间的对应关系称为联系,它反映现实世界事物之间的相互关联。

实体间联系根据一个实体型中可能出现的每一个实体和另一个实体型中有多少个具体实体存在联系,可归纳为 3 种类型,如表 2.19 所示。

表 2.19 实体间联系的类型

类型	实例	对应图例
一对一联系 (1:1)	一个学校只有一名校长,并且校长不可以在别的学校兼职,校长与学校的关系就是一对一联系	学校 — 校长
一对多联系 (1:n)	公司的一个部门有多名职员,每名职员只能在一个部门任职,则部门与职员之间的联系就是一对多的联系	部门1 — 职员甲/职员乙/职员丙
多对多联系 (n:m)	一个学生可以选多门课程,一门课程可以被多名学生选修,学生和课程的联系就是多对多联系	课程1/课程2/课程3 — 学生A/学生B/学生C

(2)E－R 模型 3 个基本概念之间的连接关系。

E－R 模型的 3 个基本概念是实体、联系及属性,但现实世界是有机联系的整体,为了表示现实世界,必须把这三者连接起来。

①实体(集)与联系的连接关系。一般来说,实体集之间必须通过联系来建立连接关系。如教师与学生之间无法直接建立连接关系,他们只能通过"教与学"的联系才能在相互之间建立连接关系。

②属性与实体(集)/联系的连接关系。实体和联系是概念世界的基本元素,而属性是附属于实体和联系的,它本身并不是独立的单位。

联系也可以附有属性,如供应商和零件两个实体之间有"供应"的联系,该联系具有"供应量"的属性。联系和它的属性构成了联系的完整描述。

(3)E－R 图。

E－R 模型可以用图形来表示,该图形称为 E－R 图。E－R 图可以直观地表达 E－R 模型。在 E－R 图中我们分别用下面不同的几何图形(见图 2.24)表示 E－R 模型中的 3 个概念(见表 2.20)。

表 2.20 用几何图形表示 E－R 模型中的 3 个概念

概念	含义	实例
实体集表示法	E－R 图用矩形表示实体集,并在矩形内写上实体集的名字	如实体集学生(student)、课程(course),如图 2.24(a)所示
属性表示法	E－R 图用椭圆形表示属性,在椭圆形内写上该属性的名称	如学生的属性学号(S#)、姓名(Sn)及年龄(Sa),如图 2.24(b)所示
联系表示法	E－R 图用菱形表示联系,在菱形内写上联系名	如学生与课程间的联系 SC,如图 2.24(c)所示

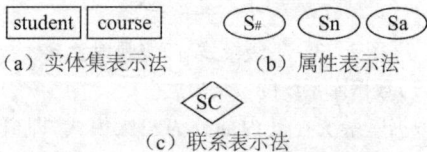

(a) 实体集表示法　　　(b) 属性表示法

(c) 联系表示法

图 2.24　E－R 模型 3 个概念的示意

3 个基本概念分别用 3 种几何图形表示。它们之间的连接关系也可用图形表示。如实体集 student 有属性 S#(学号)、Sn(姓名)及 Sa(年龄);实体集 course 有属性 C#(课程号)、Cn(课程名)及 P#(预修课号);联系 SC 有属性 G(成绩),其 E－R 图如图 2.25 所示(线段上注明联系的类型,如 1:1,1:n,n:m 等)。

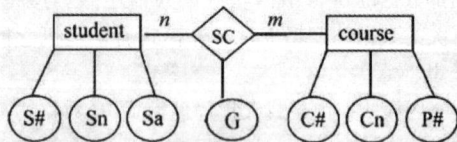

图 2.25　E－R 图

3. 关系模型

(1)关系模型的数据结构。

关系模型是目前最常用的数据模型之一。关系模型的数据结构非常单一,在关系模型中,现实世界的实体和实体间的各种联系均用关系来表示。关系模型中常用的术语如表 2.21 所示。

表 2.21　关系模型中常用的术语

术语	含义	实例
关系	关系模型采用二维表来表示关系,简称表,由表框架和表的元组组成。一个二维表就是一个关系	表 2.22 所示的二维表就是一个关系
属性	二维表中的一列称为属性;二维表中属性的个数称为属性元数	表 2.22 所示的属性有学号、姓名、系号等;表 2.22 中的关系属性元数为"5"
值域	每个属性的取值范围	表 2.22 所示的"年龄"属性的值域不能为负数
元组	二维表中的一行称为元组	表 2.22 所示的(06001,方铭,01,22,男)就是一个元组
候选码	二维表中能唯一标识元组的最小属性集	在表 2.22 中,当姓名不允许重名时,学号和姓名都是候选码
主键或主码	若一个二维表有多个候选码,则选定其中一个作为主键供用户使用	在表 2.22 中,存在两个候选码,即学号和姓名,若选中学号作为唯一标识,那么学号就是"学生登记表"关系的主码
外键或外码	表 M 中的某属性集是表 N 的候选键或者主键,则称该属性集为表 M 的外键或外码	如果表 2.23 所示的"系信息表"关系的主码是"系号",那么"学生登记表"(见表 2.22)中的"系号"就是外码

表 2.22　学生登记表

学号	姓名	系号	年龄	性别
06001	方铭	01	22	男
06003	张静	02	22	女
06234	白穆云	03	21	男

表 2.23　系信息表

系号	系名	主任
01	计算机	张庆
02	电气工程	李梅
03	外语	陈大海

关系具有以下 7 个性质。

①元组个数的有限性:二维表中元组的个数是有限的。

②元组的唯一性:二维表中任意两个元组不能完全相同。

③元组的次序无关性:二维表中元组的次序,即行的次序可以任意交换。

④元组分量的原子性:二维表中元组的分量是不可分割的基本数据项。

⑤属性名的唯一性:二维表中不同的属性要有不同的属性名。

⑥属性的次序无关性:二维表中属性的次序可以任意交换。

⑦分量值域的同一性:二维表属性的分量具有与该属性相同的值域,或者说列是同质的。

满足以上 7 个性质的二维表称为关系,以二维表为基本结构所建立的模型称为关系模型。

(2)关系模型的完整性约束。

关系模型有 3 种完整性约束:实体完整性约束、参照完整性约束及用户定义的完整性约束。在这 3 种完整性约束中,前两种约束是任何一个关系数据库都必须满足的,由关系数据库管理系统自动支持。

①实体完整性约束。若属性 M 是关系的主键,则属性 M 中的属性值不能为空值。如"学生登记表"中,主键为"学号",则"学号"不能取空值。

②参照完整性约束。若属性(或属性组)A 是关系 M 的外键,它与关系 N 的主键相对应,则对于关系 M 中的每个元组在 A 上的值:要么为空(A 的每个属性值均为空);要么等于关系 N 中某个元组的主键值。

例如,对于"学生登记表"和"系信息表","学生登记表"中每个元组的"系号"属性只能取两类值:空值,表示尚未给该学生分配系;非空值,这时该值必须是系信息表中某个元组的"系号"值,表示该学生不可能分配到一个不存在的系。

③用户定义的完整性约束。用户定义的完整性约束反映了某一具体应用所涉及的数据必须满足的语义要求。例如,某个属性的取值范围为 1～200,某个属性必须取唯一值等。

【考点3】　关系代数

关系代数就是关系与关系之间的运算。在关系代数中,进行运算的对象都是关系,运算的结果也是关系(即表)。

1. 差运算

关系 R 和关系 S 经过差运算后得到的关系由属于关系 R 但不属于关系 S 的元组构成,记为 R－S。图 2.26 所示为对关系 R 和关系 S 做差运算的示例。

关系R			关系S			关系T=R－S		
A	B	C	A	B	C	A	B	C
a	1	2	d	3	2	a	1	2
b	2	1	c	3	1	b	2	1
c	3	1				e	4	5
e	4	5						

图 2.26　差运算示例

2. 交运算

假设有 n 元关系 R 和 n 元关系 S,它们经过交运算得到的关系仍然是一个 n 元关系,该关系由属于关系 R 且属于关系 S 的元组组成,并记为 R∩S。R∩S＝R－(R－S)。图2.27所示为对关系 R 和关系 S 做交运算的示例。

关系R			关系S			关系T=R∩S		
A	B	C	A	B	C	A	B	C
a	1	2	d	3	2	c	3	1
b	2	1	c	3	1			
c	3	1						
e	4	5						

图 2.27　交运算示例

3. 并运算

关系 R 与关系 S 经过并运算后得到的关系由属于 R 或属于关系 S 的元组构成,记为 R∪S。图 2.28 所示为对关系 R 和关系 S 做并运算的示例。

关系R			关系S			关系T=R∪S		
A	B	C	A	B	C	A	B	C
a	1	2	d	3	2	a	1	2
b	2	1	c	3	1	b	2	1
c	3	1				c	3	1
e	4	5				e	4	5
						d	3	2

图 2.28　并运算示例

4. 笛卡儿积运算

设有 n 元关系 R 和 m 元关系 S,它们分别有 p 和 q 个元组,则关系 R 与关系 S 的笛卡儿积记为 R×S。它是一个 $m+n$ 元关系,元组个数是 $p×q$。图 2.29 所示为对关系 R 和关系 S 做笛卡儿积运算的示例。

关系R			关系S		
A	B	C	A	B	C
a	b	21	b	a	19
b	a	19	d	f	22
c	d	18	f	h	19
d	f	22			

关系T=R×S

R.A	R.B	R.C	S.A	S.B	S.C
a	b	21	b	a	19
a	b	21	d	f	22
a	b	21	f	h	19
b	a	19	b	a	19
b	a	19	d	f	22
b	a	19	f	h	19
c	d	18	b	a	19
c	d	18	d	f	22
c	d	18	f	h	19
d	f	22	b	a	19
d	f	22	d	f	22
d	f	22	f	h	19

图 2.29　笛卡儿积运算示例

5. 投影运算

从关系模式中指定若干个属性组成新的关系称为投影。

对关系 R 进行投影运算的结果记为 $\pi_A(R)$,其形式定义如下:

$$\pi_A(R) = \{t[A] | t \in R\}$$

其中,A 为 R 中的属性列。

例如,对关系 R 中的"系"属性进行投影运算,记为 $\pi_系(R)$,得到无重复元组的新关系 S,如图2.30所示。

关系R		
姓名	性别	系
李明	男	新闻
赵刚	男	建筑
张圆	女	通信
王晓	男	电子
李健	男	数学
李文	男	建筑

投影运算后得到的新关系S

系
新闻
建筑
通信
电子
数学

图 2.30　投影运算示例

6. 选择运算

从关系中找出满足给定条件的元组的操作称为选择。选择的条件以逻辑表达式给出,使得逻辑表达式为真的元组将被选取。

选择是在二维表中选出符合条件的行,并形成新的关系的过程。选择运算用公式表示为

$$\sigma_F(R) = \{t | t \in R \text{ 且 } F(t) \text{ 为真}\}$$

其中,F 表示选择条件,它是一个逻辑表达式,取逻辑值"真"或"假"。逻辑表达式 F 由逻辑运算符 ￢、∧、∨ 连接各算术表达式组成。算术表达式的基本形式为

$$X\theta Y$$

其中,θ 表示比较运算符 >、<、≤、≥、= 或 ≠。X、Y 等为属性名常量,或简单函数。属性名也可以用它的序号来代替。

例如,在关系 R 中选择出"系"为"建筑"的学生,表示为 $\sigma_{系 = 建筑}(R)$,得到新的关系 S,如图 2.31 所示。

关系R

姓名	性别	系
李明	男	新闻
赵刚	男	建筑
张圆	女	通信
王晓	男	电子
李健	男	数学
李文	男	建筑

选择运算后得到的新关系S

姓名	姓别	系
赵刚	男	建筑
李文	男	建筑

图 2.31　选择运算示例

7. 除运算

除运算可以近似地看作笛卡儿积的逆运算。当 S×T=R 时,则必有 R÷S=T,T 称为 R 除以 S 的商。

设关系 R 有属性 $M_1, M_2, \cdots, M_n$,关系 S 有属性 $M_{n-s+1}, M_{n-s+2}, \cdots, M_n$,此时有:

$$R \div S = \pi_{M_1, M_2, \cdots, M_{n-s}}(R) - \pi_{M_1, M_2, \cdots, M_{n-s}}((\pi_{M_1, M_2, \cdots, M_{n-s}}(R) \times S) - R)$$

例如,有关系 R、S,如图 2.32(a)、(b)所示,求 T=R÷S,结果如图 2.32(c)所示。

关系R

A	B	C	D
a	b	19	d
a	b	20	f
a	b	18	b
b	c	20	f
b	c	22	f
c	d	19	d
c	d	20	f

(a)

关系S

C	D
19	d
20	f

(b)

关系T=R÷S

A	B
a	b
c	d

(c)

图 2.32　除运算示例

8. 连接运算

连接运算也称 θ 连接,是对两个关系进行的运算,其意义是从两个关系的笛卡儿积中选择满足给定属性间一定条件的元组。

设 m 元关系 R 和 n 元关系 S,则 R 和 S 两个关系的连接运算用公式表示为

$$R \underset{A\theta B}{\bowtie} S$$

它的含义可用公式定义

$$R \underset{A\theta B}{\bowtie} S = \sigma_{A\theta B}(R \times S)$$

其中,A 和 B 分别为关系 R 和关系 S 上度数相等且可比的属性组。连接运算从关系 R 和关系 S 的笛卡儿积 R×S 中,找出关系 R 在属性组 A 上的值与关系 S 在属性组 B 上的值满足 θ 关系的所有元组。

当 θ 为"="时,该运算称为等值连接;当 θ 为"<"时,该运算称为小于连接;当 θ 为">"时,该运算称为大于连接。

设关系 R 和关系 S 如图 2.33(a)、(b)所示,对图中的关系 R 和关系 S 做连接运算的结果如图 2.33(c)、(d)所示。

关系R

A	B	C	D
a	b	b	20
b	a	d	21
c	d	f	17

(a)

关系S

E	F
19	d
20	f
18	h

(b)

$$R \underset{D=E}{\bowtie} S$$

A	B	C	D	E	F
a	b	b	20	20	f

(c)

$$R \underset{D>E}{\bowtie} S$$

A	B	C	D	E	F
a	b	b	20	19	d
a	b	b	20	18	h
b	a	d	21	19	d
b	a	d	21	20	f
b	a	d	21	18	h

(d)

图 2.33　连接运算示例

在实际应用中,最常用的连接是自然连接。自然连接要求两个关系中进行比较的是相同的属性,并且

进行等值连接,相当于 θ 恒为" = ",在结果中还要把重复的属性列去掉。自然连接可记为

$$R \bowtie S$$

设有关系 R 和关系 S,如图 2.34(a)、(b)所示,则 R⋈S 的结果如图 2.34(c)所示。

关系R

A	B	C	D
a	b	b	20
b	a	d	21
c	d	f	17
c	d	h	22

(a)

关系S

D	E
19	d
20	f
21	h
20	d

(b)

R⋈S

A	B	C	D	E
a	b	b	20	f
a	b	b	20	d
b	a	d	21	h

(c)

图 2.34　自然连接运算示例

【考点 4】　数据库设计

1. 数据库设计概述

基本思想:过程迭代和逐步求精。

方法:面向数据的方法和面向过程的方法。

设计过程:需求分析→概念设计→逻辑设计→物理设计→编码→测试→运行→进一步修改。

2. 数据库设计的需求分析

需求收集和分析是数据库设计的第一阶段,常采用结构化分析方法(自顶向下、逐层分解)和面向对象的方法,主要工作有绘制数据流图、分析数据、分析功能、确定功能处理模块和数据间关系等。

数据字典包括数据项、数据结构、数据流、数据存储和处理过程,是对系统中数据的详尽描述。

3. 数据库的设计

(1)数据库的概念设计:分析数据间内在的语义关联,以建立数据的抽象模型。

(2)数据库的逻辑设计:从 E - R 图向关系模型转换,逻辑模式规范化,关系视图设计可以根据用户需求随时创建。实体转换为元组,属性转换为关系的属性,联系转换为关系。

(3)数据库的物理设计:对数据在物理设备上的存储结构与存取方法进行设计,目的是对数据库内部物理结构进行调整并选择合理的存取路径,以提高速度和存储空间。

4. 范式

关系数据库中的关系需要满足一定要求,满足不同程度要求的关系为不同的范式。满足最低要求的关系叫第一范式,简称 1NF。在满足第一范式的基础上,进一步满足更多要求的关系是第二范式。然后在满足第二范式的基础上,还可以再满足第三范式,以此类推。

对于关系,若其中的每个属性都已不能再分为简单项,则它属于第一范式。

例如,关系 SC(学号,姓名,所在系,系主任,年龄,课程号,课程名,成绩),其中的每个属性不能再分,属于第一范式。

若某个关系 R 为第一范式,并且 R 中每一个非主属性完全依赖于 R 的某个候选键,则称其为第二范式。第二范式消除了非主属性对主键的部分依赖。

例如,关系 SC 的主键为复合键(学号,课程号),但明显有学号→姓名,课程号→课程名等,存在非主属性对主属性的部分依赖。对关系 SC 进行如下的分解,就可以消除对非主属性的部分依赖,满足第二范式:

S1(学号,姓名,所在系,系主任,年龄)

C(课程号,课程名)

SC1(学号,课程号,成绩)

如果关系 R 是第二范式,并且每个非主属性都不传递依赖于 R 的候选键,则称 R 为第三范式(传递依赖:在关系模式中,如果 Y→X,X→A,且 X 不决定 Y 且 A 不属于 X,那么 Y→A 是传递依赖)。

例如,在关系 S1 中,学号→所在系,所在系→系主任,所以"系主任"传递依赖于主属性"学号"。对关系 S1 进行如下分解,即可消除传递依赖,满足第三范式:

S2(学号,姓名,所在系,年龄)

D(所在系,系主任)

C(课程号,课程名)

SC1(学号,课程号,成绩)

比第三范式更高级的是 BC 范式,它要求所有属性都不传递依赖于关系的任何候选键。

关系模式进行规范化的目的是使关系结构更加合理,消除存储异常,使数据冗余尽量小,便于进行插入、删除及更新等操作。

2.2　二级 Python 语言程序设计高频考点

2.2.1　Python 程序的基本语法

【考点 1】　程序的格式框架

1. 缩进

Python 有着严格的书写格式,Python 中用缩进连接语句之间的逻辑关系,这种设计有助于提高代码的可读性和可维护性。

缩进指每一行代码前面的留白部分,用来表示代码之间的层次关系。不需要有层次关系的代码顶行编写,不留空白。当表示分支、循环、函数、类等程序含义时,在 if、while、for、def、class 等关键字所在完整语句后通过英文冒号(:)结尾并在之后进行缩进。例如:

```
for i in range(1,10):
    for j in range(1,i+1):
        print("{} * {} = {:2}".format(j,i,i
*j),end = "\t")
    print("\n")
```

一般一行代码不超过 80 个字符。若实际代码超过 80 个字符,可以使用反斜杠(\)延续行。例如:

```
s1 = "Everybody in this world should learn how to
program a computer,\
because it teaches you how to think."
print(len(s1))
```

缩进表达了所属关系。单层缩进属于之前最相邻的一行非缩进代码,多层缩进代码根据缩进关系决定所属范围。在编写大量的代码时,需要留意层级之间的缩进。

2. 注释

代码中的辅助性文字被称为注释,在程序运行时会被编译器或解释器略去,一般表示程序员对代码的解释说明。Python 中采用"#"表示一行注释的开始,多行注释即在将需要注释的内容首尾加上三引号("""或""""")。

注释可以位于一行中的任意一个位置,"#"后面的内容作为注释不被执行,前面的内容仍是 Python 程序的一部分。

Python 程序中的非注释语句将按编写的逻辑顺序逐句执行,注释语句会被解释器过滤掉,不被执行。注释一般用于表明作者和版权信息,或解释该部分代码的原理或用途,或作为标记辅助程序调试等。例如:

```
#这个函数将接受的字符串变为 Python 语句
value = eval(input("请输入一个整数:"))
```

3. 分号

Python 允许在一行代码的末尾加分号,但是不建议,也不要用分号将两条命令放在同一行中,建议一条命令单独放在一行。

4. 空格

对于赋值(=),比较(== 、< 、> 、! = 、<= 、= 、in、not in、is、is not)、布尔(and、or、not)等运算符,在运算符两边各加上一个空格,可以使代码更加清晰、明了。例如:

```
x = 5
while x < 6:
    x = x + 1
print(x)
```

【考点 2】　Python 的基本数据类型

Python 的基本数据类型有数字类型和字符串类型两种。其中数字类型有 3 种:整数(int)、浮点数(float)、复数(complex)。使用内置函数 type(object)可以返回 object 的数据类型;使用内置函数 isinstance(obj,class)可以测试对象 obj 是否为指定类型 class 的实例。

1. 数字类型

(1)整数。

没有小数部分的数被称为整数,如 20、63、0、−65。Python 和其他编程语言有些不同,Python 的整数类型没有长度限制,支持任意大的数字,只受限于内存大小。

整数类型支持 4 种进制表示方式:二进制、八进制、十进制及十六进制,如表 2.24 所示。十进制是默认的方式,而其他 3 种进制需要加前缀方可表示,分别是 0b、0o、0x,其字母也可以用大写形式。其中十六进制需要用 A ~ F 表示 10 ~ 15。例如:

```
>>> x = 0b1010
>>> x
10
>>> x = 0o111
>>> x
73
>>> x = 0x254
>>> x
596
```

表2.24　整数类型支持4种进制表示方式

类型	前缀
二进制	0b/0B
八进制	0o/0O
十进制	无
十六进制	0x/0X

（2）浮点数。

浮点数是带有小数部分的数字。与整数不同，Python 中浮点数存在范围的限制，计算结果超出上限或下限都会产生溢出错误。浮点数的取值范围一般是 $-10^{308} \sim 10^{308}$。

浮点数有两种表示方法：十进制和科学记数法。

科学记数法使用字母 e 或者 E 作为幂的符号，以 10 为基数，如 $<a>e<b> = a \times 10^{b}$。

（3）复数。

复数可以看作二元有序实数对(a,b)，表示 a + bj，其中 a 是实部，b 是虚部。1j 表示 −1 的平方根。复数对象可用属性 real 和 imag 查看复数的实部和虚部。例如：

```
>>> 3 + 7j
(3 +7j)
>>> (3 + 7j).real
3.0
>>> (3 + 7j).imag
7.0
```

（4）数据类型转换。

在一些实际程序中，所获得的数据有可能需要进行类型转换才是我们所需要的数据，这时就需要用到一些函数将其类型进行转换。表 2.25 所示为常见的类型转换函数。

表 2.25　类型转换函数

函数	描述
int(x)	将 x 转换为一个整数
float(x)	将 x 转换为一个浮点数
complex(x)	将 x 转换为一个复数，实部为 x，虚部为 0
complex(x,y)	将 x 和 y 转换为一个复数，实部为 x，虚部为 y

例如：

```
>>> int(333.333)
333
>>> float(100)
100.0
>>> complex(5,6)
```

```
(5 +6j)
```

2.字符串类型

（1）字符串的组成。

字符串是由字符组成的序列。在 Python 中，可以使用一对单引号("")或者一对双引号("")创建字符串。单引号和双引号的作用相同。例如：

```
>>> name = "The world is so big, I want to see "
>>> print(name)
The world is so big, I want to see
```

```
>>> name = 'I will go home'
>>> print(name)
I will go home
```

字符串不能进行数学运算。例如：

```
>>> '6' + '5'
'65'
>>> 6 + 5
11
```

（2）字符串的连接。

字符串与字符串之间使用"+"进行首尾连接，且中间没有空格。例如：

```
>>> 'I' + 'love' + 'you'
'Iloveyou'
>>> 'I' + ' love' + ' you'
'I love you'
```

（3）字符串的复制(*)。

"*"在字符串中的作用是前面的字符串按照后面的次数重复若干次。例如：

```
>>> "I love Python " *3
'I love Python I love Python I love Python '
>>> "面朝大海,春暖花开 " *2
'面朝大海,春暖花开 面朝大海,春暖花开 '
```

（4）转义字符。

在字符串的一些操作中需要保留字符原本的含义，此时就需要用反斜杠来转义字符，以便表示特殊字符。常见的转义字符如表 2.26 所示。

表 2.26　常见的转义字符

转义字符	含义
\n	换行符
\t	横向制表符
\v	纵向制表符
\r	回车符
\f	换页符

转义字符	含义
\0	空值
\'	单引号（'）
\"	双引号（"）
\\	\
\a	响铃
\b	退格

续表

一些字符串中包含反斜杠，表示特定的含义，不需要转义字符生效，此时需要把 r 或 R 加在字符串的前面。例如：

```
>>> string = 'D:\nothing'
>>> print(string)
D:
othing
>>> string = r'D:\nothing'
>>> print(string)
D:\nothing
```

（5）字符串的切片。

在 Python 中，可以使用切片（slice）截取字符串中的部分字符。字符串中可通过方括号运算符（[]）来获取相应索引位置的字符。

Python 有两种索引方式：一种是正序，n 个字符，从 0 开始到 n-1；另一种是逆序，n 个字符，从 -1 开始到 -n。例如：

```
>>> s = 'Facing the sea, with spring blossoms.'
>>> print(s[0:16])
Facing the sea,
```

切片共有 3 个参数，用冒号分割开。第 1 个参数表示切片开始位置（默认为 0），第 2 个参数表示切片截止位置（但不包含该位置，默认为字符串长度），第 3 个参数表示切片的步长（默认为 1）。步长省略时，可以省略最后一个冒号。例如：

```
>>> s = 'Facing the sea, with spring blossoms.'
>>> s[:]
'Facing the sea, with spring blossoms.'
>>> s[:10]
'Facing the'
>>> s[7:]
'the sea, with spring blossoms.'
>>> s[17:37]
'ith spring blossoms.'
>>> s[7:14:3]
't a'
```

字符串是不可变对象，所以不可以对字符串的

切片赋值。

（6）字符串相关函数和方法。

①len()：字符串长度函数，可以确定字符串包含多少个字符。例如：

```
>>> s = "Python 基本程序设计"
>>> len(s)
12
```

②ord()：对于单个字符，ord() 函数将该字符转换成对应的 ASCII 值。例如：

```
>>> ord('A')
65
```

③chr()：该函数可将 ASCII 值转换成对应的字符。例如：

```
>>> chr(111)
'o'
```

④title() 方法：以首字母大写的方式显示每一个单词，即每个单词的首字母都改为大写。例如：

```
>>> s = 'jack love rose'
>>> s.title()
'Jack Love Rose'
```

⑤upper() 和 lower() 方法：将字符串的字符全部改为大写或者小写。例如：

```
>>> s = 'Jack Love Rose'
>>> s.upper()
'JACK LOVE ROSE'
>>> s.lower()
'jack love rose'
```

⑥rstrip() 方法：删除字符串末尾空白字符。例如：

```
>>> name = 'python '
>>> name.rstrip()
'python'
```

⑦lstrip() 方法：删除字符串开头的空白字符。例如：

```
>>> name = ' python'
>>> name.lstrip()
'python'
```

⑧strip() 方法：删除字符串首尾两端的空白字符。例如：

```
>>> name = ' python '
>>> name.strip()
'python'
```

【考点3】　基本运算和表达式

1. 命名

Python 采用大写字母、小写字母、数字、下划线及汉字等字符及其组合对变量进行命名，但是名字的首字母不能是数字，标识符中间不能出现空格。

标识符名字,不能与关键字(保留字)同名,关键字是指被编程语言内部定义并保留使用的标识符。Python 3.x 共有 35 个保留字,如表 2.27 所示,按字母顺序排列。

表 2.27　Python 3.x 的保留字

and	as	assert	async	await	break	class
continue	def	del	elif	else	except	False
finally	for	from	global	if	import	in
is	lambda	None	nonlocal	not	or	pass
raise	return	True	try	while	with	yield

2. 变量

(1)变量的定义。

在 Python 中没有专门的变量定义语句,第一次对变量进行赋值时就已经完成对变量的定义。例如:

```
>>> x
Traceback (most recent call last):
    File " < pyshell#51 > " , line 1 , in < module >
        x
NameError: name 'x' is not defined
>>> x = 1
>>> x
1
```

变量必须在定义之后才能访问。Python 中的变量比较灵活,同一个变量名称可以先后赋予不同类型的值,定义为不同的变量对象参与计算。

(2)删除变量。

使用 del 命令可以删除一个对象(变量、函数等)并释放对象所占用的资源,删除之后就不能再次访问这个对象了,但是可以重新定义该变量的值。

变量是否存在取决于变量是否占据一定的内存空间。当一个变量被定义时,操作系统会为其分配内存空间,可以使用 id()函数查看变量引用的内存地址。

3. 表达式

表达式类似数学中的计算公式,以表达单一功能为目的,运算后产生运算结果,运算结果的类型由运算符或操作符决定。

按照运算符的种类,表达式可以分为算术表达式、关系表达式、逻辑表达式、测试表达式等。

多种运算构成的表达式,按照运算符的优先级和结合性依次进行运算,出现括号时,先计算括号内的。

在运算过程中会要求两个操作数类型一致,当操作数类型不一致时,系统会自动将低类型向高类型转换后计算。例如:

```
>>> x = 2.3
>>> y = 5
>>> x + y
7.3
```

运算符优先级如表 2.28 所示。

表 2.28　运算符优先级

优先级	由低到高(括号内优先级相同)
由 低 到 高	or、and、not
	(= 、+= 、-= 、* = 、/ = 、//= 、% = 、** =)
	(> 、>= 、< 、<= 、== 、! = 、is 、is not)
	(+ 、-)
	(* 、/ 、// 、%)
	**
	[ ]

4. 算术运算符

Python 中常用的算术运算符示例如表 2.29 所示。

表 2.29　算术运算符示例

运算符示例	描述
x + y	两个数相加
x - y	两个数相减
x * y	两个数相乘
x/y	两个数相除(结果为浮点数)
x%y	两个数之商的余数
x * * y	x 的 y 次幂
x//y	不大于 x 与 y 之商的最大整数

例如:

```
>>> a = 6
>>> b = 3
>>> a + b
9
>>> a - b
3
>>> a * b
18
>>> a / b
2.0
>>> a // b
2
>>> a % b
0
>>> a ** b
```

216

5. 比较运算符

Python 中常用的比较运算符如表 2.30 所示。比较运算符中返回 True 表示真,返回 False 表示假。

表 2.30　比较运算符

运算符	描述
x == y	比较两个数是否相等
x ! = y	比较两个数是否不相等
x > y	比较 x 是否大于 y
x < y	比较 x 是否小于 y
x >= y	比较 x 是否大于等于 y
x <= y	比较 x 是否小于等于 y

例如:
```
>>> a = 11
>>> b = 16
>>> a == b
False
>>> a ! = b
True
>>> a > b
False
>>> a < b
True
>>> a >= b
False
>>> a <= b
True
```

6. 赋值运算符

Python 中常用的赋值运算符如表 2.31 所示。

表 2.31　赋值运算符

运算符	描述
=	简单赋值运算
+=	加法赋值运算
-=	减法赋值运算
*=	乘法赋值运算
/=	除法赋值运算
%=	取模赋值运算
**=	幂赋值运算
//=	取整赋值运算

例如:
```
>>> a = 3
>>> b = 6
```

```
>>> c = 0
>>> c = a + b
>>> c += 5
>>> c
14
>>> c -= a
>>> c
11
>>> c *= a
>>> c
33
>>> c /= a
>>> c
11.0
>>> c %= a
>>> c
2.0
>>> c **= a
>>> c
8.0
>>> c //= a
>>> c
2.0
```

7. 逻辑运算符

Python 中常用的逻辑运算符如表 2.32 所示。

表 2.32　逻辑运算符

运算符	描述
and	布尔“与”
or	布尔“或”
not	布尔“非”

例如:
```
>>> a = 3
>>> b = 6
>>> a and b
6
>>> a = 0
>>> b = 3
>>> a and b
0
>>> a or b
3
>>> not a
True
```

由实例可知,“与”运算时,如果 a 为假,a and b 就返回假,否则返回 b 的值;“或”运算时,如果 a 非 0,返回 a 的值,否则返回 b 的值;“非”运算时,如果 a

为真,就返回假,如果 a 为假,就返回真。

【考点4】 基本输入/输出函数

1. 输入函数

input()函数可以让程序暂停运行并输出提示内容,等待用户输入数据后按<Enter>键结束,输入的内容将被保存到对应的变量中。函数最后把不包含回车符的字符串作为结果返回,系统继续向下执行代码。每次使用 input()时,都应该给出清晰、明了的提示,准确地告诉用户希望得到什么样的信息。语法格式如下:

<变量> = input(<提示字符串>)

例如:

>>> name = input("请输入你的姓名:")

请输入你的姓名:张三

不管用户输入的是什么信息,input()函数一律将其视为字符串,必要时需要使用内置函数 int()、float()或 eval()对输入的内容进行类型转换。

2. 输出函数

输出函数 print()可以将运行结果按照一定的输出格式显示在输出设备上,供用户查看。语法格式如下:

print(<输出值 1>[,<输出值 2>,…<输出值 n>,sep = ",end = '\n'])

通过 print()函数可以将若干个输出值转换为字符串并输出,值与值之间以 sep 分隔,最后以 end 结束。sep 默认为空格符,end 默认为换行符。例如:

>>> print('你好 ','中国。',sep = ',',end = '\n')

你好,中国。

3. eval()函数

eval()函数的作用是去掉字符串最外侧的引号,并按照 Python 语句执行方式来执行引号内的内容,语法格式如下:

<变量> = eval(<字符串>)

例如:

>>> a = eval('3 + 5')

>>> a

8

eval()函数通常与 input()函数一起使用。

2.2.2 Python 的组合数据类型

【考点1】 列表

Python 的列表(list)是有序的。在列表中,值可以是任何数据类型,被称为元素(element)或项(item)。Python 可以通过元素在列表中所占的位置进行访问,即对列表中的所有元素按序编号(称为索引),从而实现对列表的操作。列表的索引是从 0 开始的,依次类推。列表没有长度限制,因为元素类型

可以不同,所以不需要预先定义列表长度。

列表用方括号表示,用逗号分隔其中的元素,也可以通过 list()函数将元组或字符串转换成列表。直接使用 list()函数会返回一个空列表。

1. 创建列表

创建列表和创建变量一样,用中括号把一组数据包围起来,元素与元素之间用逗号分隔即可。如下都是合法的列表对象:

[5,6,4,8,7,56]

['a','d','e','r','f']

['s',23,3.2,[5,8]]

[{8,5},{2:5},['file',123,4]]

2. 向列表添加元素

使用 append()方法可向列表添加元素。例如:

>>> num = [1,2,3]

>>> num. append(5)

>>> num

[1, 2, 3, 5]

若要在指定位置添加元素,需要使用 insert()函数。insert()函数有两个参数:第一个参数表示插入的位置,第二个参数表示插入的元素。例如,把 8 插入列表的第 2 个位置:

>>> num. insert(1,8)

>>> num

[1, 8, 2, 3, 5]

3. 从列表中访问元素

列表是有序集合,因此要访问列表的任何元素,只需要将该元素的位置或索引告诉 Python 即可。要访问列表元素,需指出列表的名称,再指出元素的索引,并把索引放在中括号内。例如:

>>> fruit = ['草莓','苹果','香蕉','芒果']

>>> fruit[1]

'苹果'

使用 for 循环输出列表元素:

>>> lis = ['C + +','Java','Python','php']

>>> for i in lis:

        print(i,end = " ")

C + + Java Python php

4. 从列表删除元素

删除列表中的元素可以使用 remove()方法、pop()方法、del 语句。例如:

>>> fruit. remove('苹果')

>>> fruit

['草莓','香蕉','芒果']

使用 remove()方法时,只需要删除的元素存在于列表中,不需要知道元素在列表中的位置,删除后的

元素是可以接着使用的。若删除的元素不在列表中，程序就会报错。并且，remove( )方法只删除第一个指定的值，如果要删除的值在列表中出现多次，就需要使用循环判断列表中是否删除了所有这样的值。

pop( )方法可删除列表末尾的元素，但可以继续使用该元素。如：

```
>>> fruit = ['草莓', '香蕉', '芒果']
>>> fruit.pop( )
'芒果'
>>> fruit.pop( )
'香蕉'
>>> fruit
['草莓']
>>> fruit = ['草莓', '香蕉', '芒果']
>>> last_fruit = fruit.pop( )
>>> fruit
['草莓', '香蕉']
>>> "I love " + last_fruit
'I love 芒果'
```

实际上，可以使用 pop( )方法删除列表中任何位置的元素，只需要在圆括号中指定要删除的元素的索引即可。指定索引，删除元素后，会把删除的元素返回。如：

```
>>> fruit = ['草莓', '香蕉', '芒果']
>>> fruit.pop(1)
'香蕉'
>>> fruit
['草莓', '芒果']
```

del 后跟列表的名字，则删除整个列表的内容。使用 del 语句可以删除任何位置处的列表元素，条件是必须知道元素的索引。如：

```
>>> del fruit
>>> fruit
Traceback (most recent call last):
  File "<pyshell#111>", line 1, in <module>
    fruit
NameError: name 'fruit' is not defined
>>> fruit = ['草莓', '香蕉', '芒果']
>>> del fruit[1]
>>> fruit
['草莓', '芒果']
```

使用 del 语句将元素从列表中删除之后，就没有办法再访问该元素。

5. 列表的其他常用操作方法

（1）count( )方法。

count( )方法返回某个元素在列表中出现的次数。例如：

```
>>> num = [1,2,3,5,4,1,2,3,6,1,2,2,1,2,
4,5,4]
>>> num.count(1)
4
```

（2）extend( )方法。

extend( )方法在列表末尾一次性追加另一个列表的所有元素，用于扩展列表。例如：

```
>>> a = [1,2,3,4]
>>> b = [5,6,7,8]
>>> a.extend(b)
>>> a
[1, 2, 3, 4, 5, 6, 7, 8]
```

（3）index( )方法。

index( )方法返回列表中第一次出现的 x 元素的索引，若不存在该元素则报错。例如：

```
>>> lis = [1,2,1,2,5,4,8,2]
>>> lis.index(2)
1
>>> lis.index(3)
Traceback (most recent call last):
  File "<pyshell#2>", line 1, in <module>
    lis.index(3)
ValueError: 3 is not in list
```

（4）reverse( )方法。

reverse( )方法反转列表元素的排列顺序，此方法不需要传入任何参数且永久性地修改了列表元素的排列顺序。例如：

```
>>> num = [1,2,3,4,5]
>>> num.reverse( )
>>> num
[5, 4, 3, 2, 1]
```

（5）sort( )方法。

sort( )方法永久性地修改了列表元素的排列顺序，默认为升序。例如：

```
>>> num = [7,2,1,4,6,3]
>>> num.sort( )
>>> num
[1, 2, 3, 4, 6, 7]
>>> num = [2,4,1,3,5]
>>> sorted(num)
[1, 2, 3, 4, 5]
>>> num
[2, 4, 1, 3, 5]
```

sorted( )函数对列表元素进行临时排列，并且返回排序后的列表副本，即列表本身的排序没有发生改变。

（6）clear( )方法。

clear( )方法用于清空列表,与 del 语句的功能类似。例如:

```
>>> num = ['python','study','is']
>>> num. clear( )
>>> num
[ ]
```

6. 列表切片

列表的第一个元素的索引为 0,第二个元素的索引为 1,根据这种简单的计数方式,访问列表的任何元素,都可以把位置减 1。要创建切片,首先需要指定使用的第一个元素和最后一个元素的索引。例如,要输出列表的前 3 个元素,需要指定索引 0 ~ 3,即可输出索引分别为 0、1 及 2 的元素。

【例】列表的切片方法。

代码如下:

```
>>> lis = [4,5,6,8,7,9,1,2,4,5,8]
>>> lis[2:5]
[6,8,7]
>>> lis[:-1]
[4,5,6,8,7,9,1,2,4,5]
>>> lis[5:]
[9,1,2,4,5,8]
>>> lis[4:9:3]
[7,2]
>>> lis[8:2:-2]
[4,1,7]
```

列表的元素检查,代码如下:

```
>>> 2 in lis
True
>>> 11 in lis
False
```

【考点2】 元组

元组与列表相似,不同之处在于元组的元素不能修改。

1. 创建和访问元组

元组(tuple)的创建语法非常简单:若用逗号分隔一些数据,系统会自动创建元组。元组也可以用圆括号标注。例如:

```
>>> 'hello','python'
('hello', 'python')
>>> (7,8,9)
(7, 8, 9)
```

需要注意的是,如果创建的元组中仅包含一个值,也必须在该值后面加上逗号,否则不会创建元组。例如:

```
>>> 21,
(21,)
>>> 21
21
```

元组的访问和列表一样,都是通过索引进行访问。例如:

```
>>> tuple1 = ('world','apple','pink','black')
>>> tuple1[2]
'pink'
>>> tuple1[1:3]
('apple', 'pink')
>>> tuple1[:]
('world', 'apple', 'pink', 'black')
```

2. 连接、删除元组

元组的元素值是不允许被修改的,但是可以对元组进行连接。例如:

```
>>> tuple1 = (1,2,3)
>>> tuple2 = (4,5,6)
>>> tuple1 + tuple2
(1,2,3,4,5,6)
```

元组的元素也是不允许删除的,但是可以使用 del 语句删除整个元组。例如:

```
>>> tuple1 = ('one','two','three','four')
>>> del tuple1
>>> tuple1
Traceback (most recent call last):
File " <pyshell#43>",line 1,in <module>
tuple1
NameError:name 'tuple1' is not defined
```

3. 元组的内置函数

Python 为元组提供了一些内置函数,如 len( )、max( )、min( )、tuple( ) 等。

len( )用于获取元组的长度。例如:

```
>>> tuple1 = ('like','happy','sun','beauty')
>>> len(tuple1)
4
```

max( )用于返回元组中的最大值。例如:

```
>>> tuple1 = (88,55,12,30,64)
>>> max(tuple1)
88
```

min( )用于返回元组中的最小值。例如:

```
>>> tuple1 = (88,55,12,30,64)
>>> min(tuple1)
12
```

tuple( )用于将列表转换为元组。例如:

```
>>> lis = ['月季','百合','牡丹']
>>> tuple(lis)
```

('月季','百合','牡丹')

【考点3】　字典

字典(dict)是键值对的无序集合。字典中的每个元素包含用冒号分隔开的"键"和"值"两部分,表示一种映射关系,也称为关联数组。

字典中的"键"可以是 Python 中任意不可变数据,如整数、元组、字符串等,而且"键"不可以重复,"值"可以重复。

1. 字典的创建

字典是由花括号({})和键值对构成的,可以直接使用{}创建字典也可以用 dict()创建字典。用 dict()创建字典时会使用很多圆括号,这是因为 dict()的参数可以是一个序列但不能是多个序列。例如:

```
>>> dic = {1:'A',2:'B',3:'C'}
>>> dic
{1: 'A', 2: 'B', 3: 'C'}
>>> dict((('A',101),('B',201),('C',41)))
{'A': 101, 'B': 201, 'C': 41}
```

2. 访问字典的键和值

要访问字典中的某个值,可以用字典名加上方括号获取,方括号中放入的是该值对应的键。如果键不在字典中就会引发 KeyError。例如:

```
>>> dic = {'A': 101, 'B': 201, 'C': 41}
>>> dic['A']
101
>>> dic['D']
Traceback (most recent call last):
   File "<pyshell#59>", line 1, in <module>
        dic['D']
KeyError: 'D'
```

字典中可包含任意数量的键值对。

3. 更新字典

字典是一种动态结构,可随时在其中修改和添加键值对。需要注意的是,键值对的排列顺序与添加顺序不同。Python 不关心键值对的添加顺序,只关心键和值之间的关联关系。例如:

```
>>> dic = {1:10.2,2:3,3:41.2,4:55}
>>> dic[2] = 3.5
>>> dic
{1:10.2, 2:3.5, 3:41.2, 4:55}
>>> dic[5] = 66
>>> dic
{1:10.2,2:3.5,3:41.2,4:55, 5:66}
```

4. 删除键值对

对于字典中不需要的元素,可以使用 del 语句将相应的键值对彻底删除。使用 del 语句时,需要指定字典名和要删除的键。例如:

```
>>> snacks = {"薯片":11.2,"瓜子":8.8,"牛奶":5}
① >>> del snacks["牛奶"]
>>> snacks
{'薯片':11.2,'瓜子':8.8}
```

①所示的代码将键"牛奶"从字典 snacks 中删除,同时删除与这个键相关联的值。

5. 遍历字典

一个字典可能包含几个键值对,也可能包含成千上万个键值对。由于字典可能包含大量的数据,因此可以使用多种方法遍历字典中的键值对。例如:

```
snacks = {
        "薯片":"9.8",
        "牛奶":"5.6",
        "坚果":"18.5",
        "榴莲糖":"8.6",
        "大白兔":"8.8",
        "好丽友":"6.4",
        "绿豆糕":"12.3"
        }
① for k,v in snacks.items():
②    print("\nkey:" + k)
③    print("value:" + v)
```

如①所示,先声明两个变量,分别存储字典中对应的键和值,变量名称可以使用任意名称。items()方法返回一个键值对列表,然后用 for 循环依次把每个键值对存储到对应的变量中。

如②所示,在输出语句前面加上"\n"是为了在输出每个键值对前都插入一个空行,使输出的键值对更加简洁、直观。输出结果如下。

```
key:薯片
value:9.8

key:好丽友
value:6.4

key:坚果
value:18.5

key:牛奶
value:5.6

key:绿豆糕
value:12.3
```

key:大白兔

value:8.8

key:榴莲糖

value:8.6

6. 字典的操作方法

（1）clear()方法。

clear()方法用于清空字典的内容。该方法不需要参数，没有返回值。例如：

```
>>> dic = {1:'香蕉',2:'苹果',3:'西瓜'}
>>> dic.clear()
>>> dic
{}
```

（2）copy()方法。

copy()方法返回一个具有相同键值对的新字典，不是原字典的副本。例如：

```
>>> dic = {'张三':74,'李四':85,'杨娟':66}
>>> st = dic.copy()
>>> st
{'李四':85,'杨娟':66,'张三':74}
```

（3）get()方法。

get()方法返回指定键的值，如果值不存在就返回默认值。例如：

```
>>> dic = {'张三':74,'李四':85,'杨娟':66}
>>> dic.get('张三')
74
>>> dic.get('何生')
>>>
```

（4）items()方法。

items()方法用于返回字典的所有键值对。例如：

```
>>> dic = {'张三':74,'李四':85,'杨娟':66}
>>> dic.items()
dict_items([('李四',85),('杨娟',66),('张三',74)])
```

（5）keys()方法。

keys()方法返回字典的所有键。例如：

```
>>> dic = {'张三':74,'李四':85,'杨娟':66}
>>> dic.keys()
dict_keys(['李四','杨娟','张三'])
```

（6）update()方法

update()方法用于把一个字典的键值对更新到另一个字典中，该方法无返回值。例如：

```
>>> dic = {'王铭':1001,'张莉':1002}
>>> dic2 = {'余温':1003}
>>> dic.update(dic2)
>>> dic
```

```
{'王铭':1001,'张莉':1002,'余温':1003}
```

（7）values()方法。

values()方法以列表形式返回字典中的所有值。例如：

```
>>> dic = {'王铭':1001,'张莉':1002,'余温':1003}
>>> dic.values()
dict_values([1001, 1002, 1003])
```

【考点4】 集合

集合不同于列表和元组类型，集合存储的元素是无序且不能重复的。元素类型只能是不可变数据类型，如整数、浮点数、字符串、元组等。由于元素间没有顺序，因此元素不能比较、不能排序。

1. 集合的创建

集合可以直接使用花括号标注元素，也可以使用set()创建。例如：

```
>>> set1 = {'医生','护士','护工'}
>>> set2 = (['老师','学生','园丁'])
>>> set1
{'护工','护士','医生'}
>>> set2
['老师','学生','园丁']
>>> T = {'想法',112,1010,321,1010}
>>> T
{'想法', 321, 1010, 112}
```

2. 访问集合元素

由于集合元素的无序性，因此不可以使用索引进行访问，但是可以使用迭代把集合中的元素逐一读取出来。例如：

```
>>> set1 = {1,2,2,1,3,5,4,6,5,4,}
>>> for num in set1:
        print(num,end=',')
```

1,2,3,4,5,6,

3. 集合的操作符

集合有4个操作符及运算如表2.33所示。

表2.33 集合的操作符及运算

操作符及运算	描述
S – T	返回新的集合，包含在S中但不在T中的元素
S & T	返回新的集合，包含同时在S和T中的元素
S ^ T	返回新的集合，包含S和T中的非共同元素
S | T	返回新的集合，包含S和T中的所有元素

4. 集合使用的方法

表2.34所示为集合使用的方法。

表 2.34　集合使用的方法

方法	描述
s. issubset(t)	若 s 是 t 的子集,返回 True,否则返回 False
s. issuperset(t)	若 s 是 t 的超集,返回 True,否则返回 False
s. union(t)	返回新的集合,s 和 t 的并集
s. intersection(t)	返回新的集合,s 和 t 的交集
s. difference(t)	返回新的集合,元素属于 s 但不属于 t
s. symmetric_difference(t)	返回新的集合,是 s 和 t 中不重复元素
s. copy()	返回新的集合,是 s 的浅复制

2.2.3　Python 程序的控制结构

【考点1】　基本赋值语句

1. 简单赋值语句

把赋值号(=)右边的表达式计算后的结果赋给左边的变量的语句称为赋值语句。例如:

```
>>> name = '杨洋'
>>> age = 24
>>> x = 3 + 4j
>>> score = 84.5
```

上述 4 条语句分别实现了:为变量 name 赋值一个字符串,为变量 age 赋值一个整数,为变量 x 赋值一个复数,为变量 score 赋值一个浮点数。

赋值语句还有增量赋值的形式:

<变量> += <表达式>

该表达式等价于:

<变量> = <变量> + <表达式>

可以用于增量赋值语句的运算符还有 -=、*=、/=、&=、>>= 等。

赋值语句还有下面的形式:

x = y = z = 2

这种形式对 3 个变量的赋值都是一样。

Python 定义的对象是有类型的,但是变量是没有类型的。赋值语句使某个变量得到表达式的值,但它只是引用了该对象的值。对于同一个变量,第一次赋值的类型可以和第二次赋值的类型不同。

2. 序列赋值语句

序列赋值可以为多个变量分别赋予不同的值,变量之间用逗号隔开。例如:

name,age = '夏天',8

上述语句表示,赋值号右边的值分别依次赋值给左边的变量。Python 可以通过序列赋值语句实现两个变量的值的交换。例如:

```
>>> score1,score2 = 87,99
>>> score1,score2 = score2,score1
>>> score1
99
>>> score2
87
```

【考点2】　顺序结构

顺序结构是所有程序执行的默认结构。程序按照语句编写的先后顺序依次执行,它有一个入口和一个出口。顺序结构的流程如图 2.35 所示。

图 2.35　顺序结构的流程

下面通过一个例子学习如何使用顺序结构解决实际的问题。

【例1】编写程序,用键盘输入物理、生物、化学这 3 门课的成绩,计算并输出平均成绩,要求平均成绩保留 2 位小数。

分析:要计算 3 门课的平均成绩,首先需要获得 3 门学科的成绩,然后求和。此时需要用到 input() 函数,但是此函数得到的是字符串,需要用 eval() 函数将其转换为数字方可计算。输出时采用格式输出方式保留 2 位小数。

代码如下:

```
physics = eval(input("请输入物理成绩:"))
biology = eval(input("请输入生物成绩:"))
chemistry = eval(input("请输入化学成绩:"))
avg = (physics + biology + chemistry)/3
print('{:.2}'.format(avg))
```

【考点3】　分支结构

分支结构分为单分支结构、二分支结构及多分支结构,分别用 if、if-else 及 if-elif-else 语句描述解决问题。

1. 单分支结构(if 语句)

if 语句的语法格式如下:

if <条件>:

　　<语句块>

其中 < 条件 > 是任意的数值、字符、关系或逻辑表达式,也可以用其他数据类型的表达式。< 条件 > 以 True 表示真,False 表示假。

< 语句块 > 执行与否依赖于条件判断,不管语句块的内容是否执行,都会转到与 if 语句同级别的下一条语句,如图 2.36 所示。

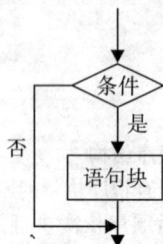

图 2.36　单分支结构流程图

【例2】编写程序,用键盘输入姓名和年龄,如果年龄超过 18 岁输出"符合国家驾照考试规定"。

代码如下:

```
name = input("输入你的姓名:")
age = int(input("输入你的年龄:"))
if age >= 18:
    print(name + "符合国家驾照考试规定")
```

< 条件 > 可以是一个或者多个条件,多个条件之间可以使用 and 或者 or 进行逻辑组合。and 表示且的关系,即所有的条件必须满足,才能执行语句块的内容;or 表示或的关系,即只要满足其中一个条件,就可以执行语句块的内容。not 表示条件否的关系。例如:

```
s = eval(input("请输入一个整数:"))
if s%3 == 0 and s%7 == 0:
    print("这个数可以被 3 和 7 整除。")
print("输入的数字是:",s)
```

```
s = eval(input("请输入一个整数:"))
if s%2 == 0 or s%5 == 0:
    print("这个数可以被 2 或者 5 整除。")
print("输入的数字是:",s)
```

2. 二分支结构(if-else)

if - else 的语法格式如下:

if < 表达式 > :

　　< 语句块 1 >

else :

　　< 语句块 2 >

< 语句块 1 > 是在 if 条件满足后执行的一条或多条语句,< 语句块 2 > 是无法满足条件而执行的语句。条件的真与假分别形成了两条不同的执行路径,如图 2.37 所示。

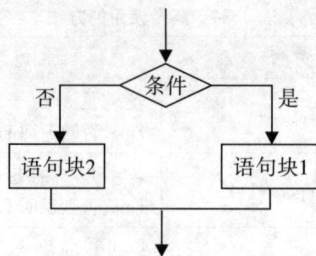

图 2.37　二分支结构流程图

【例3】编写程序,输入姓名和年龄,若年龄达到 18 岁输出"符合国家驾照考试规定",若小于 18 岁输出"您的年龄不符合考试规定"。

代码如下:

```
name = input("输入你的姓名:")
age = int(input("输入你的年龄:"))
if age >= 18:
    print(name + "符合国家驾照考试规定。")
else:
    print(name + "您的年龄不符合考试规定。")
```

二分支结构还有一种更简洁的表达方式,该方式适用于 < 语句块 1 > 和 < 语句块 1 > 只包含一条表达式的情况,语法格式如下:

< 表达式 1 > if < 条件 > else < 表达式 2 >

例如:

```
s = eval(input("请输入一个整数:"))
token = "@" if s%3 == 0 and s%5 == 0 else "不"
print("{}这个数字能够同时被 3 和 5 整除".format(token))
```

3. 多分支结构(if-elif-else)

Python 的多分支结构使用关键字 if-elif-else 对多个条件进行判断,并根据不同条件的结果执行相应的分支。多分支的语法格式如下:

if < 条件 1 > :

　　< 语句块 1 >

elif < 语句 1 > :

　　< 语句块 2 >

…

else :

　　< 语句块 *n* >

当所遇到的条件较多时就需要用到多分支结构,不管有多少分支,程序执行其中一个分支之后,其他分支不再执行。当多分支中的多个条件都满足时,系统只执行第一个满足条件对应的语句块。如图 2.38 所示。

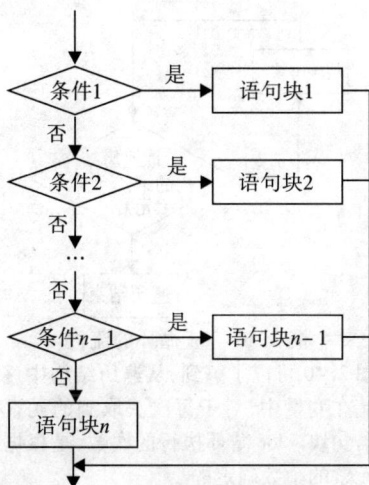

图 2.38 多分支结构流程图

多分支结构通常用于判断一类条件或同一个条件的多个执行路径。需要注意的是,在执行分支结构时是按照条件的代码顺序逐一判断,直到找到一个结果为 True 的条件,然后执行该条件对应的语句块,并在结束后直接跳出整个多分支结构。如果所有条件都不满足,就直接执行 else 下面的语句块。

使用多分支结构编写代码时需要注意多个逻辑条件的先后顺序,避免逻辑上的错误。

【例 4】编写程序,用键盘输入一个数,判断其是否可以被 2 整除,被 2 整除的时候能否被 3 和 4 整除,不被 2 整除的时候能否被 3 整除。

代码如下:

```
n = eval(input("请输入一个数字:"))
if n%2 ==0:
    if n%3 ==0:
        print("输入的数字可以被 2 和 3 整除。")
    elif n%4 ==0:
        print("输入的数字可以被 2 和 4 整除。")
    else:
        print("输入的数字可以被 2 整除,但是不可以被 3 和 4 整除。")
else:
    if n%3 ==0:
        print("输入的数字可以整除 3,但不能整除 2。")
    else:
        print("输入的数字不能被 2 和 3 整除。")
```

【例 5】编写程序,根据用户输入的年龄,判断用户处在哪个人生阶段。

代码如下:

```
age = int(input("请输入你的年龄:"))
if age < 2:
    print("宝宝")
elif 2 <= age < 4:
    print("正在学走路")
elif 4 <= age < 13:
    print("儿童")
elif 13 <= age < 20:
    print("青少年")
elif 20 <= age < 65:
    print("成年人")
else:
    print("老年人")
```

4.判断条件表达式

分支结构中的判断条件表达式可以使用任何能够产生 True 和 False 的语句或者函数。创建判断条件表达式的一般方式是采用关系操作符,如表 2.35 所示。

表 2.35 关系操作符

操作符	含义
>	大于
<	小于
==	等于
>=	大于等于
<=	小于等于
!=	不等于

例如:

```
>>> 8 > 5
True
>>> "a" > "b"
False
>>> not False
True
```

【考点 4】 循环结构

1.while 循环(无限循环)

while 循环跟 if 分支结构类似,在条件为真的情况下,执行一段代码。两者的区别:只要条件为真,会一直重复执行这段语句块,把这段代码称为循环体。while 循环的语法格式如下:

while <条件>:
　　<语句块>

whlie 循环的流程如图 2.39 所示。

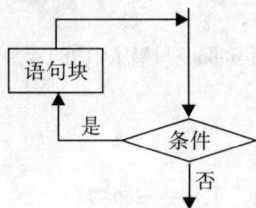

图 2.39　while 循环的流程

【例6】输出 1~100 所有的整数。

代码如下：

```
n = 1
while n <= 100:
    print(n,end = ',')
    n += 1
```

while 循环在执行时，如果条件为 True，则执行循环体内的语句，语句结束后返回；再次判断 whlie 条件是否满足，直到条件为 False 时，循环终止，执行与 while 循环同级的语句。

while 循环有一种扩展模式，语法格式如下：

while ＜条件＞:

　　＜语句块1＞

else:

　　＜语句块2＞

当这种扩展模式中的 while 循环执行完成之后，程序会继续执行 else 语句的内容。例如：

```
a,b = "Python",0
while b < len(a):
    print(a[b])
    b += 1
else:
    print("程序执行完成!")
```

输出结果运行如下：

```
P
y
t
h
o
n
程序执行完成!
```

2. for 循环(遍历循环)

for 循环的语法格式如下：

for ＜循环变量＞ in ＜遍历结构＞:

　　＜语句块＞

for 循环的流程如图 2.40 所示。

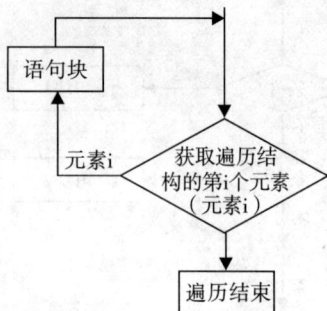

图 2.40　for 循环的流程

由图 2.40 可以了解到，从遍历结构中逐一取出元素存储在变量中，对于每次获取到的元素都要执行一次语句块。for 循环执行的次数，是根据遍历结构中的元素的个数确定的。

遍历结构可以是字符串、range()函数、文件或组合数据类型等。例如：

```
lis = [1,2,3,4,5,6]
for i in lis:
    print(i,end = ',')
```

上述代码的功能是将列表中的元素依次输出。执行原理是首先判断列表 lis 中是否包含元素，若有则将索引为 0 的元素赋值给变量 i，然后执行输出语句。直到把列表中的内容完全输出，循环结束，执行下一语句。

使用 range()函数可以指定循环次数。语法格式如下：

for ＜循环变量＞ in range(＜循环次数＞):

　　＜语句块＞

例如：

```
for i in range(4):
    print(i)
```

输出结果如下：

```
0
1
2
3
```

在实际编程中，for 循环还有一种扩展模式，语法格式如下：

for ＜循环变量＞ in ＜遍历结构＞:

　　＜语句块1＞

else:

　　＜语句块2＞

上述代码表示 for 循环正常执行之后，程序继续执行 else 语句块的内容。else 中的语句块 2 只有在循环正常执行之后才执行，其执行之后，整段代码执行完成。例如：

```
for i in "python":
```

```
    print(i)
else:
    print("循环结束")
```
输出结果如下:

p

y

t

h

o

n

循环结束

【考点5】　break 和 continue

1. break

break 语句用来终止循环语句,即使循环条件中没有 False 条件或序列中的元素还没有遍历完,也会停止循环语句。例如:

```
for st in 'Python':
    if st == 'o':
        break
    print('当前字母为:',st)
```
输出结果如下:

当前字母为: P

当前字母为: y

当前字母为: t

当前字母为: h

如果有两层循环或多层循环,break 退出最内层循环。例如:

```
while True:
    name = input("\n 请输入姓名(按 Q 退出):")
    if name == "Q":
        break
    for n in name:
        if n == "晓":
            break
        print(n ,end = "")
print("退出循环!")
```
输出结果如下:

请输入姓名(按 Q 退出):张三

张三

请输入姓名(按 Q 退出):张晓梅

张

请输入姓名(按 Q 退出):

2. continue

与 break 语句不同,continue 语句用于中断本次循环的执行,继续执行下一轮循环。

【例7】 编写程序,输出 100 以内的奇数。

代码如下:

```
for num in range(1,101):
    if num%2 == 0:
        continue
    print(num,end = ' ')
```
输出结果如下:

1 3 5 7 9 11 13 15 17 19 21 23 25 27 29 31 33 35 37 39 41 43 45 47 49 51 53 55 57 59 61 63 65 67 69 71 73 75 77 79 81 83 85 87 89 91 93 95 97 99

【考点6】　程序的异常处理

1. 异常处理:try-except 语句

Python 通常使用 try-except 语句实现异常处理,语法格式如下:

try:

　　＜语句块1＞

except ＜异常类型＞:

　　＜语句块2＞

把容易出现错误的代码放在 try 语句块中,如果 try 语句块 1 中的代码运行正常,Python 将跳过 except 语句块 2;如果 try 语句块 1 中的代码导致了错误,Python 将找到 except 语句块 2,并运行其中的代码,但前提是指定的错误和引发的错误相同。

例如:

```
while True:
    try:
        num = eval(input("\n 请输入一个整数:"))
        print(num * 3)
    except NameError:
        print("输入错误,请输入一个整数!!!")
```
输出结果如下:

请输入一个整数:6

18

请输入一个整数:s

输入错误,请输入一个整数!!!

如果 try-except 语句后还有其他同级代码,程序将继续执行,因为程序已经告诉计算机如何处理这种错误。

2. 异常的高级用法

try-except 语句可以支持多个 except 语句,语法格式如下:

try:

　　＜语句块1＞

```
except <异常类型 1>：
        <语句块 2>

        …

except <异常类型 n>：
        <语句块 n +1>
except：
        <语句块 n +2>
```

由异常处理结构可以看出,从 1 到 n 个 except 语句后面都指定了异常类型,说明这些 except 所包含的语句块只处理对应的异常。若最后一个 except 语句没有指定任何类型,则表示它可以处理所有的其他异常。例如:

```
while True：
    try：
        str1 = "jgfvfhjgfiurw NBVHOIKRJOIGRUEI"
        num = eval(input("请输入一个
整数:"))
        print(str1[num])
    except NameError：
        print("输入错误,请输入一个整数!")
    except：
        print("其他错误。")
```

上述程序的主要作用是把用户用键盘输入的整数作为索引用来输出 str1 中的某个字符串。如果输入的不是整数时,就会被 except NameError 捕获异常,提示用户输入类型错误;如果是其他的错误,就会被 except 捕获异常。输出结果如下:

请输入一个整数:5
h
请输入一个整数:a
输入错误,请输入一个整数!
请输入一个整数:30
其他错误。
请输入一个整数:

try-except 语句还有一种用法,与 else 和 finally 放在一起,语法格式如下:

```
try：
        <语句块 1>
except <异常类型>：
        <语句块 2>
else：
        <语句块 3>
finally：
        <语句块 4>
```

<语句块 3> 只有在 <语句块 1> 正常执行时才会执行,而 <语句块 4> 不管 <语句块 1> 是否正常执行都会执行,所以 finally 语句块可以看作处理该段程序的收尾工作。例如:

```
while True：
    try：
        str1 = "jgfvfhjgfiurw NBVHOIKRJOIGRUEI"
        num = eval(input("请输入一个
整数:"))
        print(str1[num])
    except NameError：
        print("输入错误,请输入一个整数!")
    else：
        print("没有发生异常。")
    finally：
        print("程序执行完毕。")
```

输出结果如下:
请输入一个整数:5
h
没有发生异常。
程序执行完毕。

Python 虽然能够识别多种异常类型,但是不建议过度依赖于 try - except 这种处理异常的机制。

2.2.4 函数

【考点1】 函数的定义与使用

函数是将具有独立功能的代码块组织成一个整体,使其具有特殊功能的代码集。使用函数可以提高代码的复用性,降低编程的难度,提高程序编写的效率。

1. 函数的定义

定义函数的语法格式如下:

```
def <函数名>( <形式参数列表>)：
        <函数体>
        return <返回值列表>
```

函数定义以 def 关键字开头,后接函数名和圆括号;圆括号可以用于定义参数,函数可以有 0 个、1 个或多个参数,有多个参数时各参数由逗号分隔。<函数体>是函数每次被调用时执行的代码,由一行或多行语句组成。return <返回值列表>结束函数,选择性地返回一个值给调用方;函数可以没有 return 语句,<函数体>执行结束后将控制权交给调用方。例如:

```
#定义一个对两个数求和的函数
def add(x,y)：
        s = x + y
        return s
```

2. 函数的使用

定义后的函数不能直接运行,需要经过"调用"

方可运行。因此,在 Python 中函数必须"先定义、后调用"。调用函数的语法格式如下:

　　<函数名>(<实际赋值参数列表>)

　　例如:

　　#定义一个对两个数求和的函数

　　def add(x,y):

　　　　s = x + y

　　　　return s

　　#调用对两个数求和的函数

　　print(add(8,10))

3. 函数的返回值

　　Python 函数使用 return 语句返回"返回值"。所有函数都有返回值,如果没有 return 语句,会隐式地调用 return None 作为返回值。如果函数执行了 return 语句,函数会立刻返回,结束调用,return 语句之后的其他语句都不会被执行。

　　return 语句可以出现在函数的任何部分,同时可以将 0 个、1 个或多个函数运算的结果返回给函数被调用处的变量。当有多个返回值时,可以使用一个变量(元组数据类型)或多个变量保存结果。例如:

　　def multiply(a,b):

　　　　a * b #函数没有返回值

　　s = multiply(2,5)

　　print(s)

　　输出结果如下:

　　None

　　def multiply(a,b):

　　　　return a * b #函数有一个返回值

　　s = multiply(2,5)

　　print(s)

　　输出结果如下:

　　10

　　def multiply(a,b):

　　　　return a * b,a + b,a - b #函数有多个返回值

　　s = multiply(2,5) #使用一个变量保存结果

　　print(s)

　　m,n,k = multiply(2,5) #使用多个变量保存结果

　　print(m)

　　print(n)

　　print(k)

　　输出结果如下:

　　(10,7, -3)

　　10

　　7

　　−3

　　一个函数可以存在多条 return 语句,但只有一条 return 语句可以被执行。

【考点2】　参数的传递方式

1. 实参和形参

　　Python 函数有两种类型参数:实参和形参。在函数定义时传入的参数被称为形参,形参不是实际存在的变量。形参存在的目的是接收调用函数时传入的参数,在调用时将实参的值赋给形参。因此,实参的个数与类型需与形参一一对应。函数调用时传入的参数被称为实参。实参可以是常量、变量、表达式、函数等,无论实参是何种类型,在函数调用时,它们都必须具有确定的值,便于把值传递给形参。例如:

　　def test(name,age):

　　　　print('年龄:',age)

　　　　print('姓名:',name)

　　test('Jack',18)

　　在函数体内都是对形参进行操作,不能操作实参,即不能对实参做出更改。

2. 位置参数

　　位置参数是函数最常用的一种传参方式,调用函数时实参的数量与顺序必须和函数声明时形参的一样。例如:

　　>>> def test(a,b):

　　　　　　print(a,b)

　　>>> test(3,4)

　　3 4

3. 默认值参数

　　在定义函数时,给参数一个默认值,此时的参数被称为默认值参数。调用函数时,如果没有给参数赋值,调用的函数就会使用这个默认值。例如:

　　>>> def people(name,age = 18):

　　　　　　print("my name is:",name)

　　　　　　print("my age is",age)

　　>>> people("Rose")

　　输出结果如下:

　　my name is: Rose

　　my age is 18

　　从给出的示例可以看出,调用函数时没有对 age 赋值,输出的结果使用了函数的默认值。

　　下面给出对 age 赋值的示例。

　　>>> people("Jack",36)

　　my name is: Jack

　　my age is 36

当对默认值传参时,函数执行调用时传入的参数值,无赋值时用的是默认值参数。

如果把函数的默认值参数放在前面是否可行?例如:

```
>>> def people(age = 18,name):
        print(name)
```

SyntaxError：non-default argument follows default argument

执行结果报错,提示非默认值参数跟在默认值参数的后面。因此,默认值参数一定要放在非默认值参数的后面。

如果位置参数和默认值参数同时存在,参数应当如何定义?

【例1】

代码如下:

```
def people(age = 23,name,addr = '杭州'):
    print("我的名字是:",name)
    print("今年",age)
    print("现在居住在",addr)


def people2(age = 23,addr = '杭州',name):
    print("我的名字是:",name)
    print("今年",age)
    print("现在居住在",addr)


people('Rose')
people2('Jack')
```

运行结果如图 2.41 所示。

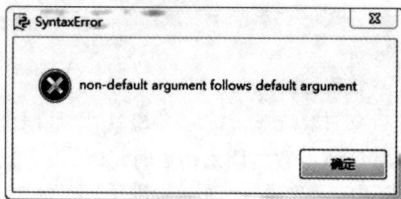

图 2.41　运行结果

【例2】

代码如下:

```
def people(name,age = 23,addr = '杭州'):
    print("我的名字是:",name)
    print("今年",age)
    print("现在居住在",addr)
print(" - 传入位置参数 - ")
people('Jack')
print('-传入位置参数,更改第一个默认值参数-')
people('Jack',45)
print('-传入位置参数,更改全部默认值参数-')
people('Jack',45,'苏州')
```

```
print('-传入位置参数,指定默认值参数名称并更改参数值-')
people('Jack',addr = '南京')
print('-传入必须参数,指定参数名并更改-')
people('Jack',addr = '西安',age = 44)
print('-传入位置参数,第一个默认值参数不带名,第二个带-')
people('Jack',21,addr = '北京')
```

输出结果如下:

- 传入位置参数 -
我的名字是: Jack
今年 23
现在居住在 杭州
- 传入位置参数,更改第一个默认值参数 -
我的名字是: Jack
今年 45
现在居住在 杭州
- 传入位置参数,更改全部默认值参数 -
我的名字是: Jack
今年 45
现在居住在 苏州
- 传入位置参数,指定默认值参数名称并更改参数值 -
我的名字是: Jack
今年 23
现在居住在 南京
- 传入必须参数,指定参数名并更改 -
我的名字是: Jack
今年 44
现在居住在 西安
- 传入位置参数,第一个默认值参数不带名,第二个带 -
我的名字是: Jack
今年 21
现在居住在 北京

从以上输出结果可得出结论。

①函数定义时,若有默认值参数和位置参数同时存在,默认值参数必须全部在位置参数后面。

②函数有默认值参数时,只要不传入实际参数,则使用默认值参数。

③如果要更改默认值参数,又不想传入其他参数,而且该默认值参数不是默认值参数中的第一个,则可以通过参数名对默认值参数赋值。

④如果不是第一个默认值参数,想要通过参数名更改参数值,则其他需要更改的默认值参数都需要传入参数名更改参数,否则报错。

⑤通过传入名称更改默认值参数时,可以不按

照函数定义时的默认值参数顺序传入。

4. 关键字参数

关键字参数传参是指在调用函数时通过参数名传递值，与函数的定义无关。实参的顺序和形参的顺序可以不一致，只需明确传值相对应的参数即可。例如：

```
>>> def test(a,b,c):
        print(a,b,c)
>>> test(b=4,a=21,c=4)
21 4 4
```

5. 可变参数

在函数定义时，也可以设计可变参数，通过在参数前加星号(*)实现。可变参数在函数定义时主要有两种表现形式：* param 和 ** param，前者表示可以接收多个位置参数收集的实参组成一个元组，后者表示可以接收多个关键字参数收集的实参名和值组成一个字典。

下面是两种不同表现形式的可变参数的使用方法。

```
def people(arg, * p):
    print(arg)
    for num in p:
        print("可变参数部分:",num)
print(' - 只有位置参数 -')
people('Rose')
print(' - 带两个可变参数 -')
people('Rose',23,'杭州 ')
print(' - 带三个可变参数 -')
people('Rose',21,'杭州 ','女 ')
```

输出结果如下：

```
 - 只有位置参数 -
Rose
 - 带两个可变参数 -
Rose
可变参数部分:23
可变参数部分:杭州
 - 带三个可变参数 -
Rose
可变参数部分:21
可变参数部分:杭州
可变参数部分:女
```

```
data ={'性别':'男','爱好':'读书'}
def people(name,number, ** p):
    print(' 名字:',name,'学号:','其他:',p)
people(' 张宇 ',1001, ** data)
```

输出结果如下：

名字:张宇 学号: 其他:{'爱好':'读书','性别':'男'}

6. 组合参数

在实践中，经常会遇到位置参数、关键字参数、默认值参数及可变参数 4 种参数的组合使用。这时参数的使用顺序必须是位置参数、默认值参数、可变参数及关键字参数。例如：

```
def test(a,b,c=1, * p, ** k):
    print('a = ',a,'b = ',b,'c = ',c,'p = ',p,'k = ',k)
test(3,4)
test(3,4,5)
test(3,4,5,'A','B')
test(3,4,5,'AB',x=7,y=8)
```

输出结果如下：

```
a = 3 b = 4 c = 1 p = () k = {}
a = 3 b = 4 c = 5 p = () k = {}
a = 3 b = 4 c = 5 p = ('A', 'B') k = {}
a = 3 b = 4 c = 5 p = ('AB',) k = {'x':7, 'y':8}
```

【考点3】　变量作用域

变量作用域是指在程序中能够对该变量进行操作的范围。根据作用域的不同，变量分为全局变量和局部变量。全局变量是指在函数之外定义的变量，在程序执行全过程有效。局部变量是指在函数内部定义的变量，仅在函数内部有效，当函数使用过后，变量从内存中释放。例如：

```
a =1 #a 是全局变量
def calc():
    b = a + 3 #b 是局部变量
    print(b)
calc()
print(b)
```

输出结果如下：

```
4
Traceback (most recent call last):
    File "C:\Users\Administrator\AppData\Lo-
cal\Programs\Python\Python35\test. py", line
484, in < module >
        print(b)
NameError: name 'b' is not defined
```

如下代码表示当函数执行完之后，其局部变量 b 将被释放：

```
n = 1
def calc(a,b):
    n = b
    return a + b
s = calc(5,4)
```

print(s,n) #测试 n 的值是否发生变化
输出结果如下：
9 1
函数 calc() 使用了变量 n，且将参数 b 赋值给变量 n，函数 calc() 有自己的内存空间，n = b 实际上是重新生成的局部变量，此时函数没有将 n 看作全局变量 n。当函数退出时，局部变量 n 被释放，全部变量的值没有改变。
如果要在函数中使用全局变量，只需要在函数内部的变量前加上关键字 global。例如：
n = 1
def calc(a,b):
    global n
    n = b
    return a + b
s = calc(5,4)
print(s,n)
输出结果如下：
9 4

【考点4】 匿名函数
Python 中使用关键字 lambda 创建匿名函数，其主体仅仅是一个表达式而不需要使用代码块。匿名函数并不是没有名字，而是将函数名作为函数的结果返回，语法格式如下：

＜函数名＞ = lambda ＜形式参数列表＞:＜表达式＞

匿名函数适合用于处理不再需要在其他位置复用代码的函数逻辑，可以省去函数的定义过程和函数的命名，使代码更加简洁，提高可读性。例如：
def add(x,y):
    return x + y
可定义为匿名函数：
f = lambda x,y:x + y

2.2.5 文件和数据维度

【考点1】 文件的类型
文件是数据的集合和抽象。文件包括文本文件和二进制文件两种类型。

1. 文本文件
文本文件存储的是常规字符串，由若干文本行组成，每行以换行符(\n)结尾。常规字符串是指记事本之类的文本编辑器可以正常显示、编辑并且人类能够直接阅读和理解的字符串，如英文字母、汉字、数字字符串。在 Windows 操作系统中，扩展名为 txt、ini、log 的文件都属于文本文件，可以使用字处理软件进行编辑，如记事本、gedit、UltraEdit 等。文本文件在磁盘上也是以二进制形式存储的，只是在读取

时使用对应的编码标准解码为人们可以理解的字符串信息。

2. 二进制文件
二进制文件包括图形/图像文件、音频文件、视频文件、可执行文件、各种数据库文件、各类 Office 文件等。二进制文件把信息以字节进行存储，无法用普通的字处理软件直接编辑，需要使用正确的软件进行解码或反序列化之后才能被读取、显示、修改或执行。图 2.42 所示为使用记事本查看 Python 主程序文件 python.exe，该文件是二进制可执行文件，用记事本打开只会显示为乱码。读者可以尝试使用 Python 自带的 IDLE 软件或者 Geany 等编辑器打开二进制文件进行查看和修改，但是需要对不同类型的二进制文件结构有非常深入的理解。

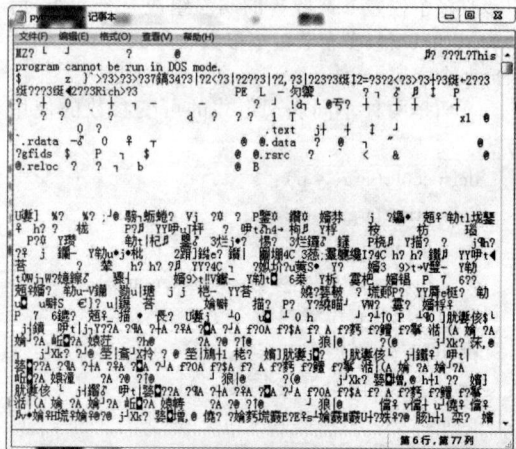

图 2.42 使用记事本无法查看二进制文件

文本文件和二进制文件最主要的区别在于是否有统一的字符编码。文本文件一般有统一的字符编码，如 UTF-8。二进制文件没有统一的字符编码，其中的信息只能当作字节流，而不能看作字符串。

无论文件创建为文本文件还是二进制文件，都可以用"文本文件方式"和"二进制文件方式"打开，但打开后的操作不同。

【考点2】 文件的打开和关闭
Python 通过 open() 函数打开一个文件，并返回一个操作该文件的变量，其语法格式如下：

＜变量名＞ = open(＜文件路径及文件名＞,＜打开方式＞)

其中，文件名是文件的实际名字，也可以是包含完整路径的名字。打开方式用于控制使用哪种方式打开文件(字符串方式表示)，open() 函数提供了表 2.36 所示的 7 种基本打开方式。

表 2.36　文件的打开方式

打开方式	功能
'r'	以只读方式打开文件，这是默认方式。文件必须存在，若不存在则返回异常 FileNot-FoundError
'w'	以只写方式打开文件。如果该文件已存在则将其覆盖；如果该文件不存在，创建新文件
'x'	以只写方式创建文件。如果文件不存在，则创建，存在则返回异常 FileExistsError
'a'	打开一个文件用于追加（写入）。如果该文件已存在，新的内容将会被写入已有内容之后；如果该文件不存在，则创建新文件进行写入
'b'	以二进制文件方式打开
't'	以文本文件方式打开，这是默认值
'+'	与 r/w/x/a 一同使用，在原有功能基础上同时增加读/写功能

'r'、'w'、'x'、'a' 可以和 'b'、't'、'+' 组合使用，形成既表达读/写又表达文件类型的方式。

处理完一个文件后，需要关闭文件。关闭文件的语法格式如下：

＜变量名＞. close( )

文件关闭后，系统会释放该文件对象占有的内存资源，便于对该文件进行其他操作。

【例1】文件的打开与关闭。

代码如下：

```
>>> import os
>>> os. chdir( "D:\Python\Python36 - 32" )
>>> f = open( "demo. py" ,'r')
>>> f. close( )
```

【考点3】 文件的读/写

1. 文件读取方法

（1）read( )方法。

从一个打开的文件中读取文本，该方法返回一个字符串。可用参数 size 表示读取的字符数或字节流，可以省略，若省略则表示读取文件中所有内容并返回。若指针已在文件末尾，则返回空字符串(")。例如：

```
>>> import os
>>> os. chdir( "D:\Python\Python36 - 32" )
>>> f = open( "poetry. txt" )
>>> f. read( )
```

' 从明天起,做一个幸福的人 \n 喂马,劈柴,周游世界 \n 从明天起,关心粮食和蔬菜 \n 我有一所房子,面朝大海,春暖花开 \n\n 从明天起,和

每一个亲人通信 \n 告诉他们我的幸福 \n 那幸福的闪电告诉我的 \n 我将告诉每一个人 \n\n 给每一条河每一座山取一个温暖的名字 \n 陌生人,我也为你祝福 \n 愿你有一个灿烂的前程 \n 愿你有情人终成眷属 \n 愿你在尘世获得幸福 \n 我只愿面朝大海,春暖花开 '

```
>>> f. read( )
''
```

（2）readline( )方法。

该方法返回一个字符串，内容为文件的一行内容。换行符出现在字符串的末尾，若指针在文件末尾，则返回一个空字符串(")；若是空行，则返回 \n。例如：

```
>>> f. read( )
''
>>> f. seek(0)
0
>>> f. readline( )
```
' 从明天起,做一个幸福的人 \n'

（3）readlines( )方法。

该方法从文件中读取所有行，返回一个以每行为元素的列表。如果指定参数，则表示读取的行数。例如：

```
>>> f. seek(0)
0
>>> f. readlines( )
```

[' 从明天起,做一个幸福的人 \n', ' 喂马,劈柴,周游世界 \n', ' 从明天起,关心粮食和蔬菜 \n', ' 我有一所房子,面朝大海,春暖花开 \n', '\n', ' 从明天起,和每一个亲人通信 \n', ' 告诉他们我的幸福 \n', ' 那幸福的闪电告诉我的 \n', ' 我将告诉每一个人 \n', '\n', ' 给每一条河每一座山取一个温暖的名字 \n', ' 陌生人,我也为你祝福 \n', ' 愿你有一个灿烂的前程 \n', ' 愿你有情人终成眷属 \n', ' 愿你在尘世获得幸福 \n', ' 我只愿面朝大海,春暖花开 ']

（4）seek( )方法。

该方法用来定位文件的读/写位置。通常用 open( )创建文件对象后，文件指针定位在文件开始位置，然后按照文件从左到右的顺序访问。seek( )方法的语法格式如下：

f. seek(＜偏移位置＞[,起始位置])

其中，起始位置为 0 表示从文件开头开始，为 1 表示从当前指针位置开始，为 2 表示从文件末尾开始。

偏移值表示从起始位置到移动位置的距离，以字节为单位。偏移值为正表示向右(文件末尾的方向)，为负表示向左(文件开头的方向)。只有 b 模式

可以指定非零的偏移值。

2. 文件写入方法

（1）write（）方法。

该方法用于将指定的数据写入文件，参数必须为字符串或字节串。如需换行，需要加入换行符。例如：

```
>>> f = open("test.txt",'w')
>>> f.write('陌上花开，可缓缓归矣。')
11
>>> f.close()
```

写入的文件结果如图 2.43 所示。

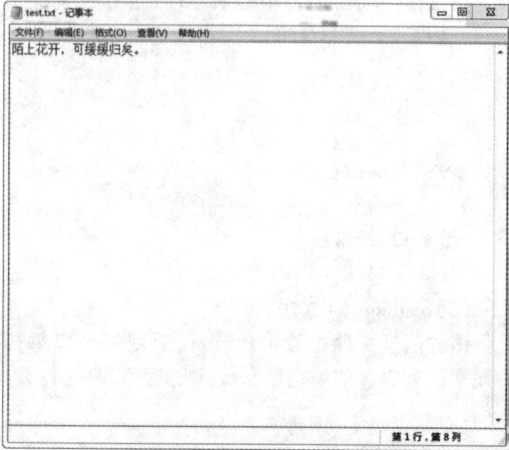

图 2.43　写入的文件结果

（2）writelines（）方法。

该方法是将一个元素为字符串的序列（如列表）整体写入文件。例如：

```
>>> fp = open("D:/jys.txt","w")
>>> ls = ["床前明月光","疑是地上霜","举头望明月","低头思故乡"]
>>> fp.writelines(ls)
>>> fp.close()
```

运行后将在 D 盘目录下生成文件 jys.txt，内容如下：

床前明月光疑是地上霜举头望明月低头思故乡

【例2】文件 data.txt 中有若干整数，整数之间使用逗号分隔，编写程序读取所有数据，使其按降序排序后再写入文本文件 data_write.txt 中，结果如图2.44所示。

代码如下：

```
f = open("D:\Python\Python36 - 32\data.txt",'r')
data = f.readline()
data = data.split(',')
data = [int(item) for item in data]
data.sort(reverse = True)
```

```
data = ','.join(map(str,data))
fp = open("D:\Python\Python36 - 32\data_write.txt",'w')
fp.write(data)
fp.close()
```

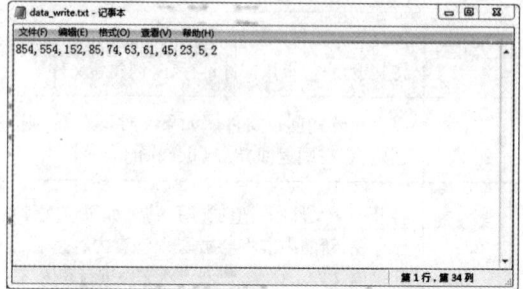

图 2.44　从大到小排列顺序结果

【考点4】　目录

文件操作会涉及文件在磁盘中存储的目录。Python 提供了许多关于文件和目录的操作方法。下面只列举其中的一部分，在使用这些方法之前，需要提前导入 os 模块。

（1）remove（）方法。

该方法用于删除文件，参数就是要删除的文件名（文件名以字符串形式表达）。例如：

```
>>> import os
>>> os.remove('D:\Python\Python36 - 32\poetry.txt')
```

（2）rename（）方法。

该方法用于对文件重新命名，语法格式如下：

os.rename(current_file_name, new_file_name)

例如：

```
>>> import os
>>> os.rename('test.txt','test1.txt')
```

（3）mkdir（）方法。

该方法可以在当前目录下创建新的目录，新目录名以字符串的形式作为参数。例如：

```
>>> import os
>>> os.mkdir('abc.txt')
```

（4）chdir（）方法。

该方法用于设置当前目录。例如：

```
>>> import os
>>> os.chdir('D:\Python')
```

（5）getcwd（）方法。

该方法用于显示当前的工作路径。例如：

```
>>> os.getcwd()
'D:\\Python'
```

（6）rmdir（）方法。

该方法用于删除目录，在删除目录之前先清除其中所有的内容。例如：

```
>>> os. rmdir('test. txt')
```

（7）listdir( )方法。

该方法返回当前目录下的文件与子目录名称。例如：

```
>>> os. listdir( )
['alien _ invasion', 'capter16', 'data', 'file',
'Python36 - 32', 'python_work']
```

【考点 5】 数据组织的维度

计算机在处理一组数据之前需要对这些数据进行一定的组织，表明数据之间的基本关系和逻辑，进而形成"数据的维度"。根据数据关系的不同，数据组织可以分为一维数据、二维数据和高维数据。

1.一维数据

一维数据由对等关系的有序或无序数据构成，采用线性方式组织，对应数学中的集合或数组。

一维数据在生活中十分常见，任何可以以序列或集合表示的内容都可以看作一维数据。一维数据具有线性特点。

2.二维数据

二维数据也被称为表格数据，由关联关系数据构成，采用二维表格方式组织，对应数学中的矩阵，常见的表格都是属于二维数据。

例如，表 2.37 所示为 3 个省市中虚构的姓名重复的数据。表格横向包括"姓名""北京""浙江""安徽"，表格纵向为具体数据，形成了二维数据关系。其中，第一行是说明部分，可以看作与其他行一致的一行二维数据，也可以看作数据外的说明部分。

表 2.37　3 个省市中姓名重复的数据

姓名	北京	浙江	安徽
陈玉	112	75	89
李秋春	63	55	65
李秋香	58	26	42
赵福英	77	36	85
张莹莹	89	58	44

3.高维数据

高维数据由键值对类型的数据构成，采用对象方式组织，可以多层嵌套。

目前对高维数据的挖掘已经成为数据挖掘的重点和难点。随着技术的进步，数据收集变得越来越容易，以致于数据库规模越来越大，复杂性越来越高。如各种类型的贸易交易数据、Web 文档、用户评分数据等，它们的维度通常可以达到成百上千维，甚至更高。高维数据衍生出 HTML、XML、JSON 等具体数据组织的语法结构。

以 JSON 为例，下面给出了描述"超市"的高维数据表示形式，其中，冒号与逗号分隔键值对，JSON 格式中{}组织各键值对成为一个整体，与"超市"形成高层次的键值对。高维数据相比一维数据和二维数据能表达更加灵活和复杂的关系。

```
"超市":{
    "毛巾":"22.5",
    "洗衣皂":"6.8",
    "牙刷":"13.5",
    "洗面奶":"88",
    "牙膏1":"15.8",
    "牙膏2":"13.5",
    "电风扇":"129",
    "保温杯":"32.0",
    "水果刀":"9.9",
    "盘子":"22.4",
    "电水壶":"45.8",
    "洗洁精":"8.9",
    "洗衣液":"24.6",
    "洗衣粉":"16",
}
```

【考点 6】 一维数据的处理

1.一维数据的表示

一维数据是最简单的一种数据组织类型，因为它是线性结构，所以可以使用列表形式表示。例如：

```
>>> lis = ['北京','上海','杭州','天津']
>>> lis
['北京', '上海', '杭州', '天津']
```

使用列表表示一维数据时需要注意每个数据的数据类型。

2.一维数据的存储

一维数据有多种存储方式，一般思路是采用特殊字符把每个数据分隔开。常用的存储方法包括下面几种。

（1）空格符分隔，如北京 上海 杭州 天津

（2）逗号分隔，如北京,上海,杭州,天津

（3）换行符分隔，如下：

北京

上海

杭州

天津

（4）其他特殊字符分隔，如北京;上海;杭州;天津

上面 4 种方法中，以逗号分隔的存储方式被称为逗号分隔值（Comma - Separated Values,CSV）格

式,它是一种通用的、相对简单的文件格式。大部分编辑器都可以支持或保存 CSV 格式。

一维数据被保存为 CSV 格式后,各元素被英文逗号分隔,形成一行。从 Python 表示到数据存储,需要将列表对象输出为 CSV 格式数据,以及将 CSV 格式数据读入成列表对象。

对于列表对象,采用字符串的 join( ) 方法输出格式为 CSV 的文件更为简单方便。例如:

```python
lis = ['北京','上海','杭州','天津']
f = open("city.csv",'w')
f.write(','.join(lis) + "\n")
f.close()
```

上述代码执行后生成的 city.csv 文件内容如下:
北京,上海,杭州,天津

3. 一维数据的处理

从 CSV 文件读入一维数据,并把它表示为列表对象。从 CSV 文件获取数据时,最后一个元素后面包含了一个换行符。这个换行符对于数据的使用来说是多余的,需要使用字符串的 strip( ) 方法去掉数据尾部的换行符,进而使用 split( ) 方法以逗号进行分隔,且 split( ) 方法返回的是以分隔符分隔的新的字符串列表。例如:

```python
f = open('city.csv','r')
ls = f.read().strip()
item = ls.split(',')
f.close()
print(item)
```

程序执行后的结果如下:
['北京','上海','杭州','天津']

【考点7】 二维数据的处理

1. 二维数据的表示

二维数据由多个一维数据构成,可以看作一维数据的组合形式。二维数据可以使用二维列表表示,即列表中的每一个元素对应二维数据的每一行。例如:

```python
lis = [
    ['姓名','语文','数学','英语','历史'],
    ['陈玉','90','75','89'],
    ['李秋春','63','55','65'],
    ['李秋香','58','26','42'],
    ['赵福英','77','36','85']
]
```

2. 二维数据的存储

二维数据由一维数据组成,所以也是用 CSV 格式存储。CSV 文件的每一行都是一维数据,整个文件是一个二维数据。

二维数据存储为 CSV 格式,需要将二维列表对象写入 CSV 格式的文件,以及把 CSV 格式数据读入成二维列表对象。例如:

```python
ls = [
['城市','2015','2016','2017'],
['北京','112','130','450'],
['上海','132','150','165'],
['广州','98','87','110'],
['天津','101','130','99'],
['深圳','98','87','95']
]
f = open('data.csv','w')
for row in ls:
    f.write(','.join(row) + '\n')
f.close()
```

3. 二维数据的处理

对二维数据进行处理,需要从文件中读取数据,并把它用二维列表表示。例如:

```python
f = open('data.csv','r')
ls = []
for line in f:
    ls.append(line.strip('\n').split(','))
f.close()
print(ls)
```

输出结果如下:
[['城市','2015','2016','2017'],['北京','112','130','450'],['上海','132','150','165'],['广州','98','87','110'],['天津','101','130','99'],['深圳','98','87','95']]

2.2.6 Python 计算生态

【考点1】 计算生态

Python 是一门免费、开源、跨平台的高级动态编程语言,支持命令式和函数式编程,支持面向对象程序设计,拥有强大的内置对象、标准库和来自各个领域热爱编程的人员的思路、创意或者推测。在 Python 中可以直接调用内置函数或者标准库方法实现特定功能,大幅度减少代码量,使得后期维护更加方便。

近年来,"开源运动"在各信息技术领域产生了大量的可重用资源,有力地支撑了信息技术的飞速发展,形成了"计算生态"。Python 从诞生之初就致力于开源、开放,并建立了全球编程计算生态。

有一部分 Python 计算生态采用额外安装的方式服务于用户,这种的 Python 计算生态称为 Python 第三方库。Python 官方网站提供了第三方库索引功能

(the Python Package Index,PyPI)

PyPI 页面中罗列出了 Python 十几万个第三方库的基本信息,这些函数库几乎涵盖了信息技术领域所有的技术方向。由于 Python 的编程方式比较简单,很多采用 C、C++、Java 等语言编写的专业库可以经过简单的接口封装供 Python 程序调用。

正是因为 Python 的这种特性,围绕它迅速形成了全球编程语言开发社区,建立了几十万个第三方库的庞大规模,构建了计算生态。

Python 第三方程序包括库(library)、模块(module)、类(class)及程序包(package)等多种命名,这些概念之间有稍许区别,本书统一将这些可重用代码统称为"库"。

【考点 2】 Python 内置函数

Python 解释器提供了 68 个内置函数。内置函数不需要关键字 import 导入就可以直接使用。下面介绍其中常用的 20 个内置函数。

(1)abs(x)函数。

求 x 的绝对值。如果 x 是复数,返回复数的模。例如:

```
>>> abs( -15)
15
>>> abs(3 +4j)
5.0
```

(2)all(x)函数。

组合类型变量 x 中所有元素均为真时返回 True,否则返回 False;若 x 为空,则返回 True。例如:

```
>>> lis = ['python',1,2,5]
>>> all(lis)
True
>>> lis1 = [0,2,'520']
>>> all(lis1)
False
>>> lis2 = [ ]
>>> all(lis2)
True
```

(3)any(x)函数。

组合类型变量 x 中有一个元素为真时返回 True,否则返回 False;若 x 为空,则返回 False。例如:

```
>>> lis3 = [1,2,3,4,0]
>>> any(lis3)
True
>>> lis4 = [0]
>>> any(lis4)
False
>>> lis5 = [ ]
>>> any(lis5)
```

False

(4)ascii(object)函数。

返回一个字符串对象,如果参数中有非 ascii 字符则用\u、\v、\x 来替代。例如:

```
>>> ascii(1)
'1'
>>> ascii('&')
"'&'"
>>> ascii(9000000)
'9000000'
>>> ascii(' 中文 ')
"'\\u4e2d\\u6587'"
```

(5)bin(x)函数。

将整数 x 转换为等值的二进制字符串。例如:

```
>>> bin(254)
'0b11111110'
```

(6)bool(x)函数。

将 x 转换为布尔型。例如:

```
>>> bool(121)
True
>>> bool(0)
False
```

(7)bytearray(x)函数。

返回一个新字节数组且元素可变,每个元素的值的范围:0 < = x <256。当 x 是一个字符串,必须给出一种编码方式,以便转换为合适的字符保存;当 x 是一个整数,则这个数组将初始化为空字节;当 x 是一个有缓冲区接口的对象,那么只读的接口初始化到数组里;当 x 是一个迭代对象,则这个迭代对象的元素必须符合 0 < = x <256,以便初始化到数组里。例如:

```
>>> a = bytearray(' 中国 ','utf -8')
>>> a
bytearray(b'\xe4\xb8\xad\xe5\x9b\xbd')
>>> c = [1,2,3,4,5]
>>> bytearray(c)
bytearray(b'\x01\x02\x03\x04\x05')
>>> bytearray()
bytearray(b'')
```

(8)bytes(x)函数。

返回一个新的不可修改的字节数组,每个数值元素都必须在 0 ~ 255 内。和 bytearray()函数具有相同的行为,差别仅仅是返回的字节数组不可修改。例如:

```
>>> bytes(2)
b'\x00\x00'
>>> bytes(' 中国 ','utf -8')
```

b'\xe4\xb8\xad\xe5\x9b\xbd'

```
>>> bytes()
b''
```
(9)chr(x)函数。

返回 Unicode 为 x 的字符。例如：
```
>>> chr(1200)
'Ұ'
>>> chr(97)
'a'
```
(10)complex(r,i)函数。

创建一个复数,其中 i 可以省略。例如：
```
>>> complex(10,2)
(10 + 2j)
>>> complex(5)
(5 + 0j)
```
(11)dict()函数。

创建字典类型。例如：
```
>>> dict()
{}
>>> dict(python = 1)
{'python': 1}
```
(12)divmod(a,b)函数。

返回 a 和 b 的商和余数。例如：
```
>>> divmod(45,3)
(15,0)
>>> divmod(10,3)
(3, 1)
```
(13)range(a,b,s)函数。

输出一个[a,b),步长为 s 的序列。例如：
```
>>> for i in range(1,10,2):
        print(i)
1
3
5
7
9
```
(14)set()函数。

将组合类型转换为集合类型。例如：
```
>>> lis = [1,2,3,4]
>>> set(lis)
{1, 2, 3, 4}
```
(15)round()函数。

四舍五入计算 n。例如：
```
>>> round(12.3)
12
>>> round(12.5)
12
```

```
>>> round(12.6)
13
```
(16)exec(s)函数。

计算字符串 s 作为 Python 语句的值。例如：
```
>>> exec('a = 12 + 5')
>>> a
17
```
(17)max()函数。

返回参数的最大值。例如：
```
>>> max(2,3,6,9,1,10,12)
12
```
(18)min()函数。

返回参数的最小值。例如：
```
>>> min(2,3,6,9,1,10,12)
1
```
(19)sum(x)函数。

对组合数据类型求各元素的和。例如：
```
>>> sum([2,3,6,9,1,10,12])
43
```
(20)type(x)函数。

返回变量 x 的数据类型。例如：
```
>>> type([2,3,6,9,1,10,12])
< class 'list' >
```

【考点3】 Python 标准库

部分 Python 计算生态是随 Python 安装包一起发布的,用户可以随时使用,这样的 Python 计算生态称为 Python 标准库。

1. 库的导入

无论是标准库、第三方库还是自定义库,在使用之前都需要导入。

(1)import 导入方式。

使用 import 语句导入库,语法格式如下：

import <库1>

import <库2>

…

…

import <库n>

只要导入了某个库,在后面的代码编写中就可以使用它的所有公共函数、类及属性。当程序执行到该语句时,若在搜索路径中找到该库,程序会自动加载。如果 import 导入的库位于代码的开始,则它的作用域属于全局;若是在某个函数中导入的,它的作用域仅仅局限于该函数。

用 import 语句导入库就代表在当前的名称空间建立了一个指向该库的引用,这种引用必须使用全称。例如：
```
>>> import turtle
```

```
>>> t = turtle.penup( )
```

如果在调用 turtle 库中的 penup( )函数时没有加上库名,系统就会报错。例如:

```
>>> import turtle
>>> t = penup( )
Traceback ( most recent call last) :
    File " < pyshell#60 >", line 1, in < module >
        t = penup( )
NameError: name 'penup' is not defined
```

若引用的文件名过长时,可以使用关键字 as 定义一个别名。如 import turtle as t,后面需要使用 turtle 库时,都可以用 t 代替。

(2)from 方式。

把库中的指定属性或者函数导入当前的命名空间,语法格式如下:

from <库名> import <函数名>

例如:

```
>>> from turtle import penup
>>> t = penup( )
```

由上述代码可以看出,使用这种方法时,在调用库中的 penup( )函数时,就不需要在函数名称前加上库名称了。同理,把一个库中的所有函数导入的写法为 from turtle import ＊ 。

使用这种方法虽然可以把库中的所有函数导入当前,但是可能造成新导入的函数和当前函数的名称相同,则导入的函数就会覆盖掉当前的函数。因此,使用这种方法时要谨慎。

2. turtle 库

(1)turtle 库概述。

turtle 库是 Python 重要的标准库之一,它能够进行基本的图形绘制。turtle 库绘制图形有一个基本的框架,即以窗体中心为原点建立的平面坐标系。turtle 库绘图坐标体系如图 2.45 所示。

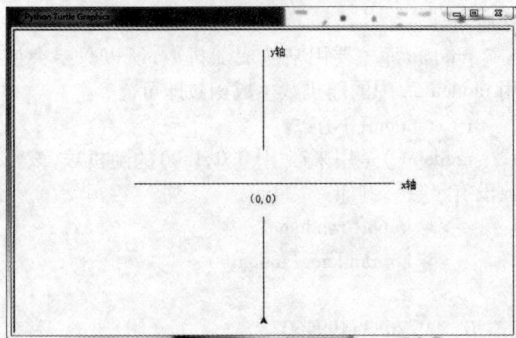

图 2.45　turtle 库绘图坐标体系

(2)turtle 库绘图基本方法。

①窗体函数 setup(width,height,startx,starty)。

setup( )函数用于设置画布的大小和位置,参数包括画布窗口宽、高,窗口在屏幕的水平起始位置和垂直位置。

例如,setup(640,500,350,350)表示在桌面(350,350)位置开始创建 640×500 大小的画布窗体。

②画笔状态函数。

penup( ):没有参数,作用是提起画笔后移动画笔不会再绘制图形。

pendown( ):没有参数,作用是放下画笔后移动画笔可以绘制图形。

pensize(width):参数是所要设置画笔的宽度,当无参时返回当前的画笔宽度。

pencolor(color):参数用来设置画笔的颜色,无参时返回当前画笔的颜色。

color( ):设置画笔和填充颜色。

begin_fill( ):在填充图形之前调用。

end_fill( ):在填充图形之后调用,表示填充颜色结束。

filling( ):返回填充的状态,True 表示已填充,False 表示未填充。

clear( ):清空当前窗口,但不改变当前画笔的位置。

reset( ):清空当前窗口,并把所有状态重置为默认值。

screensize( ):设置画布的宽、高、背景颜色。

hideturtle( ):隐藏画笔的 turtle 形状。

showturtle( ):显示画笔的 turtle 形状。

isvisible( ):如果 turtle 可见,则返回 True。

write( ):输出中文标签,可选的参数有对齐方式 align(left,center,right),font 元组型字体设置(字体、字号、字形)。

③画笔运动函数。

forward(distance):把画笔向当前方向前进 distance 距离。

backward(distance):沿着当前相反的方向后退 distance 距离。

right(angle):向右旋转 angle 角度。

left(angle):向左旋转 angle 角度。

goto(x,y):把当前坐标移动到坐标(x,y)处。

seth(to_ angle):设置画笔当前朝向为 to_ angle 角度,该角度是绝对方向角度值。

home( ):设置当前画笔位置为原点,向右为正。

circle(radius,extent = None):根据半径 radius 绘制角度为 extent 的图形;当不给 extent 参数或者 extent = None 时,绘制整个圆形。

【例1】绘制一个五角星。

代码如下:

```
from turtle import ＊
fillcolor( "red" )
```

```
begin_fill()
for i in range(5):
    fd(200)
    right(144)
end_fill()
```

效果如图 2.46 所示。

图 2.46 五角星绘制效果

【例 2】使用 turtle 库绘制树形。

代码如下：

```
from turtle import Turtle, mainloop
from time import clock

def tree(plist, l, a, f):
    if l > 3:
        lst = []
        for p in plist:
            p.forward(l)
            q = p.clone()
            p.left(a)
            q.right(a)
            lst.append(p)
            lst.append(q)
        for x in tree(lst, l * f, a, f):
            yield None

def maketree():
    p = Turtle()
    p.setundobuffer(None)
    p.hideturtle()
    p.speed(0)
    p.getscreen().tracer(30, 0)
    p.left(90)
    p.penup()
    p.forward(-210)
    p.pendown()
    t = tree([p], 200, 65, 0.6375)
```

```
    for x in t:
        pass
    print(len(p.getscreen().turtles()))

def main():
    a = clock()
    maketree()
    b = clock()
    return "done: %.2f sec." % (b - a)

if __name__ == "__main__":
    msg = main()
    print(msg)
    mainloop()
```

效果如图 2.47 所示。

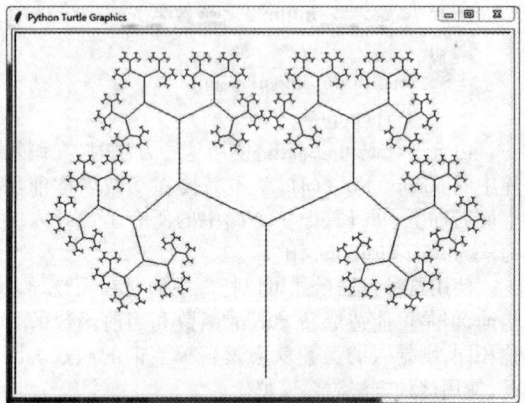

图 2.47 树形绘制效果

3. random 库

随机数在计算机领域十分常见，Python 提供了 random 库用于产生各种各样分布的伪随机数序列。random 库采用梅森旋转算法生成伪随机序列，可用于除随机性要求较高的加/解密算法外的大多数工程应用。

random 库主要用来生成随机数，所以只要会使用 random 库中的随机数生成函数即可。

（1）random() 函数。

random() 是用来产生 [0.0, 1.0) 的随机数，该函数没有参数。例如：

```
>>> import random
>>> a = random.random()
>>> a
0.5907768344994607
```

所有随机函数都是基于 random() 函数实现的具体功能。

（2）seed(a = None) 函数。

初始化随机数种子，默认值为当前系统时间。

只要种子相同,每次生成的随机数序列也相同。
例如:
```
>>> from random import *
>>> seed(456)
>>> randint(1,9)
8
>>> seed(452)
>>> randint(1,9)
6
>>> seed(456)
>>> randint(1,9)
8
```
(3)randint(a,b)函数。
随机生成一个范围为[a,b]的整数。例如:
```
>>> randint(7,89)
62
```
(4)uniform()函数。
生成一个范围为[a,b]的小数。例如:
```
>>> uniform(4,66)
28.217769676794003
>>> uniform(1,3)
2.7790142990373035
```
(5)randrange(start,stop[,step])函数。
生成一个范围为[start,stop],以 step 为步长的
随机整数。例如:
```
>>> randrange(4,7)
4
>>> randrange(1,49,3)
10
```
(6)getrandbits(k)函数。
生成一个二进制形式长度为 k 位的随机整数。
例如:
```
>>> getrandbits(8)
83
>>> getrandbits(2)
1
```
(7)choice(seq)函数。
从序列类型中随机返回一个元素。例如:
```
>>> choice([1,5,4,6,8])
1
>>> choice(['A','B','C'])
'A'
>>> choice('python')
'h'
```
(8)shuffle(seq)函数。
把序列中的元素随机排列,返回"打乱"后的序
列。例如:

```
a = [1,2,3,4,5]
>>> shuffle(a)
>>> print(a)
[3,1,2,4,5]
```
(9)sample(pop,k)函数。
从 pop 类型中随机选取 k 个元素,以列表形式
返回。例如:
```
>>> sample('zjhdcjwkvyfhiwu',5)
['i','h','d','k','w']
```

4.time 库

time 库是 Python 提供系统级精确计时器的计时
功能的时间标准库,可以用于分析程序性能,也可以
让程序暂停运行时间。time 库采用的是格林威治时
间从 1970 年 01 月 01 日 00 分 00 秒起到现在的总秒
数。time 库的功能主要分为 3 个方面:时间处理、时
间格式化及计时。

(1)时间处理函数。
①time()函数。
获取当前时间戳。例如:
```
>>> from time import *
>>> time()
1536895337.5334084
```
②gmtime(secs)函数。
获取当前时间戳对应的 struct_time 对象。例如:
```
>>> gmtime(1536895337.5334084)
time.struct_time(tm_year=2018,tm_mon=9,
tm_mday=14,tm_hour=3,tm_min=22,tm_sec=
17,tm_wday=4,tm_yday=257,tm_isdst=0)
```
③ctime(secs)函数。
获取的时间戳被内部调用,localtime()函数输出
当地时间。例如:
```
>>> ctime(1536895337.5334084)
'Fri Sep 14 11:22:17 2018'
```
(2)时间格式化函数。
time 库使用 mktime()、strftime()、strptime()进
行时间格式化。
使用 mktime(t)将 struct_time 对象 t(代表当地时
间)格式化。struct_time 对象的元素构成如表2.38所示。

表 2.38　struct_time 对象的元素构成

下标	属性	值
0	tm_year	年份,整数
1	tm_mon	月份[1,12]
2	tm_mday	日期[1,31]
3	tm_hour	小时[0,23]
4	tm_min	分钟[0,59]

续表

下标	属性	值
5	tm_sec	秒[0,59]
6	tm_wday	星期[0,6],0 表示星期一
7	tm_yday	该年第几天[1,366]
8	tm_isdst	是否为夏令时,0 表示否,1 表示是,−1 表示未知

例如:
```
>>> t = localtime( )
>>> mktime(t)
1536897377.0
>>> ctime(mktime(t))
'Fri Sep 14 11:56:17 2018'
```
strftime( )函数是时间格式化最有效的函数。
例如:
```
>>> strftime("%Y−%m−%d %H:%M:%S",t)
'2018−09−14 11:58:33'
```
表 2.39 给出了 strftime( )函数的格式化控制符。

表 2.39　strftime( )函数的格式化控制符

格式化控制符	描述
%a	星期几缩写名称 Mon ~ Sun
%A	星期几完整名称 Monday ~ Sunday
%b	月名缩写 Jan ~ Dec
%B	完整月名 January ~ December
%c	语言环境的适当日期和时间表示
%d	日期 01 ~ 31
%H	24 小时制的小时 00 ~ 23
%I	12 小时制的小时 01 ~ 12
%j	一年中的一天
%m	月份 01 ~ 12
%M	分钟数 00 ~ 59
%p	上/下午 AM,PM
%S	秒数 00 ~ 59
%U	一年中的星期数(00 ~ 53),星期天为星期的开始
%w	星期(0 ~ 6),星期天为星期的开始
%W	一年中的星期数(00 ~ 53),以星期一为星期的开始
%x	本地相应日期表示
%X	本地相应时间表示
%y	两位数的年份 01 ~ 99

续表

格式化控制符	描述
%Y	4 位数的年份 0001 ~ 9999
%Z	当前时区的名称
%%	% 本身

strptime( )函数与 strftime( )函数完全相反,用于提取字符串中的时间来生成 strut_time 对象,可以很灵活地作为 time 库的输入接口。

(3)计时功能。

通过 time( )函数计算两端代码间隔的时间。
```
>>> x = time( )
>>> time( ) − x
9.41753888130188
```

【考点4】　第三方库

1.第三方库的安装

Python 有标准库和第三方库两种类库。标准库是随 Python 安装包一起下载的,不需要用户单独下载安装使用,第三方库需要安装之后方能使用。Python 有 3 种安装第三方库的方法:pip 工具安装、自定义安装、文件安装。

(1)pip 工具安装。

pip 工具安装方法是最常用且最高效的安装方法之一,它是 Python 官方提供并维护的在线第三方安装工具。pip 是 Python 的内置命令,需要通过命令在命令行执行。

使用 pip 安装第三方库需要网络处于良好状态。执行 pip − h 命令可以列出 pip 常用的子命令,如图2.48 所示。安装命令格式如下:

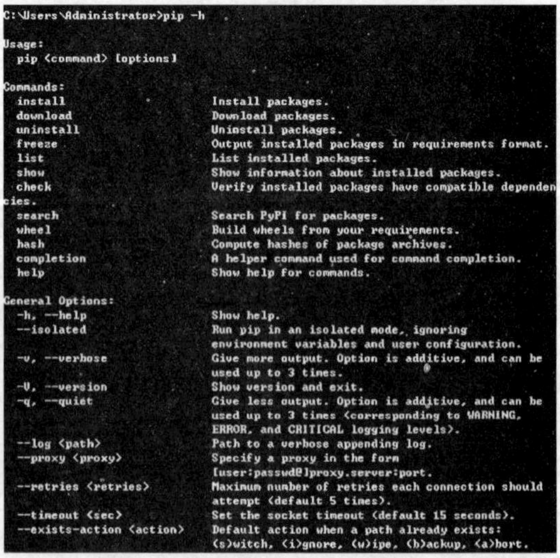

图 2.48　查看 pip 常用的子命令

pip install ＜第三方库名＞

安装 pillow 库，pip 默认下载 pillow 库安装文件并自动安装到系统中，安装命令如图 2.49 所示。

```
C:\Users\Administrator>pip install pillow
```

图 2.49　pip 安装 pillow 库的命令

使用 list 命令可查看系统已经安装了哪些第三方库，如图 2.50 所示。

```
numpy (1.15.1)
Pillow (5.2.0)
pip (9.0.1)
setuptools (28.8.0)
```

图 2.50　list 命令

pip 的 download 命令可以下载第三方库的安装包，但是并不自动安装，如图 2.51 所示。

```
C:\Users\Administrator>pip download wordcloud
Collecting wordcloud
  Using cached https://files.pythonhosted.org/packages/d4/95/d260ce89441d1f28192
fa5a0a016f547829517b11cabe0079ab91c56f6cd/wordcloud-1.5.0.tar.gz
  Saved c:\users\administrator\wordcloud-1.5.0.tar.gz
Collecting numpy>=1.6.1 (from wordcloud)
  Using cached https://files.pythonhosted.org/packages/13/73/a58d0ce1af2deaae887
d87915910926a908767320f09c0ef81d491b5f555/numpy-1.15.1-cp35-none-win32.whl
  Saved c:\users\administrator\numpy-1.15.1-cp35-none-win32.whl
Collecting pillow (from wordcloud)
  Using cached https://files.pythonhosted.org/packages/8f/a2/df0d0a3333ece976cb9
b83b4a097104056ec2214435573f3fbc75f8e37e9/Pillow-5.2.0-cp35-cp35m-win32.whl
  Saved c:\users\administrator\pillow-5.2.0-cp35-cp35m-win32.whl
Successfully downloaded wordcloud numpy pillow
```

图 2.51　download 下载命令

pip 支持安装（install）、下载（download）、卸载（uninstall）、列表（list）等一系列安装和维护子命令。

pip 工具在 macOS 和 Linux 等操作系统中可以安装几乎所有的第三方库，在 Windows 操作系统中，有一些第三方库需要用其他的安装方法。

（2）自定义安装。

自定义安装指的是按照第三方库提供的步骤和方式安装。第三方库都有主页用于维护库的代码和文档。

（3）文件安装。

有的 Python 第三方库只提供源代码，无法通过 pip 工具下载安装，这时可以到相应网站下载自己所需要的库文件。这里以 pygame 为例，首先在网页内找到 pygame 库对应的文件，如图 2.52 所示；选择其中的.whl文件进行下载（选择与安装的 Python 解释器相对应版本的文件：pygame－1.9.4－cp35－cp35m－win32.whl）并放到 Python 文件夹下；然后进入该目录下使用 pip 命令安装该文件，如图 2.53 所示。

Pygame, a library for writing games based on the SDL library.

- pygame-1.9.4-cp27-cp27m-win32.whl
- pygame-1.9.4-cp27-cp27m-win_amd64.whl
- pygame-1.9.4-cp34-cp34m-win32.whl
- pygame-1.9.4-cp34-cp34m-win_amd64.whl
- pygame-1.9.4-cp35-cp35m-win32.whl
- pygame-1.9.4-cp35-cp35m-win_amd64.whl
- pygame-1.9.4-cp36-cp36m-win32.whl
- pygame-1.9.4-cp36-cp36m-win_amd64.whl
- pygame-1.9.4-cp37-cp37m-win32.whl
- pygame-1.9.4-cp37-cp37m-win_amd64.whl

图 2.52　pygame 库对应的文件

```
D:\Python>pip install pygame-1.9.4-cp35-cp35m-win32.whl
Processing d:\python\pygame-1.9.4-cp35-cp35m-win32.whl
Installing collected packages: pygame
Successfully installed pygame-1.9.4
```

图 2.53　使用 pip 命令安装该文件

2. PyInstaller 库

PyInstaller 库可以在 Windows、Linux、Mac OS X 等操作系统下把 Python 源文件打包变成可运行的可执行文件。

通过对源文件打包，Python 在没有安装 Python 程序的环境中也可以运行。

PyInstaller 库的使用方法如下：

pyinstaller ＜Python 源程序文件名＞

执行完毕后，源文件所在的目录会生成 dist 和 build 两个文件夹。其中 build 文件夹只是用来存储临时文件的，可以安全删除。dist 文件夹下面存放的是与源文件同名的打包后的程序。目录中其他文件是可执行文件的动态链接库。

可以通过－F 参数对 Python 源程序生成一个单独的可执行文件，用法如下：

pyinstaller －F ＜Python 源程序文件名＞

执行后在 dist 目录中出现了以.exe 为扩展名的文件，没有任何依赖库，直接双击即可运行。

使用 PyInstaller 库转换可执行文件时需要注意：

①文件路径中不能出现空格和下角点（.）；

②源文件必须使用 UTF－8，暂时不支持其他类型的编码。

3. jieba 库

jieba 库是 Python 中一个重要的第三方中文分词函数库，能够将一段中文文本分隔成中文词语序列。

jieba 库分词所用的原理就是把分词的内容与分词的中文词库进行对比，通过图结构和动态规划方法找到最大概率的词组。如“Python 是一门开源的编程语言”，获得其中的单词十分困难，因为英文文本可以通过空格符或者标点符号分隔，但中文文本之间缺少分隔符，这是中文及相似语言特有的“分词”问题，如图 2.54 所示。

```
>>> import jieba
>>> jieba.lcut("Python是一门开源的编程语言")
Building prefix dict from the default dictionary ...
Dumping model to file cache C:\Users\ADMINI~1\AppData\Local\Temp\jieba.cache
Loading model cost 1.328 seconds.
Prefix dict has been built succesfully.
['Python', '是', '一门', '开源', '的', '编程语言']
```

图 2.54　jieba 库示例

jieba 库支持 3 种分词模式：精确模式，将句子最精确地切开，适合文本分析；全模式，把句子中所有可以成词的词语都扫描出来，速度快但是不能消除歧义；搜索引擎模式，在精确模式的基础上，对长词再次切分，提高召回率，适合用于搜索引擎分词。

（1）lcut(s)函数。

精确模式,返回一个列表类型。例如:

```
>>> import jieba
>>> ls = jieba.lcut("全国计算机等级考试Python科目。")
>>> ls
['全国', '计算机', '等级', '考试', 'Python', '科目', '。']
```

（2）lcut(s,cut_all = True)函数。

全模式,返回一个列表类型。例如:

```
>>> ls = jieba.lcut("全国计算机等级考试Python科目。", cut_all = True)
>>> ls
['全国', '国计', '计算', '计算机', '算机', '等级', '考试', 'Python', '科目', '。']
```

（3）lcut_for_search(s)函数。

搜索引擎模式,返回一个列表类型。例如:

```
>>> ls = jieba.lcut_for_search("全国计算机等级考试Python科目。")
>>> ls
['全国', '计算', '算机', '计算机', '等级', '考试', 'Python', '科目', '。']
```

由搜索引擎模式的结果可知,用这种方式寻找短语会出现一定的分词冗余。

（4）add_word(w)函数。

向分词词典中添加新词 w。例如:

```
>>> add_word('全国计算机')
>>> ls = lcut('全国计算机等级考试Python科目')
>>> ls
['全国计算机', '等级', '考试', 'Python', '科目']
```

由此可以看出,增加新词后,当再次遇到该词时将不再被分开。

【例1】《面朝大海,春暖花开》是海子于1989年所写的一首抒情诗。全诗的内容存放在spring.txt中。编写程序,用jieba库对文件spring.txt进行分词并统计每个词出现的次数。

代码如下:

```
import jieba
fi = open('spring.txt','r')
txt = fi.read()
fi.close()
words = jieba.lcut(txt)
counts = {}
for word in words:
    if len(word) == 1:
        continue
    else:
        counts[word] = counts.get(word,0) + 1
items = list(counts.items())
items.sort(key = lambda x:x[1], reverse = True)
for i in range(15):
    word,count = items[i]
    print('{0:<10}{1:>5}'.format(word, count))
```

输出结果如下:

```
一个            5
幸福            4
告诉            3
明天            3
春暖花开         2
面朝            2
大海            2
前程            1
劈柴            1
陌生人          1
一所            1
尘世            1
有情人终成眷属     1
关心            1
```

4. wordcloud 库

在生成词云时,wordcloud 库会默认以空格符或标点符号为分隔符对目标文本进行分词处理。对于中文文本,分词需要用户来完成。通常的操作步骤如下:首先把文本分词处理,然后用空格符拼接,最后再调用 wordcloud 库函数处理。需要注意的是,在代码中需要把使用的字体文件与代码放在同一目录下或者使用文件的全路径。

【例2】使用一种字体对 "In the warm spring, flowers are coming out with a rush." 分词显示,并保存扩展名为.png 的图片。

代码如下:

```
import jieba
from wordcloud import WordCloud
txt = "In the warm spring, flowers are coming out with a rush."
words = jieba.lcut(txt)
newtxt = ''.join(words)
wordcloud = WordCloud(font_path = "Iloveyou.ttf").generate(newtxt)
wordcloud.to_file('词云实例图.png')
```

产生的词云效果如图 2.55 所示。

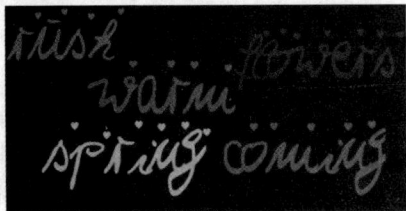

图 2.55　词云效果

在上面的实例代码中可以看到使用了 2 个方法：generate(text) 方法是把文本 text 生成词云；to_file(filename) 方法是将词云图保存为以 filename 为名的文件。

WordCloud 类是 wordcloud 库的核心类。Word-Cloud 类在创建时有一些可选的参数用来配置词云图片，如表 2.40 所示。

表 2.40　WordCloud 类在创建时使用的参数

参数	描述
font_path	字体文件的完整路径
width	生成图片宽度，默认为 400 像素
height	生成图片高度，默认为 400 像素
mask	词云形状，默认为方形图
min_font_size	词云中最小的字体、字号，默认为 4 号
max_font_size	词云中最大的字体、字号，根据高度自动变化
font_step	字号步进间隔，默认为 1
stopwords	被排除词列表，排除的词不在词云中显示
background_color	图片背景颜色，默认为黑色
max_words	词云图中最大词数，默认为 200

【考点 5】　其他方向的第三方库

1. 网络爬虫方向

（1）requests 库。

requests 库是一个用来处理 HTTP 请求的第三方库，它最大的优点是编写程序过程中更接近于 URL 访问过程。requests 库支持非常丰富的链接访问功能，包括国际域名和 URL 获取、HTTP 长连接和连接缓存、HTTP 会话和 cookie 保持、浏览器使用风格的 SSL 验证、基本的摘要认证、有效的键值对 cookie 记录、自动解/压缩、文件分块上传、连接超时处理等。

（2）Scrapy 库。

Scrapy 库是用 Python 开发的 Web 获取框架。scrapy 不同于其他简单的网络爬虫库，它只是一个半成品，它本身包含了成熟网络爬虫系统的部分功能，任何人都可以利用这个框架进行扩展打造专业的网络爬虫系统。

Scrapy 库的用途范围较广，可以应用于数据挖掘、网络监控及自动化测试等。scrapy 库提供 URL 队列、异步多线程访问、定时访问、数据库集成等众多功能。

（3）pyspider 库。

pyspider 库由 Python 编写，分布式架构，支持多种数据库后端、强大的 WebUI 支持脚本编辑器、任务监视器、项目管理器以及结果查看器。pyspider 是以 Python 脚本驱动的抓取环模型爬虫。通过 Python 脚本进行结构化信息的提取，follow 链接调度抓取控制，实现最大的灵活性；通过 Web 化的脚本编写、调试环境。

2. 数据分析方向

（1）NumPy 库。

NumPy 库是 Python 的一种开源数值计算扩展第三方库，用于处理数据类型相同的多维数组。NumPy 库比 Python 中的列表处理数据要高效得多。

NumPy 是采用 C 语言编写、用 Python 封装的。因此，基于 NumPy 库的 Python 程序在计算运行时的速度接近 C 语言的运行速度。

（2）pandas 库。

pandas 库是为解决数据分析而创建的，因此，pandas 库提供了一批标准的数据模型和大量高效处理数据的函数和方法。pandas 库提供两种最基本的数据类型：代表一维数组类型的 Series 和代表二维数组类型的 DataFrame。

（3）scipy 库

scipy 是在 NumPy 库的基础上增加了一些关于数学、科学以及工程计算中常用的库函数的一款简单、易用的工具包。scipy 包含了统计、整合、线性代数、信号分析、图像处理等众多模块，便于使用。

3. 文本处理方向

（1）pdfminer 库

pdfminer 是一个可以从 PDF 文件中提取各类信息并且能够分析 PDF 文本数据的第三方库。pdfminer 可以获取 PDF 文本的准确位置、行数、字体等信息，且可以把 PDF 文件转换为 HTML 或者文本格式。

（2）python-docx 库

python-docx 是一个处理 Word 文档的 Python 第三方库，它支持读取、查询以及修改 DOC 和 DOCX 文件，并且能够对 Word 常见样式进行编程设置，包括字符样式、表格样式、段落样式、页面样式等，进一步使用该库可以实现添加和修改文本、样式、图像及文档等的功能。

（3）beautifulsoup4 库。

beautifulsoup4 是一个从 HTML 或者 XML 中提取数据的 Python 库。beautifulsoup4 将复杂的 HTML

文档转换成一个复杂的树型结构,每个节点都是 Python 对象。它提供一种方法去遍历和解析树,将专业的 Web 页面格式解析部分封装成函数,提供了若干有用且便捷的处理函数。

4. 数据可视化方向

（1）matplotlib 库。

数据可视化指的是通过可视化探索数据,与数据挖掘紧密相关,而数据挖掘指的是通过代码来探索数据集的规律和关联。matplotlib 是一个数学绘图库,主要进行二维图表数据展示,在科学计算的数据可视化中可大量应用。

（2）seaborn 库。

seaborn 同 matplotlib 一样,也是 Python 进行数据可视化分析的第三方库,但是 seaborn 在 matplotlib 的基础上进行了更高级的 API 封装,使可视化更加容易,图形更加漂亮。

（3）mayavi 库。

mayavi 的 mlab 库提供了方便快捷的绘制三维图函数。把数据准备好后,一般只需要调用一次 mlab 模块的函数就可以看到数据的三维效果。

5. 用户图形界面方向

（1）PyQt5 库。

PyQt5 是 Python 的第三方库,它大约包括 620 个类、近 6000 个函数和方法。它是 Python 中最为成熟的商业级 GUI 第三方库之一,而且可以在多种操作系统上面使用,如 Linux、Mac OS X 及 Windows 等。PyQt5 把事件和对应的处理程序绑定在一起。

（2）wxPython 库。

wxPython 是 Python 的一个优秀的用户界面图形库,它可以使程序员快速、简单地创建可靠、功能强大的 GUI 程序。

（3）PyGTK 库。

PyGTK 是基于 Python 封装的,它提供了各种可视化元素和功能,能够轻松地创建具有图形界面的程序。PyGTK 可以跨平台操作,代码可以不加改动就稳定地在其他操作系统中运行。

6. 机器学习方向

（1）scikit-learn 库。

scikit-learn 是一个数据挖掘和数据分析工具。它是 2007 年 David Cournapeau 组织用 Python 专门针对机器学习而开发的一款框架。scikit-learn 也被称为 sklearn。

（2）TensorFlow 库。

TensorFlow 是第二代人工智能学习系统,也是支撑 AlphaGo 的操作系统的后台框架。Tensor 指 n 维数组,Flow 指基于数据流图的计算,TensorFlow 描述张量从流图的一端流动到另一端的计算过程。

（3）mxnet 库。

mxnet 是亚马逊提供的深度学习库,它拥有类似于 TensorFlow 的数据流图,为多 GPU 配置提供了良好的配置,有着类似于 Lasagne 和 Blocks 更高级别的模型构建块,并且可以在任何机器上运行。

7. Web 开发方向

（1）Django 库。

Django 是 Python 中最流行的开源 Web 应用框架之一。Django 采用模型、模板及视图的编写模式。其中,模型是数据存取层,用于处理与数据相关的事务;模板是表现层,用于处理与表现相关的功能;视图是业务层,用于存取模板,以及调取恰当模板的相关逻辑,是模板与模型的"桥梁"。

（2）pyramid 库。

pyramid 是 Python 的一个开源的 Web 程序开发框架,主要目的是使创建 Web 应用更加简单。与 Django 一样,pyramid 虽然面向较大规模的 Web 应用,但它更注重灵活性,开发者可以灵活选择所使用的数据库、模板风格、URL 等内容。

（3）Flask 库。

Flask 相比 Django 和 pyramid,被称为微框架。Flask 可以用几行代码创建一个小型网站。Flask 不直接包含抽象的访问层,而是通过扩展模块形式来支持。

8. 游戏开发方向

（1）pygame 库。

pygame 是一组功能强大而有趣的库,可用于管理图形、动画乃至声音,能够更轻松地开发复杂的游戏。pygame 是在 SDL 库基础上进行封装的、面向游戏开发入门的 Python 第三方库,除了可以制作游戏外,还可以制作多媒体软件。

（2）Panda3D 库。

Panda3D 是一个开源、跨平台的 3D 渲染和游戏开发库,简单来说就是一个游戏引擎。它支持 Python 和 C + + 两种程序语言。Panda3D 支持很多先进的游戏引擎所支持的特性。

（3）cocos2d 库。

cocos2d 是一个构建 2D 游戏和图形界面交互式应用的框架。cocos2d 基于 OpenGL 进行图形渲染,可以利用 GPU 加速。cocos2d 采用树形结构管理游戏对象,一个游戏划分为不同游戏场景,一个场景又被分为不同层,每个层分别处理并响应用户事件。

第3部分

Part 3

无纸化考试题库

目前，市场上绝大多数参考书往往提供大量的题目，受此误导，很多考生深陷"题海战术"不能自拔，走进考场之后感觉题目似曾相识，做起来却全无思路，最终在考试中折戟沉沙。

本部分在深入研究考试试题的基础上，对考试的题型和考点加以总结。本部分不仅提供了 10 套典型试题，还对试题进行了详细分析，对选择题部分提供了答案和解析，对操作题部分提供了参考答案和解题思路，旨在帮助考生快速掌握解题技巧。本部分可使考生不再迷失于题海，帮助考生在更短的时间内，投入更少的精力，顺利通过考试。

3.1 无纸化考试题库试题

第1套 无纸化考试题库试题

一、选择题(每题1分,共40分)

1. 下列叙述中正确的是( )。
   A)算法的时间复杂度是指算法在执行过程中基本运算的次数
   B)算法的时间复杂度是指算法执行所需要的时间
   C)算法的时间复杂度是指算法执行的速度
   D)算法复杂度是指算法控制结构的复杂程度

2. 下列叙述中正确的是( )。
   A)循环队列是队列的一种链式存储结构
   B)循环队列是队列的一种顺序存储结构
   C)循环队列中的队尾指针一定大于队头指针
   D)循环队列中的队尾指针一定小于队头指针

3. 某完全二叉树有256个节点,则该二叉树的深度为( )。
   A)7   B)8   C)9   D)10

4. 下列叙述中错误的是( )。
   A)线性结构也能采用链式存储结构
   B)线性结构一定能采用顺序存储结构
   C)有的非线性结构也能采用顺序存储结构
   D)非线性结构一定不能采用顺序存储结构

5. 需求分析的主要任务是( )。
   A)确定软件系统的功能   B)确定软件开发方法
   C)确定软件开发工具   D)确定软件开发人员

6. 一个模块直接调用的下层模块的数目称为模块的( )。
   A)扇入数   B)扇出数   C)宽度   D)作用域

7. 将数据和操作置于对象统一体中的实现方式是( )。
   A)隐藏   B)抽象   C)封装   D)结合

8. 采用表结构来表示数据及数据间联系的模型是( )。
   A)层次模型   B)概念模型   C)网状模型   D)关系模型

9. 在供应关系中,实体供应商和实体零件之间的联系是( )。
   A)多对多   B)一对一   C)多对一   D)一对多

10. 如果定义班级的关系如下:
    班级(班级号,总人数,所属学院,班级学生)
    则使它不满足第一范式的属性是( )。
    A)班级号   B)班级学生   C)总人数   D)所属学院

11. 在Python中,不能作为变量名的是( )。
    A)student   B)_bmg   C)5sp   D)Teacher

12. 以下关于Python缩进的描述中,错误的是( )。
    A)缩进表达了所属关系和代码块的所属范围
    B)缩进是可以嵌套的,从而形成多层缩进

C)判断、循环、函数等都能够通过缩进包含一批代码

D)Python 用严格的缩进表示程序的格式框架,所有代码都需要在行前至少加一个空格

13.以下代码的输出结果是(　　)。

```
x = 'R\0S\0T'
print(len(x))
```

A)3　　　　　　　　B)5　　　　　　　　C)7　　　　　　　　D)6

14.以下关于 Python 的描述中,错误的是(　　)。

A)对于需要更高执行速度的功能,如数值计算和动画,Python 可以调用 C 语言编写的底层代码

B)Python 比大部分编程语言具有更高的软件开发产量和简洁性

C)Python 是解释执行型语言,因此执行速度比编译型语言慢

D)Python 是脚本语言,主要用作系统编程和 Web 开发的开发语言

15.以下代码的输出结果是(　　)。

```
x = 12 + 3 * ((5*8) - 14) // 6
print(x)
```

A)25.0　　　　　　B)65　　　　　　　C)25　　　　　　　D)24

16.以下关于 Python 循环结构的描述中,错误的是(　　)。

A)break 用来结束当前的循环语句,但不跳出当前的循环体

B)遍历循环中的遍历结构可以是字符串、文件、组合数据类型及 range()函数等

C)Python 通过 for、while 等保留字构建循环结构

D)continue 只结束本次循环

17.以下构成 Python 循环结构的语句中,正确的是(　　)。

A)while　　　　　　B)loop　　　　　　C)if　　　　　　　D)do – for

18.以下代码绘制的图形是(　　)。

```
import turtle as t
for i in range(1,7):
    t.fd(50)
    t.left(60)
```

A)正方形　　　　　B)六边形　　　　　C)三角形　　　　　D)五角星

19.以下关于 Python 的描述中,正确的是(　　)。

A)条件 4<=5<=6 是合法的,输出 False

B)条件 4<=5<=6 是不合法的

C)条件 4<=5<=6 是合法的,输出 True

D)条件 4<=5<=6 是不合法的,抛出异常

20.以下代码的输出结果是(　　)。

```
for i in range(1,6):
    if i%4 == 0:
        continue
    else:
        print(i,end =",")
```

A)1,2,3,　　　　　B)1,2,3,4,　　　　C)1,2,3,5,　　　　D)1,2,3,5,6,

21.以下代码的输出结果是(　　)。

```
t = 10.5
def above_zero(t):
    return t > 0
```

A)True　　　　　　B)False　　　　　　C)10.5　　　　　　D)没有输出

22. 以下关于 Python 的描述中,正确的是(　　　)。

A)函数中 return 语句只能放在函数定义的最后面

B)定义函数需要使用保留字 def

C)函数最主要的作用是复用代码

D)Python 函数不可以定义在分支或循环语句的内部

23. 以下代码的输出结果是(　　　)。

```
def young(age):
    if 25 <= age <= 30:
        print("作为一个老师,你很年轻")
    elif age < 25:
        print("作为一个老师,你太年轻了")
    elif age >= 60:
        print("作为一个老师,你可以退休了")
    else:
        print("作为一个老师,你很有爱心")
young(42)
```

A)作为一个老师,你很年轻

B)作为一个老师,你太年轻了

C)作为一个老师,你可以退休了

D)作为一个老师,你很有爱心

24. 以下代码的输出结果是(　　　)。

```
def fibRate(n):
    if n <= 0:
        return -1
    elif n == 1:
        return -1
    elif n == 2:
        return 1
    else:
        L = [1,5]
        for i in range(2,n):
            L.append(L[-1] + L[-2])
        return L[-2] % L[-1]
print(fibRate(7))
```

A)0.6　　　　　　　　　　B)28　　　　　　　　　　C)-1　　　　　　　　　　D)1

25. 以下关于函数返回值的描述中,正确的是(　　　)。

A)Python 函数的返回值个数很灵活,可以没有返回值,可以有一个或多个返回值

B)函数定义中最多含有一个 return 语句

C)在函数定义中使用 return 语句时,至少有一个返回值

D)函数只能通过 print 语句和 return 语句给出运行结果

26. 以下代码的输出结果是(　　　)。

```
def Hello(famlyName,age):
    if age > 50:
        print("您好!" + famlyName + "奶奶")
    elif age > 40:
```

```
        print("您好!" + famlyName + "阿姨")
    elif age > 30:
        print("您好!" + famlyName + "姐姐")
    else:
        print("您好!" + "小" + famlyName)
Hello(age = 43, famlyName = "赵")
```
A)您好!赵奶奶　　　B)您好!赵阿姨
C)您好!赵姐姐　　　D)函数调用出错

27. 以下代码的输出结果是(　　)。
```
ls = [[1,2,3],'python',[[4,5,'ABC'],6],[7,8]]
print(ls[2][1])
```
A)'ABC'　　　　B)p　　　　C)4　　　　D)6

28. 以下代码的输出结果是(　　)。
```
ls = ["2020","1903","Python"]
ls.append(2050)
ls.append([2020,"2020"])
print(ls)
```
A)['2020', '1903', 'Python', 2020, [2050, '2020']]
B)['2020', '1903', 'Python', 2020]
C)['2020', '1903', 'Python', 2050, [2020, '2020']]
D)['2020', '1903', 'Python', 2050, ['2020']]

29. 以下代码的输出结果是(　　)。
```
d = {"大海":"蓝色","天空":"灰色","大地":"黑色"}
print(d["大地"], d.get("天空","黄色"))
```
A)黑色　黑色　　B)黑色　灰色　　C)黑色　黄色　　D)黑色　蓝色

30. 以下选项,正确的是(　　)。
A)序列类型是一维元素向量,元素之间存在先后关系,通过索引访问
B)序列类型可以分为 3 类:字符串、字典及列表
C)表示单一数据的类型被称为组合数据类型
D)Python 的字符串、字典、元组及列表都属于序列类型

31. 以下代码的输出结果是(　　)。
```
d = {}
for i in range(26):
    d[chr(i + ord("A"))] = chr((i + 13) % 26 + ord("A"))
for c in "Python":
    print(d.get(c, c), end = "")
```
A)Plguba　　　　B)Cabugl　　　　C)Python　　　　D)Cython

32. 以下关于 Python 二维数据的描述中,错误的是(　　)。
A)CSV 文件的每一行是一维数据,可以用列表、元组表示
B)从 CSV 文件获得数据内容后,可以用 replace()来去掉每行最后的换行符
C)若一个列表变量里的元素都是字符串类型,则可以用 join()合成字符串
D)列表中保存的二维数据,可以通过循环结构用 writelines()写入 CSV 文件

33. 以下关于文件的描述中,错误的是(　　)。
A)文件是存储在外存上的一组数据序列,可以包含任何数据内容
B)可以使用 open()打开文件,用 close()关闭文件

C)使用 read()可以从文件中读入全部内容

D)使用 readlines()可以从文件中读入一行内容

34.以下关于文件的描述中,正确的是(　　)。

A)使用 open()打开文件时,必须要用 r 或 w 指定打开方式,不能省略

B)采用 readlines()可以读入文件的全部内容,返回一个列表

C)文件打开后,可以用 write()控制对文件内容的读写位置

D)如果没有采用 close()关闭文件,Python 程序退出时文件将不会自动关闭

35.以下不属于 Python 文件操作方法的是(　　)。

A)read()　　　　　　B)write()　　　　　　C)join()　　　　　　D)readline()

36.以下关于数据组织的描述中,错误的是(　　)。

A)一维数据采用线性方式组织,可以用 Python 集合或列表表示

B)列表仅用于表示一维和二维数据

C)二维数据采用表格方式组织,可以用 Python 列表表示

D)更高维数据由键值对类型的数据构成,可以用 Python 字典表示

37.文件 exam.txt 与以下代码在同一目录下,其内容是一段文本:bigBen。以下代码的输出结果是(　　)。

f = open("exam.txt")

print(f)

f.close()

A)bigBen

B)exam.txt

C)<_io.TextIOWrapper ... >

D)exam

38.不属于 Python 开发用户界面的第三方库的是(　　)。

A)PyGObject　　　　B)PyQt　　　　　　C)time　　　　　　D)PyGTK

39.不属于 Python 数据分析及可视化处理的第三方库的是(　　)。

A)seaborn　　　　　B)random　　　　　C)mayavi2　　　　　D)NumPy

40.属于 Python 中 Web 开发的第三方库的是(　　)。

A)pygame　　　　　B)scipy　　　　　　C)pdfminer　　　　　D)pyramid

二、基本操作题(共15分)

41.考生文件夹下存在一个文件"PY101.py",请写代码替换横线,不修改其他代码,实现以下功能。

用键盘输入字符串 s,按要求把 s 输出到屏幕。格式要求:宽度为 30 个字符,以星号填充,居中对齐。如果输入字符串超过 30 位,则全部输出。

例如:用键盘输入字符串 s"Congratulations",屏幕输出 ＊＊＊＊＊＊＊Congratulations＊＊＊＊＊＊＊＊

试题程序:

```
#请在_____处使用一行代码或表达式替换
#注意:请不要修改其他已给出代码
s = input("请输入一个字符串:")
print("{_____}".format(s))
```

42.考生文件夹下存在一个文件"PY102.py",请写代码替换横线,不修改其他代码,实现以下功能。

根据斐波那契数列的定义,$F(0)=0,F(1)=1,F(n)=F(n-1)+F(n-2)(n≥2)$,输出不大于50的序列元素。

例如:屏幕输出实例为

0,1,1,2,3,…

试题程序：

\#请在＿＿＿＿＿处使用一行代码或表达式替换

\#注意：请不要修改其他已给出代码

```
a,b = 0,1
while ____(1)____:
    print(a, end =',')
    a,b = ____(2)____
```

43．考生文件夹下存在一个文件"PY103.py"，请写代码替换横线，不修改其他代码，实现以下功能。

从键盘输入一句话，用 jieba 库进行分词后，将切分的词组按照原话逆序输出到屏幕上，词组中间没有空格。示例如下。

输入：

我爱老师

输出：

老师爱我

试题程序：

\#请在＿＿＿＿＿处使用一行代码或表达式替换

\#注意：请不要修改其他已给出代码

```
import jieba
txt = input("请输入一段中文文本:")
____(1)____
for i in ls[::-1]:
    ____(2)____
```

三、简单应用题（共 25 分）

44．考生文件夹下存在一个文件"PY201.py"，请写代码替换横线，不修改其他代码，实现以下功能。

使用 turtle 库的 turtle.seth() 函数和 turtle.fd() 函数绘制一个边长为 100 像素的三角形，效果如下所示。

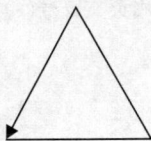

试题程序：

\#请在＿＿＿＿＿处使用一行代码或表达式替换

\#注意：请不要修改其他已给出代码

```
import turtle
for i in range(____(1)____):
    turtle.seth(____(2)____)
    ____(3)____(100)
```

45．考生文件夹下存在一个文件"PY202.py"，该文件是本题目的代码提示框架，其中代码可以任意修改。请在该文件中编写代码，以实现如下功能。

用键盘输入一组水果名称并以空格分隔，共一行，示例格式如下。

苹果 芒果 草莓 芒果 苹果 草莓 芒果 香蕉 芒果 草莓

统计水果类型的数量，从数量多到少的顺序输出水果类型及对应数量，以英文冒号分隔，每个水果类型一行。输出结果保存在考生文件夹下，命名为"PY202.txt"。输出的参考格式如下。

芒果：4

草莓：3

苹果：2

香蕉：1

试题程序：

```
#以下代码为提示框架
#请在...处使用一行或多行代码替换
#注意:提示框架的代码可以任意修改,以完成程序功能为准
txt = input("请输人类型序列: ")
fo = open("PY202.txt","w")
...
d = {}
...
ls = list(d.items())
ls.sort(key = lambda x:x[1],reverse = True)  # 按照数量排序
for k in ls:
    fo.write("{}:{}".format(k[0], k[1]))
fo.close()
```

四、综合应用题(共 20 分)

46. 考生文件夹下存在 3 个 Python 源文件,分别对应 3 个问题;1 个文本文件,作为本题目的输入数据,请按照源文件内部说明修改代码,实现以下功能。

《卖火柴的小女孩》是丹麦童话故事作家安徒生写的一篇童话故事,发表于 1846 年。主要讲了一个卖火柴的小女孩在富人阖家欢乐、举杯共庆的大年夜冻死在街头的故事。这里给出《卖火柴的小女孩》的一个网络版本文件,文件名为"小女孩. txt"。

问题 1:在"PY301 - 1.py"文件中修改代码,对"小女孩. txt"文件进行字符频次统计,输出频次最高的中文字符(不包含标点符号)及其频次,字符与频次之间采用英文冒号(:)分隔,将输出结果保存在考生文件夹下,命名为"PY301 - 1. txt"。示例格式如下。

的:83

试题程序：

```
#以下代码为提示框架
#请在...处使用一行或多行代码替换
#请在_____处使用一行代码替换
#注意:提示框架的代码可以任意修改,以完成程序功能为准
...
fo = open("PY301 - 1.txt","w")
...
d = {}
...
fo.write("{}:{}".format(_____))
fo.close()
```

问题 2:在"PY301 - 2.py"文件中修改代码,对"小女孩. txt"文件进行字符频次统计,按照频次由高到低,输出前 10 个频次最高的字符,不包含回车符,字符之间无间隔,连续输出,将输出结果保存在考生文件夹下,命名为"PY301 - 2. txt"。示例格式如下。

,的一...(共 10 个字符)

试题程序:

```
#以下代码为提示框架
#请在...处使用一行或多行代码替换
#注意:提示框架的代码可以任意修改,以完成程序功能为准
...
fo = open("PY301 - 2.txt","w")
...
d = {}
...
ls = list(d.items())
ls.sort(key = lambda x:x[1], reverse = True) # 此行可以按照字符频次由高到低排序
...
```

问题 3:在 PY301 - 3. py 文件中修改代码,对"小女孩. txt"文件进行字符频次统计,将所有字符按照频次从高到低排序,字符包括中文、标点、英文等,但不包含空格符和回车符。将排序后的字符及频次输出到考生文件夹下,文件名为"小女孩 - 频次排序. txt"。字符与频次之间采用英文冒号(:)分隔,各字符之间采用英文逗号(,)分隔,参考 CSV 格式,最后无逗号,文件内部示例格式如下。

着:30,那:29,火:29

试题程序:

```
#以下代码为提示框架
#请在...处使用一行或多行代码替换
#注意:提示框架的代码可以任意修改,以完成程序功能为准
...
d = {}
...
ls = list(d.items())
ls.sort(key = lambda x:x[1], reverse = True)
# 此行可以按照字符频次由高到低排序
...
```

第 2 套　无纸化考试题库试题

一、选择题(每题 1 分,共 40 分)

1. 下列叙述中正确的是(　　)。
   A)链表可以是线性结构也可以是非线性结构
   B)链表只能是非线性结构
   C)快速排序也适用于线性链表
   D)二分法查找也适用于有序链表

2. 循环队列的存储空间为 Q(1:50)。经过一系列正常的入队与退队操作后,front = rear = 25。然后又成功地将一个元素退队,此时队列中的元素个数为(　　)。
   A)24　　　　　　　　　B)49　　　　　　　　　C)26　　　　　　　　　D)0

3. 设二叉树中有 20 个叶子节点,5 个度为 1 的节点,则该二叉树中总的节点数为(　　)。
   A)46　　　　　　　　　　　　　　　　B)45
   C)44　　　　　　　　　　　　　　　　D)不可能有这样的二叉树

4. 设栈与队列初始状态为空。首先 A、B、C、D、E 依次入栈,接着 F、G、H、I、J 依次入队;然后依次出队至队空,接着依

次出栈至栈空。则输出序列为(　　)。

A)E、D、C、B、A、F、G、H、I、J
B)E、D、C、B、A、J、I、H、G、F
C)F、G、H、I、J、A、B、C、D、E、
D)F、G、H、I、J、E、D、C、B、A

5. 下面不属于软件工程三要素的是(　　)。

A)环境　　　　　B)工具　　　　　C)过程　　　　　D)方法

6. 程序流程图是(　　)。

A)总体设计阶段使用的表达工具

B)详细设计阶段使用的表达工具

C)编码阶段使用的表达工具

D)测试阶段使用的表达工具

7. 下面属于"对象"成分之一的是(　　)。

A)封装　　　　　B)规则　　　　　C)属性　　　　　D)继承

8. 数据库管理系统能实现对数据库中数据的查询、插入、修改及删除,这类功能称为(　　)。

A)数据控制功能　　B)数据定义功能　　C)数据存储功能　　D)数据操纵功能

9. 实体电影和实体演员之间的联系是(　　)。

A)一对一　　　　　B)多对多　　　　　C)多对一　　　　　D)一对多

10. 定义学生的关系模式如下:

S(S#,Sn,Sex,Age,D#,Da)(其属性分别为学号、姓名、性别、年龄、所属学院、院长)

该关系满足的最高范式是(　　)。

A)1NF　　　　　B)2NF　　　　　C)3NF　　　　　D)BCNF

11. 以下不属于 Python 保留字的是(　　)。

A)class　　　　　B)pass　　　　　C)sub　　　　　D)def

12. 表达式 3＊＊2＊4//6%7 的计算结果是(　　)。

A)3　　　　　B)5　　　　　C)4　　　　　D)6

13. 以下关于 Python 字符串的描述中,错误的是(　　)。

A)在 Python 字符串中,可以混合使用正整数和负整数进行索引和切片

B)Python 字符串采用[N:M]格式进行切片,获取字符串从索引 N 到 M 的子字符串(包含 N 和 M)

C)字符串 'my\\text.dat' 中第一个\表示转义符

D)空字符串可以表示为""或 ''

14. Python 提供 3 种基本的数字类型,它们是(　　)。

A)整数类型、浮点数类型、复数类型

B)整数类型、二进制类型、浮点数类型

C)整数类型、二进制类型、浮点数类型

D)整数类型、二进制类型、复数类型

15. 以下关于语言类型的描述中,正确的是(　　)。

A)静态语言采用解释方式执行,脚本语言采用编译方式执行

B)C 语言是静态语言,Python 是脚本语言

C)编译是将目标代码转换成源代码的过程

D)解释是将源代码一次性转换成目标代码同时逐条运行目标代码的过程

16. 以下的描述中,不属于 Python 控制结构的是(　　)。

A)分支结构　　　　B)程序异常　　　　C)跳转结构　　　　D)顺序结构

17. 以下关于分支结构的描述中,错误的是(　　)。

A)if 语句中语句块执行与否依赖于条件判断

B)if 语句中条件部分可以使用任何能够产生 True 和 False 的语句和函数

C)二分支结构有一种紧凑形式,使用保留字 if 和 elif 实现

D)多分支结构用于设置多个判断条件及其对应的多条执行路径

18.以下代码的输出结果是(　　)。

```
while True:
    guess = eval(input())
    if guess == 0x452//2:
        break
print(guess)
```

A)0x452

B)break

C)553

D)"0x452//2"

19.以下代码的输出结果是(　　)。

```
for s in "grandfather":
    if s == "d" or s == 'h':
        continue
    print(s, end = '')
```

A)grandfather　　　　B)granfater　　　　C)grand　　　　D)father

20.以下关于分支和循环结构的描述中,错误的是(　　)。

A)while 循环只能用来实现无限循环

B)所有的 for 分支都可以用 while 循环改写

C)保留字 break 可以终止一个循环

D)continue 可以停止后续代码的执行,从循环的开头重新执行

21.以下关于函数优点的描述中,正确的是(　　)。

A)函数可以表现程序的复杂度

B)函数可以使程序更加模块化

C)函数可以减少代码多次使用

D)函数便于书写

22.Python 中定义类的关键字是(　　)。

A)def　　　　　　B)class　　　　　　C)function　　　　D)defun

23.以下关于 Python 函数的描述中,错误的是(　　)。

A)可以定义函数接受可变数量的参数

B)定义函数时,某些参数可以赋予默认值

C)函数必须要有返回值

D)函数可以同时返回多个结果

24.以下关于 Python 函数的描述中,错误的是(　　)。

A)Python 程序的 main()函数可以改为其他名称

B)如果 Python 程序包含一个函数 main(),这个函数与其他函数地位相同

C)Python 程序可以不包含 main()函数

D)Python 程序需要包含一个 main()函数且只能包含一个 main()函数

25.以下代码的输出结果是(　　)。

```
for s in "PythonNCRE":
    if s == "N":
        break
    print(s,end = " ")
```

A)PythonCRE　　　　　　　　　　B)N

C)Python

26. 当用户输入 2 时,下面代码的输出结果是(　　)。

```
try:
    n = input("请输入一个整数:")
    def pow2(n):
        return n * *5
    pow2(n)
except:
    print("程序执行错误")
```

A)32

B)2

C)程序没有任何输出

D)程序执行错误

27. 在 Python 中,不属于组合数据类型的是(　　)。

A)浮点数类型　　　　　　　　　　B)字典类型

C)列表类型　　　　　　　　　　　D)字符串类型

28. 以下代码的输出结果是(　　)。

```
lis = list(range(4))
print(lis)
```

A)[0,1,2,3,4]　　　　　　　　　　B)[0,1,2,3]

C)0,1,2,3,　　　　　　　　　　　D)0,1,2,3,4,

29. 以下关于列表变量 ls 操作的描述中,错误的是(　　)。

A)ls. copy():生成一个新列表,复制 ls 的所有元素

B)ls. remove(x):删除 ls 中所有的 x 元素

C)ls. append(x):在 ls 最后增加一个元素

D)ls. reverse():反转列表 ls 中所有元素

30. 以下关于 Python 字典变量的定义中,正确的是(　　)。

A)d = {[1,2]:1,[3,4]:3}

B)d = {1:as,2:sf}

C)d = {(1,2):1,(3,4):3}

D)d = {'python':1,[tea, cat]:2}

31. 列表 listV = list(range(10)),以下能够输出列表 listV 中最小元素的是(　　)。

A)print(min(listV))

B)print(listV. max())

C)print(min(listV()))

D)print(listV. reverse(i)[0])

32. 以下代码的输出结果是(　　)。

```
ls = []
for m in '想念':
    for n in '家人':
        ls. append(m + n)
print(ls)
```

A)想念家人

B)想想念念家家人人

C)想家想人念家念人

D) ['想家 ', '想人 ', '念家 ', '念人 ']

33. Python 读取文件中一行内容的操作是(　　　)。

    A) readtext   B) readline   C) readall   D) read

34. 文件 family. txt 在当前代码所在目录内,其内容是一段文本:We are family。以下代码的输出结果是(　　　)。

    txt　=　open("family. txt" ,"r")

    print(txt)

    txt. close( )

    A) txt   B) family. txt   C) 非其他答案   D) We are family

35. 假设 city. csv 文件内容如下:

    巴哈马,巴林,孟加拉国,巴巴多斯

    白俄罗斯,比利时,伯利兹

    以下代码的输出结果是(　　　)。

    f　=　open("city. csv" ,"r")

    ls　=　f. read( ). split(",")

    f. close( )

    print(ls)

    A) ['巴哈马 ', '巴林 ', '孟加拉国 ', '巴巴多斯\n 白俄罗斯 ', '比利时 ', '伯利兹 ']

    B) ['巴哈马 ', '巴林 ', '孟加拉国 ', '巴巴多斯 ', '白俄罗斯 ', '比利时 ', '伯利兹 ']

    C) ['巴哈马,巴林,孟加拉国,巴巴多斯,白俄罗斯,比利时,伯利兹 ']

    D) ['巴哈马 ', '巴林 ', '孟加拉国 ', '巴巴多斯 ', '\n ', '白俄罗斯 ', '比利时 ', '伯利兹 ']

36. 以下代码的输出结果是(　　　)。

    fo　=　open("book. txt" ,"w")

    ls　=　['C 语言 ', 'Java', 'C#', 'Python']

    fo. writelines(ls)

    fo. close( )

    A) 'C 语言 ''Java''C#''Python'

    B) C 语言 JavaC#Python

    C) [C 语言, Java, C#, Python]

    D) ['C 语言 ', 'Java', 'C#', 'Python']

37. 在读/写文件之前,需要打开文件,使用的函数是(　　　)。

    A) read   B) fopen   C) open   D) CFile

38. 在 Python 中,包含矩阵运算的第三方库是(　　　)。

    A) NumPy   B) PyQt5   C) wordcloud   D) wxPython

39. 在 Python 中,能够处理图像的第三方库是(　　　)。

    A) pyinstaller   B) pyserial   C) pygame   D) PIL

40. 在 Python 中,属于 Web 开发的第三方库是(　　　)。

    A) mayavi   B) flask   C) PyQt5   D) time

二、基本操作题(共 15 分)

    41. 考生文件夹下存在一个文件"PY101. py",请写代码替换横线,不修改其他代码,实现以下功能。

    随机选择一个手机品牌的名称输出。

    试题程序:

    #请在程序的_____处使用一行代码替换

    #注意:请不要修改其他已给出代码

```
import ____(1)____
brandlist = ['三星','苹果','vivo','OPPO','魅族']
random.seed(0)
____(2)____
print(name)
```

42. 考生文件夹下存在一个文件"PY102.py",请写代码替换横线,不修改其他代码,实现以下功能。

用键盘输入一段文本,保存在一个字符串变量 s 中,分别用 Python 内置函数和 jieba 库中已有函数计算字符串 s 的中文字符个数和中文词语个数。注意:中文字符包含中文标点符号。示例格式如下。

键盘输入:

科技是第一生产力

屏幕输出:

中文字符数为 8,中文词语数为 4。

试题程序:

#请在程序的_____处使用一行代码或表达式替换

#注意:请不要修改其他已给出代码

```
import jieba
s = input("请输入一个字符串")
n = ____(1)____
m = ____(2)____
print("中文字符数为{},中文词语数为{}。".format(n, m))
```

43. 考生文件夹下存在一个文件"PY103.py",请写代码替换横线,不修改其他代码,实现以下功能。

某商店出售某品牌的服装,每件定价 150,1 件不打折,2 件(含)到 3 件(含)打九折,4 件(含)到 9 件(含)打八折,10 件(含)以上打七折。用键盘输入购买数量,屏幕输出总额(保留整数)。示例格式如下。

输入:8

输出:总额为:960

试题程序:

#请在程序的...处使用一行或多行代码替换

#注意:请不要修改其他已给出代码

```
n = eval(input("请输入数量:"))
...
print("总额为:",cost)
```

三、简单应用题(共 25 分)

44. 考生文件夹下存在一个文件"PY201.py",请写代码替换横线,不修改其他代码,实现以下功能。

使用 turtle 库的 turtle.right( )函数和 turtle.fd( )函数绘制一个五角星,边长为 200 像素,5 个内角度数为 36 度,效果如下所示。

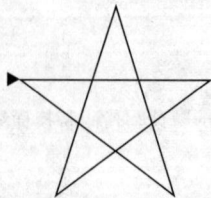

试题程序:

#请在程序的_____处使用一行代码或表达式替换

```
#注意:请不要修改其他已给出代码
from turtle import *
for i in ____(1)____:
    fd(____(2)____)
    ____(3)____
```

45.考生文件夹下存在一个文件"PY202. py",该文件是本题目的代码提示框架,其中代码可以任意修改,请在该文件中编写代码,以实现如下功能。

用键盘输入一组人员的姓名、性别、年龄等信息,信息间采用空格分隔,每个人的信息为一行,按 < Enter > 键结束输入。示例格式如下。

张猛 男 35

杨青 女 18

汪海 男 26

孙倩 女 22

计算并输出这组人员的平均年龄(保留 1 位小数)和其中女性人数,结果保存在考生文件夹下,命名为"PY202. txt"。格式如下。

平均年龄是 25.2 女性人数是 2

试题程序:

```
#以下代码为提示框架
#请在程序的...处使用一行或多行代码替换
#请在程序的_____处使用一行代码替换
#注意:提示框架的代码可以任意修改,以完成程序功能为准
fo = open("PY202.txt","w")
data = input("请输入一组人员的姓名、性别、年龄:") # 姓名 性别 年龄
...
while data:
    ...
    data = input("请输入一组人员的姓名、性别、年龄:")
...
fo.write("平均年龄是{:.1f} 女性人数是{}".format(_____))
fo.close()
```

四、综合应用题(共 20 分)

46.考生文件夹下存在 3 个 Python 源文件,分别对应 3 个问题,请按照文件内说明修改代码,实现以下功能。

法定节假日是根据各国、各民族的风俗习惯或纪念要求,由国家法律统一规定的用以庆祝及度假的休息时间。法定节假日制度是国家政治、经济、文化制度的重要反映,涉及经济社会的多个方面,涉及广大人民群众的切身利益。法定节假日的安排,为居民出行、购物和休闲提供了时间上的便利,为拉动内需、促进经济增长做出了积极贡献。给出一个某年的节假日的放假日期 CSV 文件(PY301 - vacations. csv),内容示例如下。

序号	节假日名称	开始月日	结束月日
1	元旦	1230	0101
2	春节	0215	0221
3	清明节	0405	0407

| 4 | 劳动节 | 0501 | 0503 |
| 5 | 端午节 | 0616 | 0618 |

...

以第 1 行为例,1230 表示 12 月 30 日,0101 表示 1 月 1 日。

问题 1:在"PY301 - 1. py"文件中修改代码,读入 CSV 文件中的数据,获得用户输入。根据用户输入的节假日名称,输出此节假日的时间范围。

输入和输出示例格式如下。

请输入节假日名称(例如,春节):春节

春节的假期位于 0215 ~ 0221 之间

试题程序:

#以下代码为提示框架

#请在程序的...处使用一行或多行代码替换

#请在程序的_____处使用一行代码替换

#注意:提示框架的代码可以任意修改,以完成程序功能为准

```
...
ls = []
...
        print("{}的假期位于{} - {}之间".format(_____))
```

问题 2:在"PY301 - 2. py"文件中修改代码,读入 CSV 文件的数据,获得用户输入。用户输入一组范围是 1 ~ 7 的整数作为序号,序号间采用空格符分隔,以回车符结束。输出这些序号对应的节假日的名称、时间范围,每个节假日的信息一行。本次输出完成后,重新回到输入序号的状态。

输入和输出示例格式如下。

请输入节假日序号:1 5

元旦(1)假期是 12 月 30 日至 01 月 01 日之间

端午节假期(5)是 06 月 16 日至 06 月 18 日之间

请输入节假日序号:

试题程序:

#以下代码为提示框架

#请在程序的...处使用一行或多行代码替换

#注意:提示框架的代码可以任意修改,以完成程序功能为准

```
...
ls = []
...
        print("{}({})假期是{}月{}日至{}月{}日之间".format(_____))
```

问题 3:在问题 2 的基础上,在"PY301 - 3. py"文件中修改代码,对输入的每个序号做合法性处理。如果输入的数字不合法,请输出"输入节假日编号有误!",继续输出后续信息,然后重新回到输入序号的状态。

输入和输出示例格式如下。

请输入节假日序号: 5 14 11

端午节(5)假期是 06 月 16 日至 06 月 18 日之间

输入节假日编号有误!

输入节假日编号有误!

请输入节假日编号:

试题程序:

```
#以下代码为提示框架
#请在程序的...处使用一行或多行代码替换
#请在程序的_____处用一行代码替换
#注意:提示框架的代码可以任意修改,以完成程序功能为准
...
ls = []
...
    print("{}({})假期是{}月{}日至{}月{}日之间".format(_____))
...
    if flag = = False:
        print("输入节假日编号有误!")
...
```

第 3 套　无纸化考试题库试题

一、选择题(每题 1 分,共 40 分)

1. 下列叙述中正确的是(　　)。
   A)快速排序适用于顺序存储的线性表
   B)快速排序适用于链式存储的线性表
   C)链式存储的线性表不可能排序
   D)堆排序适用于非线性结构

2. 循环队列的存储空间为 Q(1:50)。经过一系列正常的入队与退队操作后,front = rear = 25。然后又成功地将一个元素入队,此时队列中的元素个数为(　　)。
   A)50　　　　　　　　B)1　　　　　　　　C)26　　　　　　　　D)2

3. 某树的度为 3,且有 9 个度为 3 的节点,5 个度为 1 的节点,但没有度为 2 的节点。则该树总的节点数为(　　)。
   A)32　　　　　　　　B)14　　　　　　　　C)33　　　　　　　　D)19

4. 设栈与队列初始状态为空。首先 A、B、C、D、E 依次入栈,再 F、G、H、I、J 依次入队;然后依次出栈至栈空,再依次出队至队空。则输出序列为(　　)。
   A)F,G,H,I,J,A,B,C,D,E
   B)F,G,H,I,J,E,D,C,B,A
   C)E,D,C,B,A,J,I,H,G,F
   D)E,D,C,B,A,F,G,H,I,J

5. 属于结构化程序设计原则的是(　　)。
   A)模块化　　　　　　　　　　　　　B)可继承性
   C)可封装性　　　　　　　　　　　　D)多态性

6. 确定软件项目是否进行开发的文档是(　　)。
   A)需求分析规格说明书　　　　　　　B)可行性报告
   C)软件开发计划　　　　　　　　　　D)测试报告

7. 基本路径测试属于(　　)。
   A)黑盒测试方法且是静态测试　　　　B)黑盒测试方法且是动态测试
   C)白盒测试方法且是动态测试　　　　D)白盒测试方法且是静态测试

8. 关系数据库中的键是指(　　)。
   A)关系的所有属性
   B)关系的名称

C) 关系的专用保留字

D) 能唯一标识元组的最小属性或属性集

9. 商品销售的售货单和商品之间的联系是(　　　)。

A) 多对多　　　　　　B) 一对多　　　　　　C) 多对一　　　　　　D) 一对一

10. 定义学生选修课程的关系模式如下:

SC (S#, Sn, C#, Cn, G, Cr)(其属性分别为学号、姓名、课程号、课程名、成绩、学分)

则对主属性部分依赖的是(　　　)。

A)(S#,C#)→G　　B)S#→Sn　　　　　C)(S#,C#)→S#　　D)(S#,C#)→C#

11. 在 Python 中,可以作为源文件扩展名的是(　　　)。

A) png　　　　　　　B) pdf　　　　　　　C) py　　　　　　　D) ppt

12. 以下不属于 Python 保留字的是(　　　)。

A) goto　　　　　　　B) False　　　　　　C) True　　　　　　D) pass

13. 以下代码的输出结果是(　　　)。

print(0.1 + 0.2 == 0.3)

A) − 1　　　　　　　B) True　　　　　　C) False　　　　　　D) 0

14. 以下关于 Python 字符编码的描述中,正确的是(　　　)。

A) Python 字符编码使用 ASCII 值存储

B) chr(x) 和 ord(x) 函数用于在单字符和 Unicode 值之间进行转换

C) print(chr('a')) 输出 97

D) print(ord(65)) 输出 A

15. 以下代码的输出结果是(　　　)。

a = 10.99

print(complex(a))

A) 0.99　　　　　　　B) 10.99i + j　　　　C) 10.99　　　　　　D)(10.99 + 0j)

16. 以下保留字不属于分支或循环逻辑的是(　　　)。

A) elif　　　　　　　B) do　　　　　　　C) for　　　　　　　D) while

17. 在 Python 中,使用 for − in − 方式形成的循环不能遍历的类型是(　　　)。

A) 列表　　　　　　　B) 复数　　　　　　C) 字符串　　　　　　D) 字典

18. 以下关于 Python 的 try 语句的描述中,错误的是(　　　)。

A) try 用来捕捉执行代码发生的异常,处理异常后能够回到异常处继续执行

B) 执行 try 代码块触发异常后,会执行 except 后面的语句

C) 一个 try 代码块可以对应多个处理异常的 except 代码块

D) try 代码块不触发异常时,不会执行 except 后面的语句

19. Python 中用来表示代码块所属关系的语法是(　　　)。

A) 花括号　　　　　　B) 圆括号　　　　　　C) 缩进　　　　　　D) 冒号

20. 以下描述错误的是(　　　)。

A) Python 是一门动态的解释型语言

B) 当 Python 脚本程序发生了异常,如果不处理,运行结果不可预测

C) 编程语言中的异常和错误是完全相同的概念

D) Python 通过 try、except 等保留字提供异常处理功能

21. 以下关于 Python 函数的描述中,错误的是(　　　)。

A) 函数代码是可以重复使用的

B) 每次使用函数需要提供相同的参数作为输入

C) 函数通过函数名进行调用

D) 函数是一段具有特定功能的语句组

![考试蚁 EXAMINANT]

大学生考试
就用考试蚁APP

关于考试蚁

　　考试蚁 App 一款面向大学生考试的专业服务平台，现已推出「计算机等级考试」「校园驾考」，即将发布「英语四六级」「考研」「考公务员」考试科目，更多考试科目持续更新中。

　　考试蚁将用科技的手段，助力考生轻松备战考试：数字化产品，随时随地刷题；视频化课程，重点难点轻松掌握；模拟真实场景，考场模式线上体验。

　　考试蚁让学习更高效，考试更轻松。

真题试卷
收录近年真题
随时随地快速刷
题、快乐学习

名师课堂
资深名师系统
剖析，重点难点
在线学习

智能评测
实战演练，视频
解析，薄弱环节
精准突破

22. 函数中定义了3个参数,其中2个参数都指定了默认值,调用函数时参数个数最少是(　　)。

 A)0   B)2   C)1   D)3

23. 以下关于Python函数的描述中,正确的是(　　)。

 A)函数eval()可以用于数值表达式的求值,如eval("2 * 3 + 1")

 B)Python中,def和return是函数必须使用的保留字

 C)Python函数定义中没有对参数指定类型,这说明参数在函数中可以当作任意类型使用

 D)一个函数中只允许有一条return语句

24. 关于以下代码的描述中,正确的是(　　)。

```
def func(a,b):
    c = a ** 2 + b
    b = a
    return c
a = 10
b = 2
c = func(b,a) + a
```

 A)执行该函数后,变量c的值为112

 B)该函数名称为fun

 C)执行该函数后,变量b的值为2

 D)执行该函数后,变量b的值为10

25. 以下关于Python全局变量和局部变量的描述中,错误的是(　　)。

 A)局部变量在使用过后立即被释放

 B)全局变量一般没有缩进

 C)全局变量和局部变量的命名不能相同

 D)一个程序中的变量包含两类:全局变量和局部变量

26. 以下的函数定义中,错误的是(　　)。

 A)def vfunc(s,a = 1, * b):

 B)def vfunc(a = 3,b):

 C)def vfunc(a, ** b):

 D)def vfunc(a,b = 2):

27. 以下关于Python列表的描述中,正确的是(　　)。

 A)列表的长度和内容都可以改变,但元素类型必须相同

 B)不可以对列表进行成员运算操作、长度计算及分片

 C)列表的索引是从1开始的

 D)可以使用比较操作符(如 > 、< 等)对列表进行比较

28. 以下关于Python字典的描述中,错误的是(　　)。

 A)在Python中,用字典来实现映射,通过整数索引来查找其中的元素

 B)在定义字典对象时,键和值用冒号连接

 C)字典中的键值对之间没有顺序并且不能重复

 D)字典中引用与特定键对应的值,用字典名称和方括号中包含键名的格式

29. 以下用来处理Python字典的方法中,正确的是(　　)。

 A)interleave   B)get   C)insert   D)replace

30. 以下代码的输出结果是(　　)。

```
ls = ['book',666,[2018,'python',314],20]
print(ls[2][1][-2])
```

 A)n   B)python   C)o   D)结果错误

31. 以下代码的输出结果是(　　)。

    d = {'food':{'cake':1,'egg':5}}

    print(d.get('egg','no this food'))

    A) egg　　　　　　　　B) 1　　　　　　　　C) food　　　　　　　　D) no this food

32. 以下代码的输出结果是(　　)。

    a = [[1,2,3],[4,5,6],[7,8,9]]

    s = 0

    for c in a:

    　　for j in range(3):

    　　　　s += c[j]

    print(s)

    A) [1,2,3,4,5,6,7,8,9]

    B) 45

    C) 24

    D) 0

33. 以下关于 Python 文件打开模式的描述中,错误的是(　　)。

    A) 只读模式是 r　　　B) 覆盖写模式是 w　　　C) 追加写模式是 a　　　D) 创建写模式是 n

34. 以下关于 CSV 文件的描述中,正确的是(　　)。

    A) CSV 文件只能采用 Unicode 编码表示字符

    B) CSV 文件的每一行是一维数据,可以使用 Python 的元组类型表示

    C) CSV 文件是一种通用的文件,主要用于不同程序之间的数据交换

    D) CSV 文件是一个一维数据

35. 给定列表 ls = [1,2,3,"1","2","3"],其元素包含两种数据类型,列表 ls 的数据组织维度是(　　)。

    A) 二维数据　　　　　B) 一维数据　　　　　C) 多维数据　　　　　D) 高维数据

36. 在 Python 中,使用 open()打开 Windows 操作系统 D 盘下的一个文件,路径名错误的是(　　)。

    A) D:\PythonTest\a.txt

    B) D:\\PythonTest\\a.txt

    C) D:/PythonTest/a.txt

    D) D://PythonTest//a.txt

37. 在 Python 中,将二维数据写入 CSV 文件,最可能使用的函数是(　　)。

    A) write()　　　　　B) split()　　　　　C) join()　　　　　D) exists()

38. 以下不属于 Python 数据分析领域第三方库的是(　　)。

    A) scrapy　　　　　B) NumPy　　　　　C) pandas　　　　　D) matplotlib

39. 在 Python 中,用来安装第三方库的工具是(　　)。

    A) install　　　　　B) pip　　　　　C) PyQt5　　　　　D) pyinstaller

40. 以下属于 Python 机器学习领域第三方库的是(　　)。

    A) turtle　　　　　B) NumPy　　　　　C) pygame　　　　　D) mxnet

二、基本操作题(共 15 分)

　　41. 考生文件夹下存在一个文件"PY101.py",请写代码替换横线,不修改其他代码,实现以下功能。

　　用键盘输入正整数 *n*,按要求把 *n* 输出到屏幕。格式要求:宽度为 30 个字符,以 @ 填充,右对齐,带千位分隔符。如果输入的正整数超过 30 位,则按照真实长度输出。

　　例如:用键盘输入的正整数 *n* 为 5201314,屏幕输出 @@@@@@@@@@@@@@@@@@@@@@@5,201,314

　　试题程序:

#请在程序的_____处使用一行代码或表达式替换

#注意:请不要修改其他已给出代码

```
n = eval(input("请输入正整数:"))
print("{_____}".format(n))
```

42.考生文件夹下存在一个文件"PY102.py",请写代码替换横线,不修改其他代码,实现以下功能。

a 和 b 是两个列表变量,列表 a 为[11,3,8]已给定,输入列表 b,计算 a 中元素与 b 中对应元素乘积的累加和。

例如:输入的列表 b 为[4,5,2],累加和为 11 * 4 + 5 * 3 + 8 * 2 = 75,因此,屏幕输出的计算结果为 75。

试题程序:

#请在程序的_____处使用一行代码或表达式替换

#注意:请不要修改其他已给出代码

```
a = [11,3,8]
b = eval(input()) #例如:[4,5,2]
____(1)____
for i in ____(2)____:
    s + = a[i]* b[i]
print(s)
```

43.考生文件夹下存在一个文件"PY103.py",请写代码替换横线,不修改其他代码,实现以下功能。

以 255 为随机数种子,随机生成 5 个在 1 ~ 50 的随机数(包含 1 和 50),每个随机数后跟随一个空格进行分隔,屏幕输出这 5 个随机数。

试题程序:

#请在_____处使用一行代码或表达式替换

#注意:请不要修改其他已给出代码

```
import random
____(1)____
for i in range(____(2)____):
    print(____(3)____, end = " ")
```

三、简单应用题(共 25 分)

44.考生文件夹下存在一个文件"PY201.py",请写代码替换横线,不修改其他代码,实现以下功能。

使用 turtle 库的 turtle. fd( )函数和 turtle. seth( )函数绘制一个边长为 200 像素、画笔为 2 号的正五边形,正五边形 5 个内角均为 108 度。效果如下所示,箭头也应严格一致。

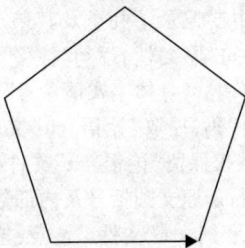

试题程序:

#请在_____处使用一行代码替换

#注意:请不要修改其他已给出代码

```
import turtle
turtle.pensize(2)
d = ____(1)____
```

```
for i in range(5):
    turtle.seth(d)
    d += ___(2)___
    turtle.fd(___(3)___)
```

45.考生文件夹下存在一个文件"PY202.py",请在该文件中作答,实现以下功能。

输入某班各个同学就业的职业名称,职业名称之间用空格符间隔(按<Enter>键结束输入)。完善Python代码,统计各职业就业的学生数量,按数量从大到小的顺序输出。例如输入:

护士 导游 老师 护士 老师 老师

输出参考格式如下,结果保存在考生文件夹下,命名为"PY202.txt"(其中内容的冒号为英文冒号)。

老师:3

护士:2

导游:1

试题程序:

```
#以下代码为提示框架
#请在程序的...处使用一行或多行代码替换
#请在程序的_____处使用一行代码替换
#注意:提示框架的代码可以任意修改,以完成程序功能为准
fo = open("PY202.txt","w")
names = input("请输入各个同学职业名称,职业名称之间用空格间隔(按<Enter>键结束输入):")
...
d = {}
...
ls = list(d.items())
ls.sort(key = lambda x:x[1], reverse = True) #按照数量排序
for k in ls:
    fo.write("{}:{}".format(_____))
fo.close()
```

四、综合应用题(共20分)

46.考生文件夹下存在2个Python源文件和3个文本文件,分别对应两个问题,请按照文件内说明修改代码,实现以下功能。

《论语》是儒家学派的经典著作之一,主要记录了孔子及其弟子言行。这里给出了一个网络版本的《论语》,文件名称为"论语.txt",其内容采用逐句"原文"与逐句"注释"相结合的形式组织,通过【原文】标记《论语》原文内容,通过【注释】标记《论语》注释内容,具体格式请参考"论语.txt"文件。

问题1:在"PY301-1.py"文件中修改代码,提取"论语.txt"文件中的原文内容,输出保存到考生文件夹下,文件名为"论语-原文.txt"。具体要求:仅保留"论语.txt"文件中所有【原文】标签下面的内容,不保留标签,并去掉每行行首空格及行尾空格,无空行。原文圆括号及内部数字是源文件中注释内容的标记,请保留。文件输出格式请参考"论语-原文-输出示例.txt"文件。注意:输出示例仅帮助考生了解输出格式,不作它用。

试题程序:

```
#以下代码为提示框架
#请在程序的...处使用一行或多行代码替换
#请在程序的_____处使用一行代码替换
#注意:提示框架的代码可以任意修改,以完成程序功能为准
```

```
fi = open("论语.txt", _____)
fo = open("论语 - 原文.txt", _____)
...
for line in fi:
    ...
        fo.write(line.lstrip())
...
```

问题 2:在"PY301 - 2. py"文件中修改代码,对"论语 - 原文. txt"或"论语. txt"文件进一步提纯,去掉每行文字中所有圆括号及内部数字,保存为"论语 - 提纯原文. txt"文件。文件输出格式请参考"论语 - 提纯原文 - 输出示例. txt"文件。注意:示例输出文件仅帮助考生了解输出格式,不做它用。

试题程序:

```
#以下代码为提示框架
#请在程序的...处使用一行或多行代码替换
#请在程序的_____处使用一行代码替换
#注意:提示框架的代码可以任意修改,以完成程序功能为准
fi = open("论语 - 原文.txt", _____)
fo = open("论语 - 提纯原文.txt", _____)
for line in fi:
    ...
        line = line.replace(_____)
...
```

视频解析

第 4 套　无纸化考试题库试题

一、选择题(每题 1 分,共 40 分)

1. 在最坏情况下,比较次数相同的是(　　)。
   A)冒泡排序与快速排序
   B)简单插入排序与希尔排序
   C)简单选择排序与堆排序
   D)快速排序与希尔排序

2. 设二叉树的中序序列为 BCDA,前序序列为 ABCD,则后序序列为(　　)。
   A)CBDA
   B)DCBA
   C)BCDA
   D)ACDB

3. 树的度为 3,且有 9 个度为 3 的节点,5 个度为 1 的节点,但没有度为 2 的节点。则该树中的叶子节点数为(　　)。
   A)18
   B)33
   C)19
   D)32

4. 下列叙述中错误的是(　　)。
   A)向量属于线性结构
   B)二叉链表是二叉树的存储结构
   C)栈和队列是线性表
   D)循环链表是循环队列的链式存储结构

5. 下面对软件特点描述错误的是(　　)。
   A)软件的使用存在老化问题
   B)软件的复杂性高
   C)软件是逻辑实体,具有抽象性
   D)软件的运行对计算机系统具有依赖性

6. 数据流图的作用是(　　)。
   A)描述软件系统的控制流
   B)支持软件系统的功能建模
   C)支持软件系统的面向对象分析
   D)描述软件系统的数据结构

7. 结构化程序的 3 种基本控制结构是(　　)。
   A)递归、堆栈及队列
   B)过程、子程序及函数

C)顺序、选择及重复　　　　　　　　　　　　D)调用、返回及转移

8. 同一个关系模型的任意两个元组值(　　　)。
　　A)可以全相同　　　　B)不能全相同　　　　C)必须全相同　　　　D)以上都不对

9. 在银行业务中,实体客户和实体银行之间的联系是(　　　)。
　　A)一对一　　　　　　B)一对多　　　　　　C)多对一　　　　　　D)多对多

10. 定义学生选修课程的关系模式如下:
　　SC (S#,Sn,C#,Cn,G,Cr)(其属性分别为学号、姓名、课程号、课程名、成绩、学分)
　　则对主属性部分依赖的是(　　　)。
　　A)C#→Cn　　　　　B)(S#,C#)→G　　　　C)(S#,C#)→S#　　　　D)(S#,C#)→C#

11. 在 Python 中,IPO 模式不包括(　　　)。
　　A)Program (程序)　　　　　　　　　　　　B)Input (输入)
　　C)Process (处理)　　　　　　　　　　　　D)Output (输出)

12. 拟在屏幕上输出 Hello World,使用的 Python 语句是(　　　)。
　　A)printf('Hello World')　　　　　　　　　　B)print(Hello World)
　　C)print("Hello World")　　　　　　　　　　D)printf("Hello World")

13. 以下关于二进制整数的定义,正确的是(　　　)。
　　A)0B1014　　　　　　B)0b1010　　　　　　C)0B1019　　　　　　D)0bC3F

14. 以下关于 Python 的复数类型的描述中,错误的是(　　　)。
　　A)复数可以进行四则运算
　　B)实部不可以为 0
　　C)Python 可以使用 z.real 和 a.imag 分别获取它的实部和虚部
　　D)复数类型与数学中复数的概念一致

15. 以下变量名中,符合 Python 变量命名规则的是(　　　)。
　　A)33_keyword　　　　B)key@ word33_　　　C)nonlocal　　　　　D)_33keyword

16. 以下关于 Python 分支的描述中,错误的是(　　　)。
　　A)Python 分支结构使用保留字 if、elif 及 else 来实现,每个 if 后面必须有 elif 或 else
　　B)if-else 结构是可以嵌套的
　　C)if 语句会判断 if 后面的逻辑表达式,当表达式为真时,执行 if 后的语句块
　　D)缩进是 Python 分支语句的语法部分,缩进不正确会影响分支功能

17. 列表变量 ls 共包含 10 个元素,ls 索引的取值范围是(　　　)。
　　A)(0,10)　　　　　　B)[0,10]　　　　　　C)(1,10)　　　　　　D)[0,9]

18. 用键盘输入数字 5,以下代码的输出结果是(　　　)。
```
n = eval(input("请输入一个整数:"))
s = 0
if n >=5:
    n -= 1
    s = 4
if n <5:
    n -= 1
    s = 3
print(s)
```
　　A)4　　　　　　　　　B)3　　　　　　　　　C)0　　　　　　　　　D)2

19. 以下关于 Python 循环结构的描述中,错误的是(　　　)。
　　A)while 循环使用关键字 continue 结束本次循环
　　B)while 循环可以使用保留字 break 和 continue

C）while 循环也叫遍历循环,用来遍历序列中的元素,默认提取每个元素并执行一次循环体

D）while 循环使用 pass 语句,则什么事也不做,只是空占位语句

20. 用键盘输入数字 10,以下代码的输出结果是(　　　)。

```
try:
    n = input("请输入一个整数:")
    def pow2(n):
        return n * n
except:
    print("程序执行错误")
```

A）100　　　　　　　　B）10　　　　　　　C）程序执行错误　　　　　D）程序没有任何输出

21. 以下关于 Python 的 return 语句的描述中,正确的是(　　　)。

A）函数只能返回一个值　　　　　　　　　　B）函数必须有 return 语句

C）函数可以没有 return 语句　　　　　　　D）函数中最多只有一个 return 语句

22. 以下关于 Python 全局变量和局部变量的描述中,错误的是(　　　)。

A）当函数退出时,局部变量依然存在,下次函数调用可以继续使用

B）全局变量一般指定义在函数之外的变量

C）使用 global 保留字声明后,变量可以作为全局变量使用

D）局部变量在函数内部创建和使用,函数退出后变量被释放

23. 以下代码的输出结果是(　　　)。

```
CLis = list(range(5))
print(5 in CLis)
```

A）True　　　　　　　B）False　　　　　　C）0　　　　　　　D）-1

24. 关于以下代码的描述中,正确的是(　　　)。

```
def fact(n):
    s = 1
    for i in range(1,n+1):
        s *= i
    return s
```

A）代码中 n 是可选参数

B）fact(n) 函数功能为求 n 的阶乘

C）s 是全局变量

D）range() 函数的范围是[1,n+1]

25. 以下代码的输出结果是(　　　)。

```
def func(a,b):
    a **= b
    return a
s = func(2,5)
print(s)
```

A）10　　　　　　　　B）20　　　　　　　C）32　　　　　　　D）5

26. 以下代码的输出结果是(　　　)。

```
ls = ["apple","red","orange"]
def funC(a):
    ls.append(a)
    return
funC("yellow")
```

print(ls)

A)[ ]

B)["apple","red","orange"]

C)["yellow"]

D)["apple","red","orange","yellow"]

27. 以下描述中,错误的是(　　)。

A)Python 通过索引来访问列表中元素,索引可以是负整数

B)列表用方括号来定义,继承了序列类型的所有属性和方法

C)Python 列表是各种类型数据的集合,列表中的元素不能够被修改

D)Python 的列表类型能够包含其他的组合数据类型

28. 以下描述中,正确的是(　　)。

A)如果 s 是一个序列, s =[1,"kate",True],s[3] 返回 True

B)如果 x 不是 s 的元素, x not in s 返回 True

C)如果 x 是 s 的元素, x in s 返回 1

D)如果 s 是一个序列, s =[1,"kate",False],s[-1] 返回 True

29. 以下代码的输出结果是(　　)。

S = 'Pame'

for i in range(len(S)):

　　print(S[-i],end="")

A)Pame B)emaP C)ameP D)Pema

30. 以下代码的输出结果是(　　)。

for s in "HelloWorld":

　　if s=="W":

　　　　continue

　　print(s,end="")

A)World B)Hello C)Helloorld D)HelloWorld

31. 下面的 d 是一个字典变量,能够输出数字 2 的语句是(　　)。

d = {'food':{'cake':1,'egg':5},'cake':2,'egg':3}

A)print(d['food']['egg']) B)print(d['cake'])

C)print(d['food'][-1]) D)print(d['cake'][1])

32. 以下代码的输出结果是(　　)。

s =[4,2,9,1]

s. insert(3,3)

print(s)

A)[4,2,9,1,2,3] B)[4,3,2,9,1]

C)[4,2,9,2,1] D)[4,2,9,3,1]

33. 在 Python 中,进行写文件操作时定位到某个位置所用到的方法是(　　)。

A)write() B)writeall() C)seek() D)writetext()

34. 以下对 Python 文件处理的描述中,错误的是(　　)。

A)当文件以文本方式打开时,读/写按照字节流方式

B)Python 能够以文本和二进制两种方式处理文件

C)Python 通过解释器内置的 open() 函数打开一个文件

D)文件使用结束后可以用 close() 方法关闭,释放文件的使用授权

35. 以下关于 Python 二维数据的描述中,错误的是(　　)。

A)表格数据属于二维数据,由整数索引的数据构成

B)二维数据由多条一维数据构成,可以看作一维数据的组合形式

C)一种通用的二维数据存储文件是 CSV 文件

D)CSV 文件的每行表示一个一维数据,用英文逗号分隔

36. 在 Python 中,读入 CSV 文件保存的二维数据,按特定分隔符抽取信息,最可能用到的函数是(　　)。

A)read( )　　　　B)join( )　　　　C)replace( )　　　　D)split( )

37. 以下代码执行后,book.txt 文件的内容是(　　)。

```
fo = open("book.txt","w")
ls = ['book','23','201009','20']
fo.write(str(ls))
fo.close()
```

A)['book','23','201009','20']　　　　B)book,23,201009,20

C)[book,23,201009,20]　　　　D)book2320100920

38. 在 Python 中,属于网络爬虫领域的第三方库是(　　)。

A)wordcloud　　　　B)NumPy　　　　C)Scrapy　　　　D)PyQt5

39. 在 Python 中,用于数据分析的第三方库是(　　)。

A)pandas　　　　B)PIL　　　　C)Django　　　　D)Flask

40. 在 Python 中,不属于机器学习领域第三方库的是(　　)。

A)TensorFlow　　　　B)time　　　　C)pytorch　　　　D)mxnet

二、基本操作题(共 15 分)

41. 考生文件夹下存在一个文件"PY101.py",请写代码替换横线,实现以下功能。

用键盘输入 4 个数字,各数字采用空格分隔,对应为变量 x0、y0、x1、y1。计算两点(x0,y0)和(x1,y1)之间的距离,屏幕输出这个距离,保留 1 位小数。示例格式如下。

用键盘输入:3 4 8 0　屏幕输出:6.4

试题程序:

```
#请在程序的_____处使用一行代码或表达式替换
#注意:请不要修改其他已给出代码
ntxt = input("请输入4个数字(空格分隔):")
____(1)____
x0 = eval(nls[0])
y0 = eval(nls[1])
x1 = eval(nls[2])
y1 = eval(nls[3])
r = pow(pow(x1-x0,2) + pow(y1-y0,2), ____(2)____)
print("{:.1f}".format(r))
```

42. 考生文件夹下存在一个文件"PY102.py",请写代码替换横线,不修改其他代码,实现以下功能。

用键盘输入一段中文文本,不含标点符号和空格,命名为变量 s,采用 jieba 库对其进行分词,输出该文本中词语的平均长度,保留 1 位小数。示例格式如下。

用键盘输入:黑化肥发灰会挥发　屏幕输出:2.7

试题程序:

```
#请在程序的_____处使用一行代码或表达式替换
#注意:请不要修改其他已给出代码
import ____(1)____
txt = input("请输入一段中文文本:")
```

```
____(2)____
print("{:.1f}".format(len(txt)/len(ls)))
```

43. 考生文件夹下存在一个文件“PY103. py”，请写代码替换横线，不修改其他代码，实现以下功能。

视频解析

用键盘输入一个 9800 ~ 9811 的正整数 n，作为 Unicode 编码，把 $n-1$、n、$n+1$ 这 3 个 Unicode 值对应字符按照如下格式要求输出到屏幕：宽度为 11 个字符、加号字符（+）填充、居中。

用键盘输入：9802 屏幕输出。+ + + + ♉♊♋ + + + +

试题程序：

```
#请在程序的________处使用一行代码或表达式替换
#注意：请不要修改其他已给出代码
n = eval(input("请输入一个数字："))
print("{____(1)____}".format(____(2)____))
```

视频解析

三、简单应用题（共 25 分）

44. 考生文件夹下存在一个文件“PY201. py”，请写代码替换横线，不修改其他代码，实现以下功能。

使用 turtle 库的 turtle. fd( ) 函数和 turtle. seth( ) 函数绘制一个正方形，边长为 200 像素，效果如下所示。

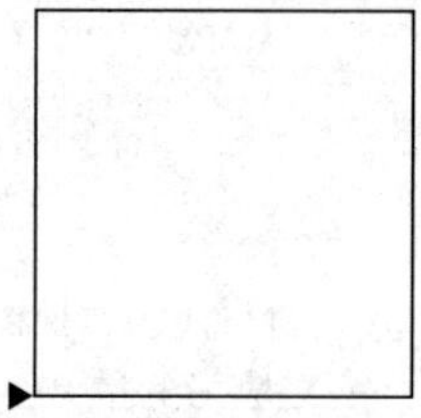

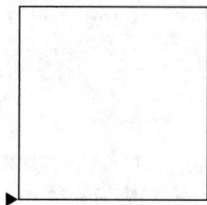

试题程序：

```
#请在程序的________处使用一行代码或表达式替换
#注意：请不要修改其他已给出代码
import turtle
d = 0
for i in range(____(1)____):
    turtle.fd(____(2)____)
    d = ____(3)____
    turtle.seth(d)
```

视频解析

45. 考生文件夹下存在一个文件“PY202. py”，该文件是本题目的代码提示框架，其中代码可以任意修改。请在该文件中编写代码，以实现如下功能。

用键盘输入某同学的课程名及成绩等信息，信息间采用空格符分隔，每个课程一行，按 <Enter> 键结束输入，示例格式如下。

数学 98
语文 89
英语 94
物理 74
科学 87

输出得分最高的课程名及成绩，得分最低的课程名及成绩，以及平均分（保留 2 位小数），结果保存在考生文件夹下，命名为“PY202. txt”。

注意，其中逗号为英文逗号，格式如下。

最高分课程是数学 98，最低分课程是物理 74，平均分是 88.40

试题程序：

```
#以下代码为提示框架
#请在程序的...处使用一行或多行代码替换
#请在程序的_____处使用一行代码替换
#注意:提示框架的代码可以任意修改,以完成程序功能为准
fo = open("PY202.txt","w")
data = input("请输入课程名及对应的成绩:") # 课程名 成绩
...
while data:
    ...
    data = input("请输入课程名及对应的成绩:")
...
fo.write("最高分课程是{} {},最低分课程是{} {},平均分是{:.2f}".format
(_____))
fo.close()
```

视频解析

四、综合应用题(共 20 分)

46. 考生文件夹下存在两个 Python 源文件,分别对应两个问题,请按照文件内说明修改代码,实现以下功能。

下面所示为一套由公司职员随身佩戴的位置传感器采集的数据,文件名称为"sensor.txt",其内容示例如下:

```
2016/5/31 0:05,    vawelon001,1,1
2016/5/31 0:20,    earpa001,1,1
2016/5/31 2:26,    earpa001,1,6
...
```

第 1 列是传感器获取数据的时间,第 2 列是传感器的编号,第 3 列是传感器所在的楼层,第 4 列是传感器所在的位置区域编号。

问题 1:在"PY301 – 1. py"文件中修改代码,读入"sensor. txt"文件中的数据,提取出传感器编号为 earpa001 的所有数据,将结果输出保存到"earpa001. txt"文件。输出文件的格式要求:原数据文件中的每行记录写入新文件中,行尾无空格,无空行。参考格式如下。

```
2016/5/31 7:11,    earpa001,2,4
2016/5/31 8:02,    earpa001,3,4
2016/5/31 9:22,    earpa001,3,4
...
```

试题程序：

```
#以下代码为提示框架
#请在程序的...处使用一行或多行代码替换
#请在程序的_____处使用一行代码替换
#注意:提示框架的代码可以任意修改,以完成程序功能为准
...
for line in _____:
...
    fo.write('{},{},{},{}\n'.format(_____))
...
```

问题 2:在"PY301 – 2. py"文件中修改代码,读入"earpa001. txt"文件中的数据。统计 earpa001 对应的职

员在各楼层和区域出现的次数,保存到"earpa001_count.txt"文件。每条记录一行,位置信息和出现的次数之间用逗号隔开,行尾无空格,无空行。参考格式如下。

1-1,5

1-4,3

...

含义如下:

第1行"1-1,5"中1-1表示1楼1号区域,5表示出现5次;

第2行"1-4,3"中1-4表示1楼4号区域,3表示出现3次。

试题程序:

#以下代码为提示框架

#请在程序的...处使用一行或多行代码替换

#请在程序的_____处使用一行代码替换

#注意:提示框架的代码可以任意修改,以完成程序功能为准

```
...
d = {}
...
ls = list(d.items())
ls.sort(key = lambda x:x[1], reverse = True)  # 该语句用于排序
...
    fo.write('{},{}\n'.format(_____))
...
```

第5套　无纸化考试题库试题

一、选择题(每题1分,共40分)

1. 设线性表的长度为12。最坏情况下冒泡排序需要的比较次数为( )。

   A)66　　　　　　　B)78　　　　　　　C)144　　　　　　　D)60

2. 设栈与队列初始状态为空。将元素 A、B、C、D、E、F、G、H 依次轮流入栈和入队,然后依次轮流退队和出栈,则输出序列为( )。

   A)G,B,E,D,C,F,A,H　　　　　　　B)B,G,D,E,F,C,H,A

   C)D,C,B,A,E,F,G,H　　　　　　　D)A,B,C,D,H,G,F,E

3. 树的度为3,共有29个节点,但没有度为1和2的节点。则该树中叶子节点数为( )。

   A)0　　　　　　　　　　　　　　B)9

   C)18　　　　　　　　　　　　　D)不可能有这样的树

4. 循环队列的存储空间为 Q(0:59),初始状态为空。经过一系列正常的入队与退队操作后,front = 25,rear = 24。循环队列中的元素个数为( )。

   A)1　　　　　　　B)2　　　　　　　C)59　　　　　　　D)60

5. 下面描述正确的是( )。

   A)软件是程序、数据与相关文档的集合

   B)程序就是软件

   C)软件既是逻辑实体又是物理实体

   D)软件的运行不一定对计算机系统具有依赖性

6. 单元测试不应涉及的内容是( )。

   A)模块的接口　　　　　　　　　　B)模块的执行路径

   C)模块的局部数据结构　　　　　　D)模块的出错处理功能

7. 面向对象方法中,将数据和操作置于对象的统一体中的实现方式是( )。

  A)结合　 B)抽象　 C)封装　 D)隐藏

8. 在数据库设计中,将 E-R 图转换成关系数据模型的过程属于( )。

  A)物理设计阶段　 B)需求分析阶段　 C)概念设计阶段　 D)逻辑设计阶段

9. 学校的每个社团都有一名团长,且一个同学可同时担任多个社团的团长,则实体团长和实体社团间的联系是( )。

  A)一对多　 B)多对多　 C)多对一　 D)一对一

10. 定义学生选修课程的关系模式如下:

  SC (S#,Sn,C#,Cn,G,Cr)(其属性分别为学号、姓名、课程号、课程名、成绩、学分)

  该关系可进一步规范化为( )。

  A)S(S#,Sn,C#,Cn,Cr),SC(S#,C#,G)　 B)S(S#,Sn),C(C#,Cn,Cr),SC(S#,C#,G)

  C)C(C#,Cn,Cr),SC(S#,Sn,C#,G)　 D)S(S#,Sn),C(C#,Cn),SC(S#,C#,Cr,G)

11. 在 Python 中,以下表达式结果为 False 的选项是( )。

  A)"CD" < "CDFG"　 B)"DCBA" < "DC"

  C)" " < "G"　 D)"LOVE" > "love"

12. 以下不是 Python 的关键字的是( )。

  A)class　 B)def　 C)define　 D)elif

13. 以下对文件描述错误的是( )。

  A)文件是一个存储在辅助存储器上的数据序列

  B)文本文件和二进制文件都是文件

  C)文件中可以包含任何数据内容

  D)文本文件能用二进制文件方式读入

14. ls = [2,"apple",[42,"yellow","misd"],1.2],表达式 ls[2][-1][2]的结果是( )。

  A)m　 B)i　 C)s　 D)d

15. 以下选项不能改变 turtle 绘制方向的是( )。

  A)turtle. open( )　 B)turtle. left( )　 C)turtle. fd( )　 D)turtle. seth( )

16. 以下选项不属于组合数据类型的是( )。

  A)字典类型　 B)复数类型　 C)列表类型　 D)集合类型

17. 以下关于 random 库的描述,错误的是( )。

  A)random 库是 Python 的第三方库

  B)通过 from random import * 可以引入 random 随机库

  C)设定相同种子,每次调用随机函数生成的随机数相同

  D)通过 import random 可以引入 random 随机库

18. 以下关于函数定义的描述,正确的是( )。

  A)函数必须要有返回值　 B)函数定义中可以定义无限多个参数

  C)函数定义的关键字是 class　 D)函数定义时可选参数是在非可选参数前面的

19. 以下关于函数作用的描述中,错误的是( )。

  A)复用代码　 B)提高代码的执行速度

  C)增强代码的可读性　 D)降低代码编程的复杂性

20. 下面关于局部变量和全局变量的描述,正确的是( )。

  A)全局变量不可以定义在函数中　 B)全局变量在使用后立即被释放

  C)局部变量在使用后立即被释放　 D)局部变量不可以和全局变量的命名相同

21. 以下的程序的输出结果是( )。

  ls = ["Python","family","miss"]

  def func(a):

```
            ls. append(a)
    func("pink")
    print(ls)
```
A)['pink']   B)['Python', 'family', 'miss', 'pink']
C)["Python","family","miss"]   D)程序报错

22. 以下关于浮点数 3.0 和整数 3 的描述,正确的是(　　)。
    A)两者使用相同的硬件执行单元
    B)两者使用相同的计算机指令处理方法
    C)两者是相同的数据类型
    D)两者具有相同的值

23. 以下关于 random. uniform(a,b)的描述,正确的是(　　)。
    A)生成一个位于[a,b]的随机小数
    B)生成一个位于[a,b]的随机整数
    C)生成一个均值为 a,方差为 b 的正态分布
    D)生成一个位于(a,b)的随机数

24. 下面属于 Python 文本处理方向的第三方库的是(　　)。
    A)PIL   B)mayavi   C)TVTK   D)pdfminer

25. 以下属于 Python 机器学习方向的第三方库的是(　　)。
    A)random   B)SnowNLP   C)TensorFlow   D)loso

26. 下面不属于 Python 的标准库的是(　　)。
    A)time   B)turtle   C)pygame   D)random

27. 以下程序的输出结果是(　　)。
```
    sum = 1
    for i in range(1,11):
        sum += i
    print(sum)
```
    A)1   B)56   C)67   D)56.0

28. 以下程序的输出结果是(　　)。
```
    a = 3.6e-1
    b = 4.2e3
    print(b - a)
```
    A)4199.64   B)7.8e2   C)0.6e-4   D)4199.064

29. 以下程序的输出结果是(　　)。
```
    ls = list(range(5))
    print(ls)
```
    A){0,1,2,3,4}
    B)[0, 1, 2, 3, 4]
    C){1,2,3,4}
    D)[1,2,3,4]

30. 以下程序的输出结果是(　　)。
```
    for i in "miss":
        for j in range(3):
            print(i,end = '')
            if i == "i":
                break
```

A) missmissmiss

B) mmmisssss

C) mmmiiisssss

D) mmmssssss

31. 下面程序输出的结果是(　　)。

s1,s2 = "Mom","Dad"

print("{} loves {}".format(s2,s1))

A) Dad loves Mom　　　　　　　　　　B) Mom loves Dad

C) s1 loves s2　　　　　　　　　　　　D) s2 loves s1

32. 以下程序的输出结果是(　　)。

t = "the World is so big,I want to see"

s = t[20:21] + 'love' + t[:9]

print(s)

A) I love the　　　　　　　　　　　　B) I love World

C) I love the World　　　　　　　　　D) I love the Worl

33. 以下程序的输出结果是(　　)。

a, b, c = 'I ',chr(64),"you"

s = a + b + c

print(s)

A) I @ you　　　　B) I you　　　　　　C) I 4 you　　　　D) I chr(64) you

34. 下面程序的输出结果是(　　)。

lis1 = [1,2,['python']]

lis2 = ['loves']

lis1[1] = lis2

print(lis1)

A) [lis2,2,['python']]　　　　　　　　B) [1, ['loves'], ['python']]

C) [1,2,'python','loves']　　　　　　D) [1,2,['python','loves']]

35. 下面程序的输出结果是(　　)。

L1 = [4,5,6,8].reverse()

print(L1)

A) [8,6,5,4]　　　B) [4,5,6,8]　　　C) None　　　D) [4,5,6,8,]

36. 下面程序的输出结果是(　　)。

ls = ["橘子","芒果","草莓","西瓜","水蜜桃"]

for k in ls:

　　print(k,end = " ")

A) 橘子芒果草莓西瓜水蜜桃　　　　　B) 橘子 芒果 草莓 西瓜 水蜜桃

C) 西瓜　　　　　　　　　　　　　　D) "橘子" "芒果" "草莓" "西瓜" "水蜜桃"

37. 以下程序的输出结果是(　　)。

try:

　　print((3 +4j) * (3 -4j))

except:

　　print("运算错误!!")

A) (25 +0j)　　　B) 5　　　　　　　C) 运算错误!!　　　D) 3

38. 以下程序的输出结果是(　　)。

def fun(x):

```
    try:
        return x * 4
    except:
        return x
print(fun("5"))
```

A)20　　　　　　　　B)5555　　　　　C)5　　　　　　　　D)9

39. 以下关于 Python 列表的描述,错误的是(　　)。

A)列表元素可以被任意修改　　　　　　B)列表元素的数据类型要一致

C)列表元素的个数不限　　　　　　　　D)列表元素可以由多个共同变量表示

40. 以下程序的输出结果是(　　)。

```
s = "LOVES"
print("{:*^13}".format(s))
```

A)LOVES

B)* * * * * * * * LOVES

C)LOVES * * * * * * * *

D)* * * * LOVES * * * *

二、基本操作题(共 15 分)

41. 在考生文件夹下有一个文件"PY101.py",请按照文件里的说明,完善横线处代码,用键盘输入一个 1~26 的数字,对应于英文大写字母表中的索引,在屏幕上显示输出对应的英文字母。示例如下。

请输入一个数字:1

输出大写字母:A

试题程序:

```
#请在程序的_____处使用一行代码替换
#注意:请不要修改其他已给出代码
s = eval(input("请输入一个数字:"))
ls = [0]
for i in range(65,91):
    ls.append(chr(____(1)____))
print("输出大写字母:{}".format(____(2)____))
```

42. 在考生文件夹下有一个文件"PY102.py",请按照文件内的说明,完善代码,实现下面功能:用键盘输入一个十进制数保存在变量 s 中,转换为二进制数输出显示在屏幕上,示例如下。

请输入一个十进制数:25

转换成二进制数是:11001

试题程序:

```
#请在程序的_____处使用一行代码或表达式替换
#注意:请不要修改其他已给出代码
s = input("请输入一个十进制数:")
num = ____(1)____
print("转换成二进制数是:{____(2)____}".format(____(3)____))
```

43. 在考生文件夹下有一个文件"PY103.py",请按照文件内的说明,完善代码,实现下面的功能。

用键盘输入一个中文字符串变量 s,内部包含中文逗号(,)和句号(。)。计算字符串 s 中的中文词语数。示例如下。

请输入一个中文字符串,包含标点符号:问君能有几多愁? 恰似一江春水向东流。

中文词语数:9

试题程序:

```
#请在程序的_____处使用一行代码或表达式替换
#注意:请不要修改其他已给出代码
import ____(1)____
s = input("请输入一个中文字符串,包含标点符号:")
m =____(2)____
print("中文词语数:{}".format(____(3)____))
```

三、简单应用题(共 25 分)

44. 考生文件夹下存在一个文件"PY201. py",请写代码替换横线,不修改其他代码,实现以下功能。

使用 turtle 库的 turtle. fd( )函数和 turtle. left( )函数绘制一个边长为 200 像素黄底红边的太阳花,效果如下所示。

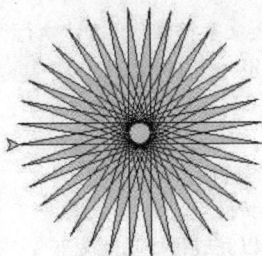

试题程序:
```
#请在程序的_____处使用一行代码或表达式替换
#注意:请不要修改其他已给出代码
import turtle
turtle.color(____(1)____,____(2)____)
turtle.____(3)___
for i in range(36):
    turtle.fd(____(4)____)
    turtle.left(____(5)____)
turtle.end_fill()
```

45. 考生文件夹下存在一个文件"PY202. py",该文件是本题目的代码提示框架,其中代码可以任意修改,请在该文件中编写代码,以实现如下功能。

编写程序,实现将列表[51,33,54,56,67,88,431,111,141,72,45,2,78,12,15,5,69]中的素数去除,并输出去除素数后列表的元素个数,结果保存在考生文件夹下,命名为"PY202. txt"。请结合程序整体框架,补充横线处代码。

试题程序:
```
#以下代码为提示框架
#请在程序的...处使用一行或多行代码替换
#请在程序的_____处使用一行代码替换
#注意:提示框架的代码可以任意修改,以完成程序功能为准
fo = open("PY202.txt","w")
def prime(num):
    ...
ls =[51,33,54,56,67,88,431,111,141,72,45,2,78,12,15,5,69]
lis = []
```

```
for i in ls:
    if prime(i) == False:
        _____
fo.write(" >>>{},列表长度为{}".format(_____,_____))
fo.close()
```

四、综合应用题(共20分)

46.考生文件夹下存在两个 Python 源文件"PY30H. py"和"PY301 - 2. py",分别对应两个问题,请按照文件内说明修改代码,实现以下功能。

《傲慢与偏见》是史上最震撼人心的"世界文学十部最佳小说之一"。第1章的内容由考生文件夹下文件"arrogant. txt"给出。

问题1:请编写程序,统计该篇文章的英文字符数(不统计换行符),字符与出现次数之间用冒号(:)分隔。结果保存在考生文件夹下,命名为"PY301 - 1. txt"。

试题程序:

```
#以下代码为提示框架
#请在程序的...处使用一行或多行代码替换
#请在程序的_____处使用一行代码替换
#注意:提示框架的代码可以任意修改,以完成程序功能为准
...
d = {}
...

ls = list(d.items())
...

fo.write("{}:{}\n".format(_____,_____))
...
```

问题2:在问题1的前提下,将得到的字符次数进行降序排列,并将排名前10的常用字符保存在"arrogant - sort. txt"文件中。

试题程序:

```
#以下代码为提示框架
#请在程序的...处使用一行或多行代码替换
#请在程序的_____处使用一行代码替换
#注意:提示框架的代码可以任意修改,以完成程序功能为准
...
d = {}
...

ls = list(d.items())
ls.sort(key = lambda x:x[1],reverse = True)
...

fo.write("{}:{}\n".format(_____,_____))
...
```

第6套　无纸化考试题库试题

一、选择题(每题 1 分,共 40 分)

1. 程序流程图中带有箭头的线段表示的是( )。
    A)图元关系 B)数据流 C)控制流 D)调用关系

2. 结构化程序设计的基本原则不包括( )。
    A)多态性 B)自顶向下 C)模块化 D)逐步求精

3. 软件设计中模块划分应遵循的准则是( )。
    A)低内聚、低耦合 B)高内聚、低耦合
    C)低内聚、高耦合 D)高内聚、高耦合

4. 在软件开发中,需求分析阶段产生的主要文档是( )。
    A)可行性分析报告 B)软件需求规格说明书
    C)概要设计说明书 D)集成测试计划

5. 算法的有穷性是指( )。
    A)算法程序的运行时间是有限的 B)算法程序所处理的数据量是有限的
    C)算法程序的长度是有限的 D)算法只能被有限的用户使用

6. 下列关于栈的叙述正确的是( )。
    A)栈按"先进先出"的原则组织数据 B)栈按"先进后出"的原则组织数据
    C)只能在栈底插入数据 D)不能删除数据

7. 在数据库设计中,将 E-R 图转换成关系数据模型的过程属于( )。
    A)需求分析阶段 B)概念设计阶段
    C)逻辑设计阶段 D)物理设计阶段

8. 有 3 个关系 R、S、T 如下:

R

B	C	D
a	0	k1
b	1	n1

S

B	C	D
f	3	h2
a	0	k1
n	2	x1

T

B	C	D
a	0	k1

由关系 R 和 S 通过运算得到关系 T,则所使用的运算为( )。
    A)并 B)自然连接 C)笛卡儿积 D)交

9. 设有表示学生选课的 3 张表,学生 S(学号,姓名,性别,年龄,身份证号),课程 C(课号,课名),选课 SC(学号,课号,成绩),则表 SC 的关键字(键或码)为( )。
    A)课号,成绩 B)学号,成绩
    C)学号,课号 D)学号,姓名,成绩

10. 在软件开发中,需求分析阶段可以使用的工具是( )。
    A)N-S 图 B)数据流图
    C)PAD 图 D)程序流程图

11. 下列关于 Python 程序格式的描述中,错误的是( )。
    A)缩进表达了所属关系和代码块的所属范围
    B)注释可以在一行中的任意位置开始,这一行都会作为注释不被执行
    C)进行赋值操作时,在运算符两边各加上一个空格可以使代码更加清晰明了
    D)文档注释的开始和结尾使用三重单引号"'''"或三重双引号"""""

12. 下列关于 Python 缩进的描述中,错误的是(　　　)。

　　A)Python 采用严格的"缩进"来表明程序格式不可嵌套

　　B)判断、循环、函数等语法形式能够通过缩进包含一批 Python 代码,进而表达对应的语义

　　C)Python 单层缩进代码属于之前最邻近的一行非缩进代码,多层缩进代码根据缩进关系决定所属范围

　　D)缩进指每一行代码前面的留白部分,用来表示代码之间的层次关系

13. 对以下代码的输出,描述正确的是(　　　)。

```
lis = list(range(6))
print(lis)
```

　　A)[0,1,2,3,4,5]　　　　　　　　　　　B)[0,1,2,3,4,5,6]

　　C)0,1,2,3,4,5　　　　　　　　　　　　D)0,1,2,3,4,5,6

14. 下列关于 Python 的描述正确的是(　　　)。

　　A)条件 2<=3<=5 是合法的,输出 False

　　B)条件 2<=3<=5 是不合法的

　　C)条件 2<=3<=5 是合法的,输出 True

　　D.条件 2<=3<=5 是不合法的,会抛出异常

15. 若想要在屏幕上输出 Hello,World,应该使用下列哪个语句? (　　　)

　　A)printf("Hello,World")　　　　　　　B)printf(Hello,World)

　　C)print("Hello,World")　　　　　　　D)print(Hello,World)

16. 在 Python 中,可以作为源文件扩展名的是(　　　)。

　　A)pdf　　　　　　B)docx　　　　　　C)png　　　　　　D)py

17. 表达式 3**2*5//6%7 的计算结果是(　　　)。

　　A)0　　　　　　B)1　　　　　　C)4　　　　　　D)2

18. 以下不属于 Python 控制结构的是(　　　)。

　　A)顺序结构　　　B)循环结构　　　C)分支结构　　　D)数据结构

19. Python 中定义类的关键字是(　　　)。

　　A)def　　　　　　B)defun　　　　　　C)function　　　　　　D)class

20. 以下保留字不属于分支结构的是(　　　)。

　　A)if　　　　　　B)else　　　　　　C)while　　　　　　D)elif

21. 以下关于分支和循环结构的描述中,正确的是(　　　)。

　　A)在循环中,continue 语句的作用是跳出当前循环

　　B)在循环中,break 语句的作用是结束该语句所在的循环

　　C)带有 else 子句的循环语句,如果是因为执行了 break 语句而退出的话,则会执行 else 子句中的代码

　　D)在 Python 中,分支结构和循环结构必须带有 else 子句

22. 下面代码的输出结果是(　　　)。

```
for i in range(3):
    print(i,end = ',')
```

　　A)0,1,2　　　　　B)0,1,2,　　　　　C)1,2,3　　　　　D)1,2,3,

23. 以下程序中,while 循环的循环次数是(　　　)。

```
i = 0
while i < 10:
    if i < 1:
        print("Python")
        continue
    if i == 5:
        print("World!")
```

```
       break
    i += 1
```

A)10　　　　　　　　　　　　　　　　　B)5

C)4　　　　　　　　　　　　　　　　　D)死循环,不能确定

24. 以下关于程序的异常处理的描述中,错误的是(　　　)。

A)一旦代码抛出异常并且没有得到正确的处理,整个程序会崩溃,并且不会继续执行后面的代码

B)一般不建议在 try 中放太多代码,而是应该只放入可能会引发异常的代码

C)带有 else 子句的异常处理结构,如果不发生异常则执行 else 子句中的代码

D)在 try-except-else 结构中,如果 try 子句的语句引发了异常,则会执行 else 子句中的代码

25. 当试图访问的对象属性不存在时,为了不让程序抛出异常,需要用到的语句是(　　　)。

A)try – except 语句　　　　　　　　　B)for 语句

C)eval 语句　　　　　　　　　　　　　D)if 语句

26. 以下关于文件的打开和关闭的描述中,正确的是(　　　)。

A)二进制文件不能使用记事本程序打开

B)二进制文件可以使用记事本或其他文本编辑器打开,但是一般来说无法正常查看其中的内容

C)使用内置函数 open( )且以 w 模式打开文件,若文件存在,则会引发异常

D)使用内置函数 open( )打开文件时,只要文件路径正确就总可以正确打开

27. 以下关于文件读/写的描述中,错误的是(　　　)。

A)对文件进行读/写操作之后必须关闭文件以确保所有内容都得到保存

B)以写模式打开的文件无法进行读操作

C)文件对象的 seek( )方法用来返回文件指针的当前位置

D)文件对象的 readline( )方法用来读取一行字符串

28. 以下关于数据维度的描述,错误的是(　　　)。

A)一维数据由对等关系的有序或无序数据构成,采用线性方式组织,对应于数学中的集合或数组的概念

B)二维数据由关联关系构成,采用表格方式组织,对应于数学中的矩阵

C)高维数据由键值对类型的数据组成,采用对象方式组织

D)一维数据由对等关系的有序数据构成,无序数据不是一维数据

29. 以下关于函数的定义与编写的描述,错误的是(　　　)。

A)函数是代码复用的一种方式

B)在 Python 中,使用关键字 define 定义函数

C)定义函数时,即使函数不需要接收任何参数,也必须保留空的圆括号来表示这是一个函数

D)编写函数时,一般建议先对参数进行合法性检查,然后再进行编写

30. 以下关于函数的定义与调用的描述,正确的是(　　　)。

A)在 Python 中,不能在一个函数定义中再定义一个嵌套函数

B)在调用函数时,把实参的引用传递给形参

C)一个函数如果带有默认值参数,那么所有参数都必须设置默认值

D)定义 Python 函数时必须指定函数的返回值类型

31. 下面代码中 Dog 这个类中的 _ _ init _ _( )方法共包含几个形参? (　　　)

```
Class Dog( ):
    def _ _ init _ _ (self, name, age):
        self. name = name
        Self. age = age
```

A)0 个　　　　　　B)1 个　　　　　　C)2 个　　　　　　D)3 个

32. 下面哪一种定义是类的私有成员? (　　　)

A)_xx　　　　　　B)_xx_　　　　　　C)_ _xxx　　　　　　D)xxx

33. 下面不属于 Python 第三方库的安装方法的是(　　)。

　　A) pip 工具安装　　　　B) go get 命令安装　　　　C) 自定义安装　　　　D) 文件安装

34. 以下属于 Python 的导入语句的是(　　)。

　　A) class　　　　　　　B) return　　　　　　　C) import　　　　　　D) print

35. 下面不属于面向对象的特点是(　　)。

　　A) 封装　　　　　　　B) 多态　　　　　　　C) 性能高　　　　　　D) 继承

36. 下面代码的输出结果是(　　)。

```
list = [[0, 1, 2],"123.0","python"]
a = all(list[0])
b = list[1].split(".")
c = ascii(list[2])
print(a,b,c)
```

　　A) True ['123'] 'python'　　　　　　　　B) False ['0'] '1'

　　C) True ['123','0'] '1'　　　　　　　　D) False ['123','0'] 'python'

37. 下面关于类的说法错误的是(　　)。

　　A) 类是一种实例

　　B) 在类进行实例化时将会首先执行该类中的 int() 方法

　　C) 在对类进行实例化时,传入的实参不用带上 self,它在类执行过程中将自行带上

　　D) 类中的变量若带有前缀 self,则意味着此变量在类中任意位置可以使用

38. 下面代码的输出结果是(　　)。

```
f = lambda x,y: x if x < y else y
a = f("aa","bb")
b = f("bb","aa")
print(a,b)
```

　　A) aa aa　　　　　B) aa bb　　　　　C) bb aa　　　　　D) bb bb

39. 下面代码的输出结果是(　　)。

```
def add(x):
    if x > 0:
        return x + add(x-1)
    else:
        return 0
result = add(10)
print(result)
```

　　A) 0　　　　　　　B) 10　　　　　　　C) 55　　　　　　　D) 45

40. 假设现在是 2018 年 10 月 1 日的下午两点 20 分 7 秒,则下面代码的输出结果为(　　)。

```
import time
print(time.strftime("%Y-%m-%d@%H-%M-%S",time.gmtime()))
```

　　A) 2018-10-1@14-20-7　　　　　　　　B) 2018-10-1@14-20-07

　　C) 2018-10-01@14-20-07　　　　　　　D) True@ True

二、基本操作题(共 15 分)

41. 考生文件夹下存在一个文件"PY101.py",请写代码替换横线,不修改其他代码,实现以下功能。

将字符串中每个单词的首字母都变为大写,输出到屏幕。例如:

After Fresh Rain In Mountains Bare

试题程序:

\# 请在_____处使用一行代码或表达式替换

\# 注意:请不要修改其他已给出代码

```
line = "After fresh rain in mountains bare "
print(_____)
```

42. 考生文件夹下存在一个文件"PY102.py",请写代码替换横线,不修改其他代码,实现以下功能。

用键盘输入直角三角形的两条直角边长度,计算三角形的面积。例如:

输入三角形第一条直角边长:3

输入三角形第二条直角边长:4

直角三角形的面积为:6.0

试题程序:

\# 请在_____处使用一行代码或表达式替换

\# 注意:请不要修改其他已给出代码

```
a = float(input("输入三角形第一条直角边长:"))
b = float(input("输入三角形第二条直角边长:"))
____(1)____
print("直角三角形的面积为:{____(3)____}".format(area))
```

43. 考生文件夹下存在一个文件"PY103.py",请写代码替换横线,不修改其他代码,实现以下功能。

用键盘输入十进制整数,按要求将这个整数转换为二进制、八进制及十六进制(大写)并输出到屏幕。

例如:

输入数字:425

对应的二进制数:110101001

对应的八进制数:651

对应的十六进制数:1A9

试题程序:

\# 请在_____处使用一行代码或表达式替换

\# 注意:请不要修改其他已给出代码

```
num = eval(input("输入数字:"))
print("对应的二进制数:{____(1)____}\n 八进制数:{____(2)____}\n 十六进制数:{____(3)____}".format(num))
```

三、简单应用题(共 25 分)

44. 考生文件夹下存在一个文件"PY201.py",请写代码替换横线,不修改其他代码,实现以下功能。

使用 turtle 库的 turtle.color() 函数和 turtle.circle() 函数绘制一个黄底黑边的圆形,半径为 50 像素。效果如下所示。

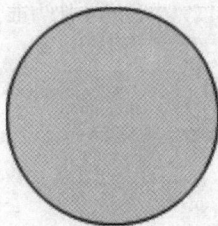

试题程序:

\# 请在_____处使用一行代码替换

```
# 注意:请不要修改其他已给出代码
import turtle
turtle.color('black','yellow')
turtle.____(1)____
turtle.circle(____(2)____)
turtle.____(3)____
```

45. 考生文件夹下存在一个文件"PY202.py",该文件是本题目的代码提示框架,其中代码可以任意修改。请在该文件中编写代码,以实现如下功能。

闰年分为普通闰年和世纪闰年。普通闰年是指能被 4 整除但不能被 100 整除的年份,世纪闰年是指能被 400 整除的年份。请编写一个函数,能够实现以下功能:输入一个年份,能够判断这个年份是否为闰年,并且能输出到屏幕上。

例如:

输入 1900,输出为 1900 年不是闰年。输入 2004,输出为 2004 年是闰年。输入 2000,输出为 2000 年是闰年。

试题程序:

```
# 以下代码为提示框架
# 请在...处使用一行或多行代码替换
# 注意:提示框架的代码可以任意修改,以完成程序功能为准
def judge_year(year):
    ...
year = eval(input("请输入年份:"))
    ...
```

四、综合应用题(共 20 分)

46. 考生文件夹下存在一个 Python 源文件"PY301.Py",请按照文件内说明修改代码,实现以下功能。

"score.csv"文件中存储的是一个学生在第一季度同一学科对应的月考成绩,求出每一门学科在 3 个月中的平均成绩,将结果输出在考生文件夹下,命名为"avg – score.txt"。参考如下格式。

语文:90.67

数学:88.00

英语:85.67

物理:67.33

科学:81.00

试题程序:

```
# 以下代码为提示框架
# 请在...处使用一行或多行代码替换
# 注意:提示框架的代码可以任意修改,以完成程序功能为准
fi = open("score.csv","r")
fo = open("avg – score.txt","w")
ls = []
x = []
sum = 0
...
fi.close()
fo.close()
```

第7套　无纸化考试题库试题

一、选择题（每题 1 分，共 40 分）

1. 一个栈的初始状态为空。现将元素 1、2、3、4、5、A、B、C、D、E 依次入栈，然后再依次出栈，则元素出栈的顺序是（　　）。

    A）12345ABCDE　　　　B）EDCBA54321　　　　C）ABCDE12345　　　　D）54321EDCBA

2. 下列叙述中正确的是（　　）。

    A）循环队列有队头和队尾两个指针，因此，循环队列是非线性结构

    B）在循环队列中，只需要队头指针就能反映队列中元素的动态变化情况

    C）在循环队列中，只需要队尾指针就能反映队列中元素的动态变化情况

    D）循环队列中元素的个数由队头指针和队尾指针共同决定

3. 下列叙述中正确的是（　　）。

    A）顺序存储结构的存储一定是连续的，链式存储结构的存储空间不一定是连续的

    B）顺序存储结构只针对线性结构，链式存储结构只针对非线性结构

    C）顺序存储结构能存储有序表，链式存储结构不能存储有序表

    D）链式存储结构比顺序存储结构节省存储空间

4. 数据流图中带有箭头的线段表示的是（　　）。

    A）控制流　　　　B）事件驱动　　　　C）模块调用　　　　D）数据流

5. 在面向对象方法中，不属于"对象"基本特点的是（　　）。

    A）一致性　　　　B）分类性　　　　C）多态性　　　　D）标识唯一性

6. 一间宿舍可住多个学生，则实体宿舍和学生之间的联系是（　　）。

    A）一对一　　　　B）一对多　　　　C）多对一　　　　D）多对多

7. 在数据管理的 3 个阶段中，数据共享最好的是（　　）。

    A）人工管理阶段　　　　　　　　B）文件系统阶段

    C）数据库系统阶段　　　　　　　D）3 个阶段相同

8. 有 3 个关系 R、S、T 如下：

R	
A	B
m	1
n	2

S	
B	C
1	3
3	5

T		
A	B	C
m	1	3

    由关系 R 和 S 通过运算得到关系 T，则所使用的运算为（　　）。

    A）笛卡儿积　　　　B）交　　　　C）并　　　　D）自然连接

9. 一棵二叉树共有 25 个节点，其中 5 个是叶子节点，则度为 1 的节点数为（　　）。

    A）16　　　　B）10　　　　C）6　　　　D）4

10. 在满足实体完整性约束的条件下（　　）。

    A）一个关系中应该有一个或多个候选关键字

    B）一个关系中只能有一个候选关键字

    C）一个关系中必须有多个候选关键字

    D）一个关系中可以没有候选关键字

11. 在 Python 中，关于数据类型的描述错误的是（　　）。

    A）整数的书写格式支持十进制、二进制、八进制及十六进制

    B）如果想知道参数的数据类型，可以使用 type（）函数获得

C)整数、浮点数、复数及布尔值都是 Python 的基本数据类型

D)浮点数是带有小数的数字,它存在范围的限制,如果计算结果超出上限和下限的范围不会报错,但会有 warning 的警告

12.以下关于字符串的描述正确的是(　　)。

A)字符应视为长度为 1 或 2 的字符串

B)字符串中的字符可进行数学运算,但进行数学运算的字符必须为数字

C)在三引号字符串中可包含换行回车符等特殊的字符

D)字符串可以进行切片赋值

13. Python 提供 3 种基本的数字类型,它们是(　　)。

A)整数类型、二进制类型、浮点数类型

B)整数类型、浮点数类型、复数类型

C)整数类型、二进制类型、复数类型

D)二进制类型、浮点数类型、复数类型

14.下列不属于 Python 合法的标识符的是(　　)。

 A)use_time   B)int32   C)_selfname   D)180xl

15. Python 中定义函数的关键字是(　　)。

 A)class   B)def   C)function   D)defun

16.下列关于列表的说法正确的是(　　)。

A)列表中的值可以是任何数据类型,被称为元素或项

B)列表的索引是从 1 开始的,以此类推

C)使用 append()函数可以向列表的指定位置插入元素

D)使用 remove()函数可以从列表中删除元素,但必须知道元素在列表中的位置

17.以下代码的输出结果是(　　)。

```
for s in "PythonNice!" :
    if s == "i" :
        break
    print(s,end = "")
```

 A)Python   B)PythonN   C)PythonNi   D)PythonNice

18.以下代码的输出结果是(　　)。

```
a = 5.2
b = 2.5
print(a // b)
```

 A)2.08   B)2.1   C)2   D)2.0

19. Python 中用来表示代码块所属关系的语法是(　　)。

 A)缩进   B)圆括号   C)方括号   D)冒号

20.列表变量 lis 共包含 10 个元素,lis 索引的取值范围是(　　)。

 A)(0,10)   B)(0,9)   C)[0,10]   D)[0,9]

21.下面代码的输出结果是(　　)。

```
for i in "PYTHON" :
    for k in range(2) :
        print(i, end = "")
        if i == 'H' :
            break
```

 A)PPYYTTHHOONN   B)PPYYTTOONN

 C)PPYYTTHOONN   D)PPYYTTH

22. 下面代码的输出结果是(　　)。

```
x = 10
while x:
    x -= 1
    if x%2:
        print(x,end = '')
    else:
        pass
```

A)86420　　　　　　　　　　　　　B)975311

C)97531　　　　　　　　　　　　　D)864200

23. 下面代码的输出结果是(　　)。

```
letter = ['A','B','C','D','D','D']
for i in letter:
    if i == 'D':
        letter.remove(i)
print(letter)
```

A)['A','B','C']

B)['A','B','C','D','D']

C)['A','B','C','D','D','D']

D)['A', 'B', 'C', 'D']

24. 以下关于程序的异常处理的描述中,错误的是(　　)。

A)except 语句后面可以指定异常类型

B)异常和错误是两个相同的意思

C)带有 else 子句的异常处理结构,当 try 中的语句块正常执行结束且没有异常时执行 else 子句中的代码

D)异常处理机制虽然可以解决程序的一些错误,但不建议过度依赖

25. 下面代码的输出结果是(　　)。

```
>>> s = (3,)
>>> type(s)
```

A) < class 'dict' >　　　　　　　　　B) < class 'tuple' >

C) < class 'list' >　　　　　　　　　D) < class 'set' >

26. S 和 T 是两个集合,对 S&T 的描述正确的是(　　)。

A)S 和 T 的交运算,包括同时在集合 S 和 T 中的元素

B)S 和 T 的并运算,包括在集合 S 和 T 中的所有元素

C)S 和 T 的差运算,包括在集合 S 但不在 T 中的元素

D)S 和 T 的补运算,包括 S 和 T 中的几个非相同元素

27. 以下关于文件读写的描述中,错误的是(　　)。

A)对文件进行读写操作之后必须关闭文件以防文件丢失

B)以追加写模式打开的文件,文件存在则在原文件最后追加内容,不存在则创建

C)文件对象的 seek()方法用来返回文件指针的当前位置

D)文件对象的 readlines()方法用来读取文件中的所有行,以每行为元素形成一个列表

28. 关于 Python 元组类型,描述错误的是(　　)。

A)元组不可以被修改

B)Python 中元组使用圆括号和逗号表示

C)元组中的元素要求是相同类型

D)一个元组可以作为另一个元祖的元素,可以采用多级索引获取信息

29. 一个类继承另一个类,那么被继承的这个类被称为(　　)。

　A)超类　　　　　　　B)子类　　　　　　　C)类　　　　　　　　D)继承类

30. 在 Python 的类定义中,对函数变量的访问形式为(　　)。

　A)<对象>.<变量>　　　　　　　　B)<对象>.方法(变量)

　C)<类名>.<变量>　　　　　　　　D)<对象>.方法(变量)

31. 下面关于 Python 中类的继承,说法错误的是(　　)。

　A)创建子类时,父类必须包含在当前文件夹且位于子类的前面

　B)定义子类时,必须在圆括号内指明子类所要继承的父类的名称

　C)如果调用的是继承的父类中的公有方法,可以在这个公有方法中访问父类中的私有属性和私有方法

　D)如果在子类中实现了一个公有方法,该方法也能调用继承的父类中的私有方法和私有属性

32. 不属于 Python 机器学习第三方库的是(　　)。

　A)Pylons　　　　　　B)TensorFlow　　　　C)keras　　　　　　D)mxnet

33. 下面哪一种导入方式是错误的?(　　)

　A)import numpy　　　　　　　　B)import ndarray from numpy

　C)from numpy import *　　　　　　D)import numpy as np

34. 下面关于 Python 的说法正确的是(　　)。

　A)Python 不支持面向对象程序设计

　B)Python 中使用的所有函数库,都是采用 Python 语言编写的

　C)Python 中的内置函数需要用关键字 import 来导入,而不能直接使用

　D)Python 中如果导入了某个模块,在后面的代码中就可以使用它的所有公共函数、类及属性

35. 下面代码的输出结果是(　　)。

```
for i in range(0, 10, 2):
print(i,end = " ")
```

　A)0 2 4 6 8　　　　B)2 4 6 8　　　　C)0 2 4 6 8 10　　　D)2 4 6 8 10

36. 下面代码的意义是(　　)。

```
>>> car = 'BWM'
>>> Id(car)
```

　A)查看变量所占的位数　　　　　　B)转换成布尔值

　C)查看变量在内存中的地址　　　　D)把变量中的元素随机排列

37. 以下属于 Python 网络爬虫框架领域的第三方库的是(　　)。

　A)pandas　　　　　　B)grab　　　　　　　C)xpinyin　　　　　D)SnowNLP

38. 下面这条语句的输出结果是(　　)。

```
f = (lambda a = "hello", b = "python", c = "world": a + b. split("o")[1] + c)
print(f("hi"))
```

　A)hellopythonworld　　　　　　B)hipythworld

　C)hellonworld　　　　　　　　D)hinworld

39. 下面关于递归函数,描述错误的是(　　)。

　A)递归函数必须有一个明确的结束条件

　B)递归函数就是一个函数在内部调用自身

　C)递归效率不高,递归层次过多会导致栈溢出

　D)每进入更深一层的递归时,问题规模相对于前一次递归是不变的

40. 下面这段代码的输出是(　　)。

```
l = 'abcd'
def f(x, result = ['a','b','c','d']):
    if x:
```

```
        result.remove(x[-1])
        f(x[:-1])
    return result
print(f(1))
```
A)['a','b','c','d']   B)['b','c','d']

C)['a', 'b', 'c']   D)[]

二、基本操作题(共 15 分)

41.考生文件夹下存在一个文件 PY101.py,请写代码替换横线,不修改其他代码,实现以下功能。

请将列表 lis 内的重复元素删除,并输出。例如:

若列表为[2,8,3,6,5,3,8],输出为[8,2,3,5,6]

试题程序:

请在_____处使用一行代码或表达式替换

注意:请不要修改其他已给出代码

```
lis = [2,8,3,6,5,3,8]
new_lis = _____
print(new_lis)
```

42.考生文件夹下存在一个文件 PY102.py,请写代码替换横线,不修改其他代码,实现以下功能。

输入一个水果名,判断它是否在列表 lis 中,并输出判断结果。例如:

输入"猕猴桃",输出"猕猴桃在列表 lis 中",输入"香蕉",输出"香蕉不在列表 lis 中。"

试题程序:

请在_____处使用一行代码或表达式替换

注意:请不要修改其他已给出代码

```
fruit = input('输入水果:')
lis = ['苹果','哈密瓜','橘子','猕猴桃','杨梅','西瓜']
if ____(1)____:
    ____(2)____
else:
    ____(3)____
```

43.考生文件夹下存在一个文件 PY103.py,请写代码替换横线,不修改其他代码,实现以下功能。

编写一个函数,使之能够实现字符串的反转。将字符串"goodstudy"输入函数中,运行并输出结果。

试题程序:

请在_____处使用一行代码或表达式替换

注意:请不要修改其他已给出代码

```
def str_change(str):
    return ____(1)____
str = input("输入字符串:")
print(str_change(____(2)____))
```

三、简单应用题(共 25 分)

44.考生文件夹下存在一个文件"PY201.py",请写代码替换横线,不修改其他代码,实现以下功能。

使用 turtle 库的 turtle.fd()函数和 turtle.right()函数绘制一个边长为 200 像素,黄底黑边的五角星,效果如下。

试题程序：

```
# 请在_____处使用一行代码或表达式替换
# 注意:请不要修改其他已给出代码
import turtle
turtle.color(____(1)____,____(2)____)
turtle.____(3)____
for i in range(____(4)____):
    turtle.fd(____(5)____)
  turtle.right(144)
turtle.end_fill()
```

45.考生文件夹下存在一个文件"PY202.py",该文件是本题目的代码提示框架,其中代码可以任意修改。请在该文件中编写代码,以实现如下功能。

用键盘输入两个大于 0 的整数,按要求输出这两个整数之间(不包括这两个整数)的所有素数。素数又称质数,是指除了 1 和它本身以外不能被其他整数整除的数。

试题程序：

```
# 以下代码为提示框架
# 请在...处使用一行或多行代码替换
# 请在_____处使用一行代码替换
# 注意:提示框架的代码可以任意修改,以完成程序功能为准
lower = int(input('输入区间最小值:'))
upper = int(input('输入区间最大值:'))
for num in range(_____,_____):
    ...
```

四、综合应用题(共 20 分)

46.考生文件夹下存在两个 Python 源文件,分别对应两个问题,请按照文件内说明修改代码,实现以下功能。

马和骆驼都是哺乳动物,它们都有四只脚,体型也差不多大,我们将在这里为它们编写属于它们各自的类。

问题 1:在"PY301-1.py"文件中修改代码,代码中编写了一个马(Horse)的类,在这个类中马有三个属性,分别是年龄(age)、品种(category)及性别(gender)。在每创建一个马的对象时,我们需要为其指定它的年龄、品种及性别。该类中还编写一个 get_descriptive()方法,能够组合马的这三个属性。每一匹马都有自己的最快速度,所以类中有一个速度(speed)属性,存储马的最快速度值。并且在马的生命过程中,它的速度一直在变,类中还有一个 write_speed()方法用来更新马当前的最快速度值并将数据写入文件。

例如:一匹阿拉伯 12 岁的公马,在草原上奔跑的速度为 50km/h。要求调用 get_descriptive() 和 write_speed()方法,将输出的结果保存在考生文件夹下,文件命名为"PY301-1.txt"。

试题程序：

```
# 以下代码为提示框架
# 请在...处使用一行或多行代码替换
# 请在_____处使用一行代码替换
# 注意:提示框架代码可以任意修改,以完成程序功能为准
fo = open("PY301 - 1.txt","w")
_____ Horse():
    def _____(self, category, gender, age):
        ...
    def get_descriptive(self):
        _____.info = "一匹" + _____ + _____ + "岁的" + _____ + "马"
    def write_speed(self, new_speed):
        _____
        addr = "在草原上奔跑的速度为"
        fo.write(_____ + "," + addr + str(self.speed) + "km/h.")
...
fo.close()
```

问题2(10分):在PY301 - 2.py文件中修改代码,该代码编写了一个骆驼类(Camel),这个类继承自上一个文件中的马类但是不对马类中的属性和方法进行操作。因为骆驼是在沙漠中奔跑,所以在骆驼类中改写write_speed()方法用来更新骆驼当前的最快速度值并将数据写入文件。

例如:一匹双峰驼20岁的母骆驼在沙漠上奔跑的速度为40km/h。调用父类的方法和Camel类本身的方法将结果保存在"PY301 - 2.txt"中,保存在考生文件夹下。

```
# 以下代码为提示框架
# 请在...处使用一行或多行代码替换
# 请在_____处使用一行代码替换
# 注意:提示框架代码可以任意修改,以完成程序功能为准
fo = open("PY301 - 2.txt","w")
_____ Horse():
    def _____(self, category, gender, age):
        ...
    def get_descriptive(self):
        _____.info = "一匹" + _____ + _____ + "岁的" + _____ + "马"
    def write_speed(self, new_speed):
        _____
        addr = "在草原上奔跑的速度为"
        fo.write(_____ + "," + addr + str(self.speed) + "km/h.")
class Camel(Horse):
    def __init__(self, category, gender, age):
        _____.__init__(category, gender, age)
    def write_speed(self,new_speed):
        _____
        addr = "在沙漠上奔跑的速度为"
        fo.write(self.info.replace(_____) + "," + addr + str(self.speed) + "km/h")
...
fo.close()
```

第8套 无纸化考试题库试题

视频解析

一、选择题(每题1分,共40分)

1. 下列叙述中正确的是(   )。
   A)栈是"先进先出"的线性表
   B)队列是"先进后出"的线性表
   C)循环队列是非线性结构
   D)有序线性表既可以采用顺序存储结构,也可以采用链式存储结构

2. 支持子程序调用的数据结构是(   )。
   A)栈   B)树   C)队列   D)二叉树

3. 某二叉树有5个度为2的节点,则该二叉树中的叶子节点数是(   )。
   A)10   B)8   C)6   D)4

4. 下列排序方法中,最坏情况下比较次数最少的是(   )。
   A)冒泡排序   B)简单选择排序
   C)直接插入排序   D)堆排序

5. 软件按功能可以分为应用软件、系统软件及支撑软件(或工具软件)。下面属于应用软件的是(   )。
   A) 编译程序   B) 操作系统
   C)教务管理系统   D)汇编程序

6. 下面叙述中错误的是(   )。
   A)软件测试的目的是发现错误并改正错误
   B)对被调试的程序进行"错误定位"是程序调试的必要步骤
   C)程序调试通常也称为Debug
   D)软件测试应严格执行测试计划,排除测试的随意性

7. 耦合性和内聚性是对模块独立性度量的两个标准,下列叙述中正确的是(   )。
   A)提高耦合性降低内聚性有利于提高模块的独立性
   B)降低耦合性提高内聚性有利于提高模块的独立性
   C)耦合性是指一个模块内部各个元素间彼此结合的紧密程度
   D)内聚性是指模块间互相连接的紧密程度

8. 数据库应用系统中的核心问题是(   )。
   A)数据库的设计   B)数据库系统的设计
   C)数据库的维护   D)数据库管理员的培训

9. 有两个关系R、S如下:

   R

A	B	C
a	3	2
b	0	1
c	2	1

   S

A	B
a	3
b	0
c	2

   由关系R通过运算得到关系S,则所使用的运算为(   )。
   A)选择   B)投影   C)插入   D)连接

10. 将E-R图转换为关系模式时,实体和联系都可以表示为(   )。
    A)属性   B)键   C)关系   D)域

11. 下列关于Python程序格式的描述中正确的是(   )。

A)注释可以在一行中的任意位置开始,这一行都会作为注释不被执行

B)缩进是指每行代码前的留白部分,用来表示层次关系,使代码更加整洁利于阅读,所有代码都需要在行前至少加一个空格

C)Python 不允许在一行的末尾加分号,这会导致语法错误

D)一行代码的长度如果过长,可以使用反斜杠续行

12.下列关于 Python 的描述正确的是(　　　)。

A)Python 的整数类型有长度限制,超过上限会产生溢出错误

B)Python 中采用严格的"缩进"来表明程序格式,不可嵌套

C)Python 中可以用八进制来表示整数

D)Python 的浮点数类型没有长度限制,只受限于内存的大小

13.以下代码的输出结果是(　　　)。

test = {"age":"18","score":"[89,95]","name":"Hawking"}

print(test["score"],test.get("name","Rose"))

A)89,95 Hawking

B)[89,95] Hawking

C)[89,95] Rose

D)[89,95] name

14.下列关于 Python 中复数类型的描述错误的是(　　　)。

A)复数由实数部分和虚数部分构成

B)复数可以看作二元有序实数对(a,b)

C)虚数部分必须有后缀 j,且为小写

D.复数中的虚数部分不能单独存在,必须有实数部分

15.对于以下代码的描述正确的是(　　　)。

s = "Python is good"

l = "isn't it?"

length = len(s)

s_title = s.title()

s_l = s + l

s_number = s[1:6]

print(length)

A)length 为 12

B)s_title 为"PYTHON IS GOOD"

C)s_l 为"Python is good isn't it?"

D)s_number 为"Python"

16.下面的说法错误的是(　　　)。

A)调用函数时,在实参前面加一个星号表示序列解包

B)在 Python 3.x 中语句 print(*[1,2,3])不能正确执行

C)函数是代码复用的一种方式

D)编写函数时,一般建议先对参数进行合法性检查,然后再编写正常的功能代码

17.在 Python 中,不能作为变量名的是(　　　)。

A)student　　　　　　B)2age　　　　　　C)_reg　　　　　　D)use_time

18.下列关于 Python 运算符的使用描述正确的是(　　　)。

A)a =! b,比较 a 与 b 是否不相等

B)a =+ b,等同于 a = a + b

C)a == b,比较 a 与 b 是否相等

D)a //= b,等同于 a = a/b

19.以下代码的输出结果是(　　　)。

print(1.5 + 2.1 == 3.6)

A)3.6

B)True

C)1.5 + 2.1 == 3.6   D)False

20. 以下程序的输出结果是(   )。

    f = lambda x:5

    f(3)

    A)3   B)5   C)3 5   D)35

21. 下面代码的输出结果是(   )。

    for i in reversed(range(7, 4, -1)):

    print(i, end = " ")

    A)7 6 5 4   B)7 6 5   C)5 6 7   D)4 5 6 7

22. 下面代码的输出结果是(   )。

    for i in "Go ahead bravely!":

        if i == "b":

            break

        else:

            print(i, end = "")

    A)Go ahead ravely!   B)bravely!

    C)Go ahead bravely!   D)Go ahead

23. 下面代码的输出结果是(   )。

    for i in range(3):

      for j in "dream":

        if j == "e":

            continue

        print (j, end = "")

    A)dramdramdram   B)drdrdr

    C)dreamdreamdream   D)dream

24. 下面代码的输出结果是(   )。

    try:

        print(8/9/(8//9))

    except:

        print("计算错误")

    A)0   B)1   C)计算错误   D)8

25. 下面代码的输出结果是(   )。

    a = 10

    b = 1

    try:

        c = b // (b / a)

        print(c)

    except (IOError ,ZeroDivisionError):

        print("calculation error")

    else:

        print("no error")

    A)calculation error   B)no error   C)9.0   D)9.0
                                                                      no error

26. Python 中文件的打开模式为"t",对应的文件打开模式为(   )。

    A)只读模式   B)覆盖写模式

C)文本文件模式　　　　　　　　　　　　　D)二进制文件模式

27.以下关于 Python 中文件的打开模式的描述中,错误的是(　　)。

A)"a"表示追加写模式,若文件存在,覆盖原来的内容

B)"r"表示只读模式

C)"w"表示覆盖写模式,若文件存在,覆盖原来的内容

D)"x"创建新的文件

28.关于数据组织的维度描述正确的是(　　)。

A)二维数据由对等关系的有序或无序数据构成

B)高维数据由关联关系数据构成

C)CSV 是一维数据

D)一维数据采用线性方式存储

29.在 Python 中,继承类使用的关键字是(　　)。

A)fun　　　　　　　B)class　　　　　　　C)def　　　　　　　D)super

30.以下关于匿名函数的描述,错误的是(　　)。

A)在 Python 中,lambda 表达式属于可调用对象

B)lambda 表达式中可以使用任意复杂的表达式,但是必须只编写一个表达式

C)g = lambda x:3 是一个合法的赋值语句

D)无法使用 lambda 表达式定义有名字的函数

31.不属于 Python 的标准库的是(　　)。

A)os　　　　　　　B)sys　　　　　　　C)scipy　　　　　　　D)glob

32.下面关于对象和类的关系描述错误的是(　　)。

A)每个对象都是由其对应的类创建出来的

B)对象是类的实例化

C)如果直接使用类名修改其属性,不会影响到已经实例化的对象

D)类是具有相同属性和方法的对象的集合

33.在 Python 中, 用于数据分析的第三方库是(　　)。

A)OpenCV　　　　　　B)matplotlib　　　　　　C)NumPy　　　　　　D)Scrapy

34.Python 中匿名函数的关键字是(　　)。

A)lambda　　　　　　B)global　　　　　　C)with　　　　　　D)pass

35.下面关于 CSV 文件描述错误的是(　　)。

A)CSV 文件格式是一种通用的文件格式,应用于程序之间转移表格数据

B)CSV 文件的每一行是一维数据,可以使用 Python 中的列表类型表示

C)CSV 文件通过多种编码表示字符

D)整个 CSV 文件是一个二维数据

36.下面代码中描述的是哪一种传入参数的方法?(　　)

```
def f(a, b):
    if a > b:
        print("1")
    elif a == b:
        pritn("2")
    else:
        print("3")
f(2, 3)
```

A)可变参数　　　　　B)关键字参数　　　　　C)默认值参数　　　　　D)位置参数

37. 下面关于 Python 中函数的说法错误的是(　　　)。

A) 函数的形参不需要声明其类型

B) 函数没有接收参数时,圆括号可以省略

C) 函数体部分的代码要和关键字 def 保持一定的缩进

D) 函数可以有 return 语句,也可以没有 return 语句

38. 面向对象程序设计的三要素不包含(　　　)。

A) 封装　　　　　　　B) 公有　　　　　　　C) 继承　　　　　　　D) 多态

39. 下面代码的输出结果是(　　　)。

```
n = 2
def f(a):
    n = bool(a - 2)
    return n
b = f(2)
print(n,b)
```

A) 2 0　　　　　　　B) 0 True　　　　　　C) 2 False　　　　　D) 0 False

40. 下面关于 Python 说法错误的是(　　　)。

A) Python 拥有庞大的计算生态,从游戏制作到数据处理,再到数据可视化等

B) 很多采用 C、C++、Java 等语言编写的专业库可经过简单的接口封装供 Python 程序调用

C) Python 是一种编译型语言

D) Python 语言拥有严格的缩进规则

二、基本操作题(共 15 分)

41. 考生文件夹下存在一个文件"PY101.py",请写代码替换横线,不修改其他代码,实现以下功能。
列表中有 4 个元素,将其倒序输出。

试题程序:

```
# 请在_____处使用一行代码或表达式替换
# 注意:请不要修改其他已给出代码
animals = ['cow','duck','cat','dog']
____(1)____
print(____(2)____)
```

42. 考生文件夹下存在一个文件"PY102.py",请写代码替换横线,不修改其他代码,实现以下功能。
文件给出字符串,删除字符串开头和末尾的空白,将结果输出到屏幕。

试题程序:

```
# 请在_____处使用一行代码或表达式替换
# 注意:请不要修改其他已给出代码
word = " 床前明月光, 疑是地上霜。"
print(_____)
```

43. 考生文件夹下存在一个文件"PY103.py",请写代码替换横线,不修改其他代码,实现以下功能。
使用循环输出从 1~50(包含 1)的奇数。

试题程序:

```
# 请在_____处使用一行代码或表达式替换
# 注意:请不要修改其他已给出代码
____(1)____
while count < 50:
```

```
    ___(2)___
 if count % 2 = = 0:
    ___(3)___
 print(count,end = ",")
```

三、简单应用题(共 25 分)

44. 考生文件夹下存在一个文件"PY201.py",请写代码替换横线,不修改其他代码,实现以下功能。

使用 turtle 库的 turtle.circle()函数、turtle.seth()函数及 turtle.left()函数绘制一个四瓣花图形,效果如下所示。

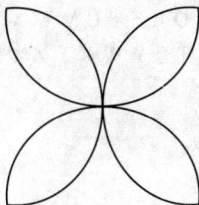

试题程序:

```
# 请在_____处使用一行代码或表达式替换
# 注意:请不要修改其他已给出代码
import turtle
for i in range(___(1)___):
    turtle.seth(___(2)___)
    turtle.circle(50,90)
    turtle.seth(___(3)___)
    turtle.circle(50,90)
turtle.___(4)___
```

45. 考生文件夹下存在一个文件"PY202.py",该文件是本题目的代码提示框架,其中代码可以任意修改。请在该文件中编写代码,以实现如下功能。

使用 Python 的异常处理结构编写对数计算,要求底数大于 0 且不等于 1,真数大于 0,且输入的必须为实数,否则抛出对应的异常。

试题程序:

```
# 以下代码为提示框架
# 请在...处使用一行或多行代码替换
# 请在_____处使用一行代码替换
# 注意:提示框架的代码可以任意修改,以完成程序功能为准
_____

try:
    a = eval(input('请输入底数:'))
    b = eval(input('请输入真数:'))
    c = _____
except ValueError:
    ...
except ZeroDivisionError:
    print('底数不能为1')
except NameError:
    print('输入必须为实数')
```

```
else:
    print(c)
```

四、综合应用题(共 20 分)

46. 考生文件夹下存在一个 Python 源文件"PY301.py",请按照文件内说明修改代码,实现以下功能。

恺撒密码是一种非常古老的加密算法,相传当年恺撒大帝行军打仗时为了保证自己的命令不被敌军知道,它采用了替换方法将信息中的每一个英文字母循环替换为字母表序列中该字母后面的第三个字母,即循环后三位,对应关系如下。

原文:A B C D E F G H I J K L M N O P Q R S T U V W X Y Z
密文:D E F G H I J K L M N O P Q R S T U V W X Y Z A B C

原文字母 P,其密文字母 C 满足如下条件。

$C = (P + 3) \bmod 26$

解密方法反之,满足如下条件。

$P = (C - 3) \bmod 26$

恺撒密码包括加密算法和解密算法两个部分。

恺撒密码的加密算法程序首先接收用户输入的文本,然后对字母 a ~ z 和字母 A ~ Z 按照密码算法进行转换,同时输出。其他非英文字母原样输出。

试题程序:

```
# 以下代码为提示框架
# 请在...处使用一行或多行代码替换
# 注意:提示框架的代码可以任意修改,以完成程序功能为准
intxt = input("请输入明文:")
...
```

第 9 套　无纸化考试题库试题

一、选择题(每题 1 分,共 40 分)

1. 下列数据结构中,属于非线性结构的是(　　)。
   A)循环队列　　　　　　B)带链队列　　　　　　C)二叉树　　　　　　D)带链栈

2. 下列数据结构中,能够按照"先进后出"原则存取数据的是(　　)。
   A)循环队列　　　　　　B)栈　　　　　　C)队列　　　　　　D)二叉树

3. 对于循环队列,下列叙述中正确的是(　　)。
   A)队头指针是固定不变的
   B)队头指针一定大于队尾指针
   C)队头指针一定小于队尾指针
   D.队头指针可以大于队尾指针,也可以小于队尾指针

4. 算法的空间复杂度是指(　　)。
   A)算法在执行过程中所需要的计算机存储空间
   B)算法所处理的数据量
   C)算法程序中的语句或指令条数
   D)算法在执行过程中所需要的临时工作单元数

5. 软件设计中划分模块的一个准则是(　　)。
   A)低内聚、低耦合　　　　　　　　　　　　　B)高内聚、低耦合
   C)低内聚、高耦合　　　　　　　　　　　　　D)高内聚、高耦合

6.下列选项中不属于结构化程序设计原则的是(　　)。

A)可封装　　　　　　B)自顶向下　　　　　　C)模块化　　　　　　D)逐步求精

7.软件详细设计产生的图如下：

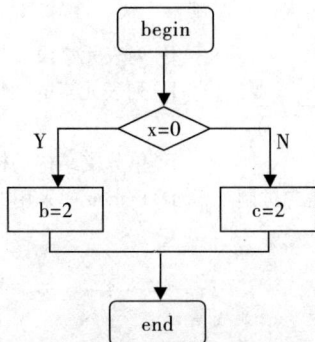

该图是(　　)。

A)N-S 图　　　　　　　　　　　　　　　　B)PAD

C)程序流程图　　　　　　　　　　　　　　D)E-R 图

8.数据库管理系统是(　　)。

A)操作系统的一部分　　　　　　　　　　B)在操作系统支持下的系统软件

C)一种编译系统　　　　　　　　　　　　D)一种操作系统

9.在 E-R 图中,用来表示实体的图形是(　　)。

A)椭圆形　　　　　　B)矩形　　　　　　C)菱形　　　　　　D)三角形

10.有 3 个关系 R、S、T 如下：

R

A	B	C
a	1	2
b	2	1
c	3	1

S

A	B	C
d	3	2

T

A	B	C
a	1	2
b	2	1
c	3	1
d	3	2

其中关系 T 是由关系 R 和 S 通过某种运算得到,该运算为(　　)。

A)选择　　　　　　B)投影　　　　　　C)交　　　　　　D)并

11.下列关于 Python 的描述正确的是(　　)。

A)列表的下标是从 1 开始的

B)元组的元素值可以修改、删除、连接

C)字典中的"键"只能是整数、字符串

D)集合分为可变集合和不可变集合,可变集合的元素可以添加、删除

12.以下不属于 Python 保留字的是(　　)。

A)pass　　　　　　B)use　　　　　　C)with　　　　　　D)None

13.以下属于 Python 的映射类型的是(　　)。

A)str　　　　　　B)tuple　　　　　　C)list　　　　　　D)dict

14.以下关于 Python 中字典的描述正确的是(　　)。

A)字典用花括号({})创建,每个元素都是一个键值对

B)创建字典只能通过 dict()函数

C)字典中不可以嵌套字典

D)使用 del 语句进行字典操作时,不需要指定字典名和要删除的键

15. 以下不能创建一个字典的语句是(　　　)。
　　A)dic = {}　　　　　　　　　　　　　　B)dic = {1:5}
　　C)dic = {(1,2):"use"}　　　　　　　　　D)dic = {[1,2]:"use"}

16. 下列关于 Python 列表的描述错误的是(　　　)。
　　A)列表元素可以被修改　　　　　　　　B)列表元素没有长度限制
　　C)列表元素的个数不限　　　　　　　　D)列表元素的数据类型必须一致

17. 下列关于 Python 的描述正确的是(　　　)。
　　A)字典中不可以嵌套字典　　　　　　　B)单分支结构的格式为 if-elif
　　C)Python 中整数的默认书写格式是二进制　D)Python 中采用"#"表示一行注释的开始

18. 下列代码的输出结果是(　　　)。
```
ls = [[0,1],[5,6],[7,8]]
lis = []
for i in range(len(ls)):
    lis.append(ls[i][1])
print(lis)
```
　　A)[1,6,8]　　　　　B)[0,5,7]　　　　　C)[0,6,8]　　　　　D)[0,1]

19. 下列关于 Python 内置函数的使用,描述错误的是(　　　)。
　　A)int(x)是将 x 转换为一个整数　　　　B)print("6＋5")的输出是 11
　　C)dic.clear()的结果是清空字典 dic　　　D)使用 append()函数可以向列表添加元素

20. 以下代码的输出结果是(　　　)。
```
Test_list = list(range(6))
Print(6 in Test_list)
```
　　A)6　　　　　　　B)6 in Test_list　　　C)True　　　　　　D)False

21. 下面代码的输出结果是(　　　)。
```
for x in range(2,8):
    y = 0
    y += x
print(y)
```
　　A)27　　　　　　　B)7　　　　　　　　C)8　　　　　　　　D)35

22. 下面代码的输出结果是(　　　)。
```
for i in "football":
    if i == "t":
        continue
    print(i,end="")
```
　　A)无输出　　　　　B)ll　　　　　　　　C)footba　　　　　　D)fooball

23. 下面代码的输出结果是(　　　)。
```
a = 0
for i in range(1,5):
    a += i
print(a)
```
　　A)0　　　　　　　B)10　　　　　　　　C)11　　　　　　　D)15

24. 下面说法错误的是(　　　)。
　　A)在 UTF－8 编码中一个汉字需要占用 3 个字节
　　B)在 GBK 和 CP936 编码中一个汉字需要 2 个字节
　　C)Python 运算符% 不仅可以用来求余数,还可以用来格式化字符串

D）Python 字符串方法 replace( ) 对字符串进行原地修改

25. 以下关于程序的异常处理的描述中,错误的是(　　)。

A）在 try – except – else 结构中,如果 try 块的语句引发了异常则会执行 else 块中的代码

B）异常处理结构中的 finally 块中的代码仍然有可能出错从而再次引发异常

C）一般不建议在 try 中放太多代码,而是应该只放入可能会引发异常的代码

D）在异常处理结构中,不论是否发生异常,finally 子句中的代码总是会执行的

26. 以下选项中不是 Python 文件读/写操作方法的是(　　)。

A）write( )　　　　　　B）writelines( )　　　　　　C）readtext( )　　　　　　D）read( )

27. 以下选项中不是 Python 文件目录操作方法的是(　　)。

A）split( )　　　　　　B）rename( )　　　　　　C）getcwd( )　　　　　　D）rmdir( )

28. 关于二维数据描述错误的是(　　)。

A）二维列表对象输出为 CSV 文件,将遍历循坏和字符串的 split( ) 方法相结合

B）二维数据由关联关系的数据构成

C）二维数据是一维数据的组合形式,由多个一维数据组合形成

D）二维数据可以使用二维列表表示,即列表中的每一个元素对应二维数据的每一行

29. 下面代码的输出结果是(　　)。

```
list = ["1","3","5"]
def app(x):
    list. append(x)
app("7")
print(list)
```

A）['1','3','5']

B）['1','3','5','7']

C）['7']

D）"1,3,5,7"

30. 下面代码的输出结果是(　　)。

```
def fun(x):
    return x ** 2 + 6
fun(8)
```

A）14　　　　　　B）16　　　　　　C）无输出　　　　　　D）70

31. 以下属于 Python 中 Web 开发的第三方库的是(　　)。

A）Django　　　　　　B）TinyDB　　　　　　C）audiolazy　　　　　　D）Pattern

32. 下面代码输出的图形是(　　)。

```
for i in range( -3, 4):
    if i < 0:
        print(' '*( -i) +'*'*(4 +i))
    elif i > 0:
        print(' '*3 +'*'*(4 -i))
    else:
        print('*'*7)
```

```
A)    *        B)    *         C)                D)  *  *  *
     **            **             * * *            *  *  *
    ***            ***          * * * * *           * * *
   *******        ****         * * * * * * *         * *
    ***            ***       * * * * * * * * *      * * *
     *              *                            *  *  *
                                                 *  *  *
```

33. 下面关于 Python 中继承的说法错误的是(　　　)。

A)创建子类实例时，Python 首先需要完成的任务是给父类的所有属性赋值

B)Python 中，super( )是一个特殊函数，帮助 Python 将父类和子类关联起来

C)函数 super( )只需要一个实参，即子类名

D)对于父类的方法，可对其进行重写，即在子类中定义一个这样的方法，它要与重写的父类名方法同名

34. 下面关于 Python 内置函数的说法错误的是(　　　)。

A)内置函数是不需要关键字 import 导入而可以直接使用的函数

B)求绝对值的函数 abs(x)是 Python 的内置函数

C)range(a,b,s)函数是 Python 的内置函数

D)开平方函数 sqrt(x)是 Python 的内置函数

35. 下面关于 Python 中模块导入的说法错误的是(　　　)。

A)Python 中，可以使用 import 语句将一个源文件作为模块导入

B)在系统导入模块时，会创建一个名为源代码的文件的对象，该对象引用模块的名字空间，即可通过这个对象访问模块中的函数和变量

C)import 语句可在程序的任何位置使用，可以在程序中多次导入统一模块，每次导入该模块时都会将该模块中的代码执行一次

D)模块导入时可以使用 as 关键字来改变模块的引用对象名字

36. 下面关于 Python 中的变量描述错误的是(　　　)。

A)全局变量和局部变量两者的本质区别就是在于作用域

B)全局变量在函数内部和函数外部都可以访问使用

C)局部变量也可以在函数外部使用

D)在函数内部要对全局变量进行修改，需要加上 global 声明

37. 下面代码的输出结果是(　　　)。

```
a = 1
def fun( a ):
    a = a + 2
    return a
print( a, fun( a ) )
```

A)1,1　　　　　　　B)1,3　　　　　　　C)3,3　　　　　　　D)3,1

38. 下面关于 Python 标准库和第三方库的说法正确的是(　　　)。

A)Python 的第三方库是随着 Python 安装时默认自带的库

B)Python 的标准库和第三方库的调用方式都一样，都需要用 import 语句调用

C)Python 的第三方库需要用 import 语句调用，而标准库不需要

D)Python 的标准库需要用 import 语句调用，而第三方库不需要

39. 下面关于 Python 中类和面向对象的说法错误的是(　　　)。

A)在 Python 中一个类可以继承多个父类

B)某个类把所需要的数据和对数据的操作都封装在类中，分别称为类的成员变量和方法，这种编程特性称为封装

C)类中公有的成员方法和私有的成员方法可以通过名字来区分

D)在子类继承父类时，父类的私有属性和方法都会被子类继承

40. 假设有一个包含一个函数的程序放在一个文件中，在主程序文件中使用下面各种方法来导入它，方法错误的是(　　　)。

A)import module　　　　　　　　　　　B)from module as f import function

C)import module as m　　　　　　　　　D)from module import ＊

二、基本操作题(共 15 分)

41. 考生文件夹下存在一个文件"PY101.py",请写代码替换横线,不修改其他代码,实现以下功能。
循环获得用户输入,直至用户输入 y 或者 Y 则退出程序。
试题程序:
请在_____处使用一行代码或表达式替换
注意:请不要修改其他已给出代码

```
while ____(1)____:
    s = input("请输入信息:")
    if ____(2)____:
        break
```

42. 考生文件夹下存在一个文件"PY102.py",请写代码替换横线,实现以下功能。
使用 calendar 库,用键盘输入年份,输出当年的日历。
试题程序:
请在_____处使用一行代码或表达式替换
注意:请不要修改其他已给出代码

```
import calendar
year = ____(1)____(input("请输入年份:"))
table = ____(2)____(year)
print(table)
```

43. 考生文件夹下存在一个文件"PY103.py",请写代码替换横线,实现以下功能。
输入下面一段话,将其中出现的字符"兵"全部替换为"将",输出替换后的字符串。
八百标兵奔北坡,炮兵并排北边跑,炮兵怕把标兵碰,标兵怕碰炮兵炮。八百标兵奔北坡,
北坡八百炮兵炮,标兵怕碰炮兵炮,炮兵怕把标兵碰。八了百了标了兵了奔了北了坡,炮了
兵了并了排了北了边了跑,炮了兵了怕了把了标了兵了碰,标了兵了怕了碰了炮了兵了炮。
试题程序:
请在_____处使用一行代码或表达式替换
注意:请不要修改其他已给出代码

```
s = input("请输入绕口令:")
print(s._____("兵","将"))
```

三、简单应用题(共 25 分)

44. 考生文件夹下存在一个文件"PY201.py",请写代码替换横线,不修改其他代码,实现以下功能。
使用 turtle 库中的 pencolor() 和 fillcolor() 方法为图形着色(画笔颜色为黑色,填充颜色为红色),使用 setup() 方法在桌面(400,400)的位置创建 600 像素 ×600 像素的画布窗体,效果如下所示。

试题程序
请在_____处使用一行代码或表达式替换

```
# 注意:请不要修改其他已给出代码
from turtle import *
def curvemove():
    for i in range(200):
        right(1)
        forward(1)
setup(600,600,400,400)
hideturtle()
____(1)____('black')
____(2)____("red")
pensize(2)
begin_fill()
left(140)
forward(111.65)
curvemove()
left(120)
curvemove()
forward(111.65)
end_fill()
penup()
goto(-27,85)
pendown()
done()
```

45. 考生文件夹下存在一个文件"PY202.py",该文件是本题目的代码提示框架,其中代码可以任意修改,请在该文件中编写代码,以实现如下功能。

输出九九乘法表。按照乘法表的格式输出九九乘法表,并将输出的结果保存在考生文件夹下,命名为"PY202.txt"。

试题程序:

```
# 以下代码为提示框架
# 请在...处使用一行或多行代码替换
# 注意:提示框架的代码可以任意修改,以完成程序功能为准
fo = open("PY202.txt","w")
...
fo.close()
```

四、综合应用题(共 20 分)

46. 考生文件夹下存在两个 Python 源文件"PY301-1.py"和"PY301-2.py",分别对应两个问题,请按照文件内说明修改代码,实现以下功能。

李白,字太白,号青莲居士,又号"谪仙人",是唐代伟大的浪漫主义诗人,被后世誉为"诗仙"。考生文件夹下有一个"关山月.txt"文件,内容如下。

明月出天山,苍茫云海间。长风几万里,吹度玉门关。汉下白登道,胡窥青海湾。由来征战地,不见有人还。戍客望边邑,思归多苦颜。高楼当此夜,叹息未应闲。

问题1:这是一段由标点符号分隔的文本,请编写程序,以"。"句号为分隔,将这段文本转换为诗词风格,输出到文件"关山月-诗歌.txt"中。

试题程序：

```
# 以下代码为提示框架
# 请在...处使用一行或多行代码替换
# 注意:提示框架的代码可以任意修改,以完成程序功能为准
fi = open("关山月.txt","r")
...
fi.close()
fo.close()
```

问题2:把问题1生成的"关山月 – 诗歌.txt"文件,以每行为单位,保留标点符号为原顺序和位置,输出全文的反转形式。将文件保存在考生文件夹下并命名为"关山月 – 反转.txt"。输出的形式如下。

高楼当此夜,叹息未应闲。

戍客望边邑,思归多苦颜。

由来征战地,不见有人还。

汉下白登道,胡窥青海湾。

长风几万里,吹度玉门关。

明月出天山,苍茫云海间。

试题程序：

```
# 以下代码为提示框架
# 请在...处使用一行或多行代码替换
# 注意:提示框架的代码可以任意修改,以完成程序功能为准
fi = open("关山月 – 诗歌.txt","r")
fo = open("关山月 – 反转.txt","w")
...
fi.close()
fo.close()
```

视频解析

第 10 套　无纸化考试题库试题

一、选择题(每题 1 分,共 40 分)

1. 下列叙述中正确的是(　　)。
   A)线性表的链式存储结构与顺序存储结构所需要的存储空间是相同的
   B)线性表的链式存储结构所需要的存储空间一般要多于顺序存储结构
   C)线性表的链式存储结构所需要的存储空间一般要少于顺序存储结构
   D)线性表的链式存储结构与顺序存储结构在存储空间的需求上没有可比性

2. 下列叙述中正确的是(　　)。
   A)栈是一种先进先出的线性表　　　　　B)队列是一种后进先出的线性表
   C)栈与队列都是非线性结构　　　　　　D)以上 3 种说法都不对

3. 软件测试的目的是(　　)。
   A)评估软件可靠性　　　　　　　　　　B)发现并改正程序中的错误
   C)改正程序中的错误　　　　　　　　　D)发现程序中的错误

4. 在软件开发中,需求分析阶段产生的主要文档是(　　)。
   A)软件集成测试计划　　　　　　　　　B)软件详细设计说明书
   C)用户手册　　　　　　　　　　　　　D)软件需求规格说明书

5. 软件生命周期是指(　　)。
   A)软件产品从提出、实现、使用、维护到停止使用的过程

B)软件从需求分析、设计、实现到测试完成的过程

C)软件的开发过程

D)软件的运行维护过程

6.面向对象方法中,继承是指(　　)。

A)一组对象所具有的相似性质　　　　　　　B)一个对象具有另一个对象的性质

C)各对象之间的共同性质　　　　　　　　　D)类之间共享属性和操作的机制

7.层次型、网状型和关系数据库的划分原则是(　　)。

A)记录长度　　　　　　　　　　　　　　　B)文件的大小

C)联系的复杂程度　　　　　　　　　　　　D)数据之间的联系方式

8.一个工作人员可以使用多台计算机,而一台计算机可被多个人使用,则实体工作人员与实体计算机之间的联系是(　　)。

A)一对一　　　　B)一对多　　　　C)多对多　　　　D)多对一

9.数据库设计中反映用户对数据要求的模式是(　　)。

A)内模式　　　　B)概念模式　　　　C)外模式　　　　D)设计模式

10.有 3 个关系 R、S、T 如下:

R

A	B	C
a	1	2
b	2	1
c	3	1

S

A	B	C
a	1	2
b	2	1

T

A	B	C
c	3	1

则由关系 R 和 S 得到关系 T 的运算是(　　)。

A)自然连接　　　　B)差　　　　C)交　　　　D)并

11.下列关于 Python 的描述正确的是(　　)。

A)代码的缩进错误导致的是逻辑错误

B)跳跃结构是 Python 的流程结构之一

C)Python 支持的数据类型包括 char、int 及 float 等

D)Python 内存管理中,变量无须事先创建和赋值,而是可以直接使用

12.下列关于分支结构的描述错误的是(　　)。

A)分支结构包括单分支结构、二分支结构及多分支结构

B)单分支结构的书写形式包括(if-else)

C)多分支结构通常适用于判断一类条件或同一个条件的多个执行路径

D)使用多分支结构时需要注意多个逻辑条件的先后顺序,避免逻辑上的错误

13.以下关于 Python 的描述正确的是(　　)。

A)字典的创建必须使用 dict( ) 函数

B)列表和字符串属于序列,但元组不属于序列

C)Python 只有一种内置的映射类型,就是字典

D)字符串可以进行切片并赋值

14.在 Python 中,不属于组合数据类型的是(　　)。

A)浮点数类型　　　　B)列表类型　　　　C)字典类型　　　　D)字符串类型

15.在 Python 中,使用 for-in 方式形成的循环不能遍历的类型是(　　)。

A)复数　　　　B)列表　　　　C)字典　　　　D)字符串

16.下列不属于处理 Python 中字典的方法的是(　　)。

A)pop( )　　　　B)replace( )　　　　C)get( )　　　　D)popitem( )

17. 下列说法正确的是(　　)。

A)set( )可以将任何类型转换为集合类型

B)remove( )方法删除集合中的元素,不管元素存不存在都不报错

C)集合中的元素不可重复,元素类型只能是不可变数据类型

D)集合元素是有序的

18. 下列哪个语句在 Python 中是非法的?(　　)

A)x = y = z = 1

B)x = (y = z + 1)

C)x,y = y,x

D)x += y

19. 以下选项中 Python 不支持的数据类型是(　　)。

A)int　　　　　　B)char　　　　　　C)float　　　　　　D)list

20. 以下关于元组的描述正确的是(　　)。

A)元组和列表相似,所有能对列表进行的操作都可以对元组进行

B)创建元组时,若元组中仅包含一个元素,在这个元素后可以不添加逗号

C)元组中的元素不能被修改

D)多个元组不能进行连接

21. 下面不是"+"的用法的是(　　)。

A)字符串连接　　B)逻辑与　　　　C)算术加法　　　　D)单目运算

22. 下面代码的输出结果为(　　)。

```
for i in range(8):
    if i%2 != 1:
        continue
    else:
        print(i,end = ",")
```

A)0,　　　　　　B)1,　　　　　　C)1,3,5,7,　　　　D)0,2,4,6,

23. 不能使下面代码结束的是(　　)。

```
while True:
    inp = eval(input("请输入一个数值:"))
    if inp // 3:
        break
```

A)2　　　　　　　B)3　　　　　　　C)4　　　　　　　D)5

24. 以下不属于 Python 中异常处理结构的是(　　)。

A)try-except

B)try-except-if

C)try-except-else

D)try-except-finally

25. 以下语句不会引发异常的是(　　)。

A)a = b = 3 +1 j

B)1 + "1"

C)3 / 0

D)print "no error"

26. 以下关于 Python 处理二进制文件的描述中,错误的是(　　)。

A)Python 不可以处理 PDF 文件

B)Python 能处理 Excel 文件

C)Python 能处理音频文件

D)Python 能处理图形图像文件

27. Python 中文件的打开模式不包含(　　)。

A)'a'　　　　　　B)'b'　　　　　　C)'c'　　　　　　D)'+'

28. 如果文件 a. txt 在目录"C:\\A"下,执行以下代码会发生的操作是(　　)。

```
import os
```

os. rmdir(r'C: \\A')

　　A)删除文件夹 A，保留文件 a.txt　　　　　　　B)删除文件夹 A 和文件 a.txt

　　C)删除文件 a.txt，保留文件夹 A　　　　　　　D)OSError

29. 下面代码的输出结果是(　　　)。

```
def fun(a,b):
    t = a
    a = b
    b = t
    print(a,b)
fun(pow(3,2),pow(2,3))
```

　　A)3 2　　　　　　　　B)2 3　　　　　　　　C)8 9　　　　　　　　D)9 8

30. 下面代码的输出结果是(　　　)。

```
def fun(x,y,z):
    u = x + y - z
    print(u)
fun(1 +2j,5,4 -1j)
```

　　A)NameError　　　　B)(2 +3j)　　　　　　C)2　　　　　　　　　D)3j

31. 下面属于 Python 的标准库是(　　　)。

　　A)turtle　　　　　　B)jieba　　　　　　　C)scipy　　　　　　　D)Flask

32. 下面关于 Python 中匿名函数 lambda 的说法错误的是(　　　)。

　　A)lambda 拥有自己的命名空间，不能访问自己参数列表之外或全局命名空间的参数

　　B)lambda 的主体是一个表达式，而不是一个代码块

　　C)使用 lambda 省去了定义函数的过程，代码更加精简

　　D)f = lambda x : x * x,匿名函数中冒号前的 x 表示函数名称

33. 下面代码的输出结果是(　　　)。

```
def f(n):
    if n == 1:
        return 1
    else:
        return n * f(n -1)
print(f(4))
```

　　A)24　　　　　　　　B)4　　　　　　　　　C)0　　　　　　　　　D)10

34. 下面关于 Python 中模块导入的说法错误的是(　　　)。

　　A)Python 可以导入一个模块中的特定函数

　　B)用逗号分隔函数名,可根据需要从模块中导入任意数量的函数

　　C)使用井号运算符(#)可以导入模块中的所有函数

　　D)Python 中可以给模块指定别名,通过给模块指定简短的别名,可更轻松调用模块中函数

35. 下面关于 Python 中实参和形参的说法错误的是(　　　)。

　　A)在函数定义时的参数被称为形参,形参不是实际存在的变量

　　B)可选参数一般都放置在非可选参数的后面

　　C)实参必须是一个常量

　　D)形参存在的目的是接收调用函数时传入的实参

36. 下面是 Python 的内置函数的是(　　　)。

　　A)linspace(a,b,s)　　　　　　　　　　B)eye(n)

　　C)bool(x)　　　　　　　　　　　　　　D)fabs(x)

37. 下面代码的输出结果是(　　)。

```
a = divmod(5,2)
b = divmod(2,6)
c = set(a + b)
print(sum(c))
```

A)3　　　　　　　　B)5　　　　　　　　C)2　　　　　　　　D)0

38. 下面关于 Python 中函数参数的说法错误的是(　　)。

A)在函数定义时必须固定参数的数量

B)使用位置参数传参时实参的数量和顺序必须和函数声明时的参数一样

C)若是参数有默认值,在调用函数时没有给参数赋值,调用的函数就会使用这个默认值

D)关键字参数传参是指在调用函数时通过参数名传递值

39. 下面关于 Python 中函数的说法错误的是(　　)。

A)函数的一个优点是方便修改,更易扩展

B)函数名是可以使用保留字的

C)函数名必须以下划线、中文或字母开头

D)函数名区分大小写

40. 下面代码的输出结果是(　　)。

```
words = "hello Python world!"
f = lambda x: len(x)
for i in words.split():
print(f(i),end = " ")
```

A)5 5 5　　　　　　B)5 6 6　　　　　　C)6 6 6　　　　　　D)11 11 11

二、基本操作题(共 15 分)

41. 考生文件夹下存在一个文件"PY101.py",请写代码替换横线,不修改其他代码,实现以下功能。获取用户输入的一组数字,采用逗号分隔,输出其中的最大值。

示例如下:

请输入一组数据,以逗号分隔:8,78,54,520,21,34

输出:520

试题程序:

```
# 请在_____处使用一行代码或表达式替换
# 注意:请不要修改其他已给出代码
data = eval( input("请输入一组数据,以逗号分隔:"))
print(_____)
```

42. 考生文件夹下存在一个文件"PY102.py",请写代码替换横线,不修改其他代码,实现以下功能。使用 jieba 库,把题目给出的文本进行分词,并将分词后的结果输出。

试题程序:

```
# 请在_____处使用一行代码或表达式替换
# 注意:请不要修改其他已给出代码
____(1)____
s = "一件事情没有做过,就没有资格对此事发表看法"
ls = ____(2)____
print(ls)
```

43. 考生文件夹下存在一个文件"PY103.py",请写代码替换横线,不修改其他代码,实现以下功能。

使用 time 库把系统的当前时间信息以格式"2018 年 12 月 04 日 18 时 18 分 21 秒"输出。

试题程序：

请在_____处使用一行代码或表达式替换

注意：请不要修改其他已给出代码

```
import time
t = ____(1)____
print(time.____(2)____("____(3)____",t))
```

三、简单应用题(共 25 分)

44. 考生文件夹下存在一个文件"PY201.py"，该文件是本题目的代码提示框架，其中代码可以任意修改。请在该文件中编写代码，以实现如下功能。

使用循环输出由星号组成的实心菱形图案，如下所示。

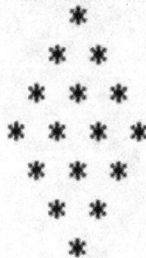

```
      *
     * *
    * * *
   * * * *
    * * *
     * *
      *
```

试题程序：

请在...处使用一行或多行代码替换

注意：请不要修改其他已给出代码

```
for i in range(0,4):
    ...
for i in range(0,4):
    ...
```

45. 考生文件夹下存在一个文件"PY201.py"，该文件是本题目的代码提示框架，其中代码可以任意修改。请在该文件中编写代码，以实现如下功能。

使用 turtle 库的 fd( ) 函数和 right( ) 函数绘制一个边长为 100 像素的正六边形，再用 circle( ) 函数绘制半径为 60 像素的红色圆内接正六边形，效果如下所示。

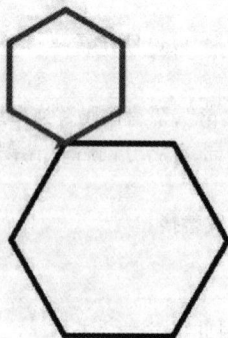

试题程序：

以下代码为提示框架

```
# 请在_____处使用一行代码替换
# 注意:提示框架的代码可以任意修改,以完成程序功能为准
from turtle import *
pensize(5)
for i in range(6):
    fd(___(1)___)
     right(___(2)___)
color("red")
circle(60,___(3)___)
```

四、综合应用题(共 20 分)

46. 考生文件夹下存在一个文件“PY301. py”,该文件是本题目的代码提示框架,其中代码可以任意修改。请按照源文件内部说明修改代码,实现以下功能。

设计一个猜字母的程序,程序随机给出 26 个小写字母中的一个,答题者输入猜测的字母,若输入的不是 26 个小写字母之一,让用户重新输入;若字母在答案之前或之后,程序给出相应正确提示;若答错 5 次,则答题失败并退出游戏;若回答正确,程序输出回答次数并退出游戏。

试题程序:

```
# 以下代码为提示框架
# 请在...处使用一行或多行代码替换
# 请在_____处使用一行代码替换
# 注意:提示框架的代码可以任意修改,以完成程序功能为准
import _____
letter_list = ['a','b','c','d','e','f','g',
'h','i','j','k','l','m','n',
'o','p','q','r','s','t',
'u','v','w','x','y','z']
letter = letter_list[random._____(0, 25)]
count = 0
while True:
    ...
```

3.2 参考答案及解析

第1套 参考答案及解析

一、选择题

1. A 【解析】算法的时间复杂度是指执行算法所需要的计算工作量,计算工作量是用算法所执行的基本运算次数来度量的。本题选择 A 选项。

2. B 【解析】在实际应用中,队列的顺序存储结构一般采用循环队列的形式。当循环队列为满或者为空时:队尾指针 = 队头指针。本题选择 B 选项。

3. C 【解析】根据完全二叉树的性质:具有 n 个结点的完全二叉树的深度为 $[\log_2 n] + 1$。本题中完全二叉树共有 256 个结点,则深度为 $[\log_2 256] + 1 = 8 + 1 = 9$。本题选择 C 选项。

4. D 【解析】满二叉树与完全二叉树均为非线性结构,但可以按照层次进行顺序存储。本题选择 D 选项。

5. A 【解析】需求分析是软件开发之前必须要做的准备工作之一。需求是指用户对目标软件系统在功能、行为、性能、设计约束等方面的期望,故需求分析的主要任务是确定软件系统的功能。本题选择 A 选项。

6. B 【解析】扇入数指调用一个给定模块的模块个数。扇出数是指由一个模块直接调用的其他模块数,即一个模块直接调用的下层模块的数目。本题选择 B 选项。

7. C 【解析】对象具有封装性,从外面只能看到对象的外部特性,对象的内部对外是封闭的,即封装实现了将数据和操作置于对象统一体中。本题选择 C 选项。

8. D 【解析】关系模型采用二维表来表示,简称表。本题选择 D 选项。

9. A 【解析】一家供应商可提供多种零件,一种零件也可被多家供应商提供,所以实体供应商和实体零件之间的联系是多对多。本题选择 A 选项。

10. B 【解析】对于关系模式,若其中的每个属性都已不能再分为简单项,则它属于第一范式模式。题目中班级关系的"班级学生"属性,还可以再分,如学号、姓名、性别、出生日期等,因此班级关系不满足第一范式。本题选择 B 选项。

11. C 【解析】在 Python 中,变量的命名规则:以字母或下划线开头,后面跟字母、下划线及数字;不能以数字开头。本题选择 C 选项。

12. D 【解析】缩进:在逻辑行首的空白(空格符或制表符)用来决定逻辑行的缩进层次,从而决定语句的分组。这意味着同一层次的语句必须有相同的缩进,不是同一层次的语句不需要有相同的缩进。所以,不是所有代码行前都要加空格符。本题选择 D 选项。

13. B 【解析】在 Python 中 len( ) 函数用来输出字符串长度,x = 'R\0S\0T',分别有 R、\0、S、\0 及 T 这 5 个字符,所以 len(x) = 5,print(len(x)) 是将 5 输出。这里要注意,Python 中 len( ) 函数遇见'\0'不结束,'\0'是一个转义字符。本题选择 B 选项。

14. D 【解析】Python 是一种解释型脚本语言,边解释边运行。Python 主要应用于以下几个领域:Web 开发、爬虫开发、科学计算、高性能服务器后端、开发界面程序;QT 也提供了对 Python 的支持,因为 Python 的开源库中包括了对 C/C + + lib 库的调用。本题选择 D 选项。

15. C 【解析】在 Python 中,算术运算符 // 表示整数除法,返回不大于结果的一个最大的整数,而 / 则表示浮点数除法,返回浮点数结果。
所以依次计算 5 * 8 = 40,40 - 14 = 26,26 * 3 = 78,78//6 = 13,12 + 13 = 25。本题选择 C 选项。

16. A 【解析】在 Python 中,break 意为结束循环,continue 是结束当前循环进入下一个循环。本题选择 A 选项。

17. A 【解析】Python 中的循环结构有 for 语句和 while 语句。if 是选择结构语句。本题选择 A 选项。

18. B 【解析】本题代码先用 import 导入 turtle 库,for 循环依次将 1 ~ 6 赋值给变量 i,i 依次为 1、2、3、4、5、6,fd( )是画笔当前的前进方向,left( )是画笔的移动角度,故绘制出来的是六边形。本题选择 B 选项。

19. C 【解析】条件 4 <= 5 <= 6 是成立的,故输出 True。本题选择 C 选项。

20. C 【解析】for 循环依次将 1 ~ 5 依次赋给变量 i,i 依次为 1、2、3、4、5。当 i%4 == 0 时,结束本次循环进入下一循环;反之输出 i 的值,故输出 1、2、3、5。本题选择 C 选项。

21. D　【解析】在 Python 中,return 语句用来结束函数并将程序返回到函数被调用的位置继续执行。return 语句可以出现在函数中的任何部分,可以同时将 0 个、1 个或多个函数运算结果返回给函数被调用处的变量。函数可以没有 return 语句,此时函数并不返回值。

return 语句返回的是值而不是表达式,故程序无输出。本题选择 D 选项。

22. B　【解析】函数定义:函数是指一组语句的集合,这些语句通过一个名字(函数名)封装起来,要想执行这个函数,只需要调用其函数名即可。函数主要的作用是提高应用的模块性和代码的重复利用率。C 选项错误。return 语句用来结束函数并将程序返回到函数被调用的位置继续执行。return 语句可以出现在函数中的任何部分,可以同时将 0 个、1 个或多个函数运算结果返回给函数被调用处的变量。A 选项错误。在 Python 中,函数可以定义在分支或循环语句的内部,D 选项错误。Python 通过关键字 def 定义函数,语法格式如下:

def <函数名>(<非可选参数列表>,<可选参数> = <默认值>):

　　<函数体>

　　return <返回值列表>

可选参数一般都放置在非可选参数的后面。本题选择 B 选项。

23. D　【解析】将实参 42 传递给函数形参变量 age,之后进入多分支结构,依次判断,因为 30 < 42 < 60,故执行 else 后面的语句,即输出"作为一个老师,你很有爱心"。本题选择 D 选项。

24. B　【解析】将实参 7 传递给函数形参变量 n,之后进入多分支结构,依次判断后,执行 else 后面的语句。for 语句为 for i in range(2,7),i 从 2 依次变化到 6,循环 5 次,将 L[-1] + L[-2] 的值通过 append( ) 方法加入列表 L 中。

当 i = 2 时,L[-1] + L[-2] = 5 + 1 = 6,将 6 添加到列表 L 中,此时 L = [1,5,6];

当 i = 3 时,L[-1] + L[-2] = 6 + 5 = 11,将 11 添加到列表 L 中,此时 L = [1,5,6,11];

当 i = 4 时,L[-1] + L[-2] = 11 + 6 = 17,将 17 添加到列表 L 中,此时 L = [1,5,6,11,17];

当 i = 5 时,L[-1] + L[-2] = 17 + 11 = 28,将 28 添加到列表 L 中,此时 L = [1,5,6,11,17,28];

当 i = 6 时,L[-1] + L[-2] = 28 + 17 = 45,将 45 添加到列表 L 中,此时 L = [1,5,6,11,17,28,45]。

最后 L[-2]% L[-1] = 28% 45 = 28,故程序输出 28。本题选择 B 选项。

25. A　【解析】在 Python 中,return 语句用来结束函数并将程序返回到函数被调用的位置继续执行。return 语句可以出现在函数中的任何部分,可以同时将 0 个、1 个或多个函数运算结果返回给函数被调用处的变量。函数可以没有 return 语句,此时函数不返回值。当函数使用 return 语句返回多个值时,这些值形成了一个元组数据类型,由圆括号和逗号分隔,如(a,b,c),可以使用一个变量或多个变量保存结果。本题选择 A 选项。

26. B　【解析】将实参 age = 43、famlyName = "赵" 分别赋给形参 age 和 famlyName,之后进入多分支结构进行判断。因为 40 < age = 43 < 50,执行第一个 elif 后面的语句,用(+)进行字符串连接,故输出"您好! 赵阿姨"。本题选择 B 选项。

27. D　【解析】列表索引从 0 开始,所以 ls[2][1] 指的是列表中索引为 2 的元素[[4,5,'ABC'],6] 中索引为 1 的元素 6,所以输出结果是 6。本题选择 D 选项。

28. C　【解析】要向列表中添加元素,可以使用 append( ) 方法,添加的元素类型可以不同,可以是数字、字符串、列表等,要注意的是 append( ) 方法不能同时添加多个元素。本题选择 C 选项。

29. B　【解析】在 Python 中,字典是存储可变数量键值对的数据结构,通过字典类型实现映射。字典使用花括号({})创建,每个元素是一个键值对,语法格式为:{ <键 1 >: <值 1 >,<键 2 >: <值 2 >,…,<键 n >: <值 n >},其中,键和值通过冒号连接,不同键值对通过逗号隔开。字典具有和集合类似的性质,即键值对之间没有顺序且不能重复。d[键] 获取键对应值的值,d. get(key,defart) 方法用来返回 key 对应的值,如果字典中不存在该键,则返回默认值。本题选择 B 选项。

30. A　【解析】序列类型是一维元素向量,元素之间存在先后关系,通过索引访问。

Python 的很多数据类型是序列类型,其中比较重要的是字符串类型、列表类型及元组类型。字典是存储可变数量键值对的数据结构,通过字典类型实现映射,所以字典是映射类型,不是序列类型。B、D 两项错误。表示多个数据的类型被称为组合数据类型,C 错误。本题选择 A 选项。

31. D　【解析】ord( ) 函数是把字符转换成对应的 ASCII 值,chr( ) 函数是 ord( ) 函数的逆运算,把 ASCII 值转换成对应的字符输出,所以 ord("A") 为 65。

第一个 for 循环的作用是生成键值对存储在字典变量 d 中。当 i = 0,d[A] = N;i = 1,d[B] = 0 一直到 i =

13,d[N] = A,后面的键值对与前面的键值对是互换位置的,如 i = 14,d[O] = B;i = 15,d[P] = C。依次循环赋值,直到 i = 25 时结束 for 循环。

第二个 for 循环的作用是输出字典的值,get(key,default = None)函数有两个参数:第一个参数是字典的键,第二个参数是默认值,作用是返回字典中 key 对应的值,如果 key 不存在,则返回默认值,如 d = {"A":"N","O":"B","Z":"M"},d.get("A","C")返回的是 N。当 c = "P"时,去字典中查找是否存在键为"P"的值,遍历后存在,所以返回 C;for 循环继续遍历剩下的字符,在字典中找不到对应的键,则返回默认值,所以输出结果为 Cython。本题选择 D 选项。

32. D 【解析】在 Python 中,writelines()方法是将一个所有元素为字符串的列表整体写入文件;write()方法是向文件写入一个字符串或字节流,每次写入后,会记录一个写入指针。二维列表对象输出为 CSV 文件采用遍历循环和字符串的 join()方法相结合,方法如下:

#ls 代表二维列表,此处省略

f = open("cpi. csv","w")

for row in ls:

　　f. write(",". join(row) + "\n")

f. close()

本题选择 D 选项。

33. D 【解析】文件是存储在外存上的一组数据序列,可以包含任何数据内容。A 选项正确。可以使用 open()打开文件,close()关闭文件,B 选项正确。在 Python 中,文件的读取方法(f 代表文件变量)如下。

f. read():从文件中读入全部内容。

f. readline():从文件中读入一行内容。

f. readlines():从文件中读入所有行,以每行内容为元素形成一个列表。

f. seek():改变当前文件操作指针的位置。C 选项正确。本题选择 D 选项。

34. B 【解析】使用 open()打开文件时,省略打开方式会默认以只读方式打开;文件打开后,可以用 seek()控制对文件内容的读写位置,write()方法只是向文件写入一个字符串或是字节流;如果没有采用 close()关闭文件,有可能会导致数据丢失。Python 程序退出时文件一般会自动关闭。本题选择 B 选项。

35. C 【解析】Python 文件读取方法有 f. read()、f. readline()、f. readlines()、f. seek(),Python 文件写入方法有 f. write()、f. writelines()。本题选择 C 选项。

36. A 【解析】一维数据采用线性方式组织,在 Python 中主要采用列表表示,集合不属于线性结构。二维数据采用二维列表方式组织,在 Python 中可以采用二维列表表示。高维数据由键值对类型的数据构成,采用对象方式组织,在 Python 中可以采用字典类型表示。在 Python 中,列表类型仅用于表示一维和二维数据。本题选择 A 选项。

37. C 【解析】open()函数打开一个文件,并返回可以操作这个文件的变量 f,并且 open()函数有两个参数:文件名和打开模式。本题只是打开了文件,并没有对文件进行操作,因此不会输出文件的内容。print(f)语句输出的是变量 f 代表的文件的相关信息: < _io. TextIOWrapper name = 'exam. txt' mode = 'r' encoding = 'cp936' > 。

若想要输出文件的内容,需要把文件的内容读入,如 f1 = f. read()。本题选择 C 选项。

38. C 【解析】PyQt(QT 开发库)、PyGObject 及 PyGTK(GTK + 库)均是 Python 开发用户界面的第三方库。而 time 库是 Python 提供的处理时间标准库。本题选择 C 选项。

39. B 【解析】属于 Python 数据分析及可视化的第三方库的有 seaborn、NumPy、scipy、pandas、matplotlib、TVTK、mayavi(也称 mayavi2)等。random 库是 Python 用于产生各种分布的伪随机数序列的库。本题选择 B 选项。

40. D 【解析】属于 Web 开发的 Python 第三方库有 Django、pyramid、Flask 等。pygame 属于游戏开发方向,scipy 属于数据分析方向,pdfminer 属于文本处理方向。本题选择 D 选项。

二、基本操作题

41.【参考答案】

s = input("请输入一个字符串:")

print("{: * ^30}". format(s))

【解题思路】

该题目主要考查 Python 字符串的格式化方法。字符串的 format()格式化方法的语法格式为 < **模板字符**

串 > . format (< 逗号分隔的参数 >))。题目的输出格式为居中对齐、30 个字符、星号填充,横线处应填入: *
^30。

42.【参考答案】

```python
a, b = 0, 1
while a <= 50:
    print(a, end=',')
    a, b = b, a+b
```

【解题思路】

斐波那契数列又被称为黄金分隔数列,这个数列从第三项开始,每一项都等于前两项之和。在 Python 中,可以使用序列赋值方法给多个变量赋值,变量之间使用逗号隔开。由题目要求可知,不大于 50 是控制循环的条件。因此第 1 空填 a<=50,第 2 空填 b, a + b。

43.【参考答案】

```python
import jieba
txt = input("请输入一段中文文本:")
ls = jieba.lcut(txt)
for i in ls[::-1]:
    print(i, end="")
```

【解题思路】

该题目使用 jieba 中文分词库对输入的字符串进行分割,然后按照原话逆序输出。jieba 库是 Python 的第三方库,需要导入之后才可以使用。jieba 库提供了 3 种分词模式:精确模式、全模式及搜索引擎模式。其中精确模式分词的词语拼接没有冗余,是经常使用的。精确模式对字符串进行分词操作的函数为 jieba. lcut (s),该函数返回值是一个列表且列表中每一个元素都是一个中文词语。最后,把返回的列表中的内容使用切片的方法,将其逆序输出。因此第 1 空填 ls = jieba. lcut(txt),第 2 空填 print(i,end="")。

三、简单应用题

44.【参考答案】

```python
import turtle
for i in range(3):
    turtle.seth(i*120)
    turtle.fd(100)
```

【解题思路】

该题考查用 Python 标准库——turtle 库绘制简单的等边三角形。因为绘制 3 条边,所以循环执行 3 次,因此第 1 空填 3。由于题目要求使用 seth() 函数,因此需要在绘制每条边时计算绝对绘制方向,可以利用循环变量 i 计算 3 个边的绝对角度,因此第 2 空填 i*120。最后利用海龟移动绘制 3 条边,因此第 3 空填 turtle. fd。

45.【参考答案】

```python
txt = input("请输入类型序列: ")
fo = open("PY202. txt", "w")
fruits = txt. split(" ")
d = {}
for fruit in fruits:
    d[fruit] = d. get(fruit,0) + 1
ls = list(d. items())
ls. sort(key = lambda x:x[1], reverse = True)  # 按照数量排序
for k in ls:
    fo. write("{}:{}". format(k[0], k[1]))
fo. close()
```

【解题思路】

"统计元素个数"问题非常适合采用字典类型来解决,即构成"元素:次数"的键值对。因此可以把输入的数据,构造成一个字典进行存储。

创建字典变量 d,可以利用"d[键]=值"方式为字典增加新的键值对变量。下面是最常用的对元素进行统计的语句:

d[fruit] = d.get(fruit,0) + 1

其作用就是增加元素 fruit 出现的次数。get()方法获得字典中 fruit 作为键对应的值,即 fruit 出现的次数。如果 fruit 不存在,则返回 0;存在,则返回对应的值。

由于题目要求按照数量的多少进行排序输出,因此需要把字典类型转换为列表类型,使用字典的 items()函数返回包含所有键值对的项,使用 list()函数把取出的内容重新构造成一个列表。列表中的每个元素都是一个键值对形式的元组。最后,使用 sort()方法把每个元组中索引为 1 的元素进行降序排列并输出。

四、综合应用题

46.(1)【参考答案】

```
fi = open("小女孩.txt","r")
fo = open("PY301 - 1.txt","w")
txt = fi.read()
d = {}
exclude = ",。!?、()【】<>《》=:+-*—""…"
for word in txt:
    if word in exclude:
        continue
    else:
        d[word] = d.get(word,0) +1
ls = list(d.items())
ls.sort(key = lambda x:x[1],reverse = True)
fo.write("{}:{}".format(ls[0][0],ls[0][1]))
fo.close()
```

(2)【参考答案】

```
fi = open("小女孩.txt","r")
fo = open("PY301 - 2.txt","w")
txt = fi.read()
d = {}
for word in txt:
    d[word] = d.get(word,0) + 1
del d["\n"]
ls = list(d.items())
ls.sort(key = lambda x:x[1], reverse = True)  # 此行可以按照字符频次由大到小排序
for i in range(10):
    fo.write(ls[i][0])
fi.close()
fo.close()
```

(3)【参考答案】

```
fi = open("小女孩.txt","r")
fo = open("小女孩 - 频次排序.txt","w")
txt = fi.read()
d = {}
for word in txt:
    d[word] = d.get(word,0) +1
del d[" "]
del d["\n"]
ls = list(d.items())
```

```
ls.sort(key = lambda x:x[1], reverse = True) # 此行可以按照字符频次由大到小排序
for i in range(len(ls)):
    ls[i] = "{}:{}".format(ls[i][0],ls[i][1])
fo.write(",".join(ls))
fi.close()
fo.close()
```

【解题思路】

(1)首先使用 open()函数打开文件"小女孩.txt",把文件的内容通过 read()方法保存到变量 txt 中;定义一个字符串变量 exclude 用来存放标点符号。然后用 for 循环遍历 txt 中的每个字符(word),并使用 if 条件进行判断,若该字符在变量 exclude 中,说明该字符为标点符号,跳出该循环;否则将该字符作为字典 d 中的一个键,该键所对应的值初始化为1,在后面循环中只要遍历的字符与键相同,就将该键对应的值加1。

ls = list(d.items())表示将字典类型变成列表类型,字典中的每个键值对对应列表中的一个元组。随后,对列表 ls 进行排序,用到 sort()方法,参数 key = lambda x:x[1]中 lambda 是匿名函数,是固定写法,不能写成别的单词;x 表示列表中的一个元素,在这里表示一个元组,x 只是临时起的名字,也可以使用任意的名字;x[1]表示以元组中第二个元素排序。sort()方法的第二个参数表示是按哪种方式排序,若为 reverse = True 表示按降序排序;若该参数缺省或 reverse = False,表示按升序排序。

排序后,列表 ls 中第一个元组即为频次最大的中文字符和频次,ls[0][0]表示该字符,ls[0][1]表示其频次,将这两个元素通过冒号连接写入文件"PY301 - 1.txt"中。

(2)问题2和问题1的区别在于统计的字符包含标点符号,因此不需要设置字符串变量 exclude 和使用 if 条件语句进行判断;题目要求不包含回车符,因此需要使用 del 删除字典 d 中键为\n 的元素。最后要无间隔输出前10个频次最大的字符,需要对排序好的列表 ls 进行 for 循环遍历,找到前10个元组的第一个元素,并将其直接写入文件"PY301 - 2.txt"中。

(3)问题3和问题2的区别在于统计的字符中不能包含空格符,因此需要使用 del 删除字典 d 中键为空格符的元素。最后要将所有字符和其频次输出,需要对排序好的列表 ls 进行 for 循环遍历,遍历列表中的每个元组,并将元组中的两个元素通过冒号连接,再用逗号分隔每个字符写入文件"小女孩-频次排序.txt"中。

第2套　参考答案及解析

一、选择题

1.A 【解析】线性表的链式存储结构称为线性链表,线性链表可以是线性结构也可以是非线性结构。快速排序和二分法查找适用于顺序存储的线性表。本题选择 A 选项。

2.B 【解析】当 front = rear 时可知队列要么为空要么为满,因为又成功地将一个元素退队,说明之前队列为满(为空时队列中无元素),退出一个元素后队列中还有 50 - 1 = 49 个元素。本题选择 B 选项。

3.C 【解析】二叉树中只存在度为0、1、2的结点,根据在二叉树中度为0的结点(叶子结点)总比度为2的结点多一个,可知本题中度为2的结点有 20 - 1 = 19 个。故该二叉树中总的结点数为 20 + 5 + 19 = 44 个。本题选择 C 选项。

4.D 【解析】栈称为"后进先出"表或"先进先出"的线性表;队列称为"先进先出"或"后进后出"的线性表。F、G、H、I、J 依次入队,则依次出队顺序为 F、G、H、I、J;A、B、C、D、E 依次入栈,则依次出栈顺序为 E、D、C、B、A。故输出序列为 F,G,H,I,J,E,D,C,B,A。本题选择 D 选项。

5.A 【解析】软件工程包含3个要素:方法、工具及过程。本题选择 A 选项。

6.B 【解析】详细设计阶段常见的工具有程序流程图、N-S 图、PAD 图、HIPO 图、判定表等。本题选择 B 选项。

7.C 【解析】面向对象方法中的对象由两部分组成:①数据,也称为属性,即对象所包含的信息,表示对象的状态;②方法,也称为操作,即对象所能执行的功能、所能具有的行为。本题选择 C 选项。

8.D 【解析】数据定义功能:负责数据的模式定义与数据的物理存取构建。数据操纵功能:负责数据的操纵,包括查询与增、删、改等操作。数据控制功能:负责数据完整性、安全性的定义与检查以及并发控制、故障恢复等功能。本题选择 D 选项。

9.B 【解析】一部电影可由多名演员参演,一名演员可以参演多部电影,因此实体电影和实体演员之间的联系是多对多。本题选择 B 选项。

10. B　【解析】关系数据库中的关系是要满足一定要求的,满足不同程度要求的为不同的范式。满足最低要求的叫第一范式,简称1NF。在满足第一范式的基础上,进一步满足更多要求的则是第二范式。在满足第二范式的基础上,还可以再满足第三范式,以此类推。

对于关系模式,若其中的每个属性都已不能再分为简单项,则它属于第一范式。

若某个关系 R 为第一范式,并且 R 中每一个非主属性完全依赖于 R 的某个候选键,则称其为第二范式。第二范式消除了非主属性对主键的部分依赖。

如果关系 R 是第二范式,并且每个非主属性都不传递依赖于 R 的候选键,则称 R 为第三范式。(传递依赖:在关系模式中,如果 Y→X,X→A,且 X 不决定 Y,A 不属于 X,那么 Y→A 是传递依赖。)

本题中,关系 S 满足第一范式和第二范式,但是 S#→D#,D#→Da,存在传递依赖,因此不满足第三范式。该关系满足的最高范式是2NF。本题选择 B 选项。

11. C　【解析】关键字是编程语言内部定义并保留使用的标识符。Python 3. x 有 35 个关键字,分别为and、as、assert、async、await、break、class、continue、def、del、elif、else、except、False、finally、for、from、global、if、import、in、is、lambda、None、nonlocal、not、or、pass、raise、return、True、try、while、with、yield。本题选择 C 选项。

12. D　【解析】依次计算,3 ∗∗ 2 = 9,9 ∗ 4 = 36,36//6 = 6,6%7 = 6。// 是整除运算,% 是求余运算。本题选择 D 选项。

13. B　【解析】Python 字符串采用[N:M]格式进行切片,获取字符串从索引 N 到 M 的子字符串(包含 N,不包含 M)。本题选择 B 选项。

14. A　【解析】Python 提供 3 种基本的数字类型:整数类型、浮点数类型、复数类型,分别对应数学中的整数、实数及复数。本题选择 A 选项。

15. B　【解析】高级语言根据计算机中的执行机制的不同可分为两类:静态语言和脚本语言。静态语言采用编译方式执行,脚本语言采用解释方式执行。如 C 语言是静态语言,Python 是脚本语言。编译是将源代码转换成目标代码的过程。解释是将源代码转换成目标代码同时运行目标代码的过程。本题选择 B 选项。

16. C　【解析】Python 在 3 种基本控制逻辑(顺序结构、选择结构即分支结构、循环结构)上进行了适当的扩展。在分支结构的基础上,Python 增加了异常处理,使用 try-except 关键字。本题选择 C 选项。

17. C　【解析】Python 的单分支结构使用 if 关键字对条件进行判断,语法格式如下:

if <条件>:

　　<语句块>

Python 的二分支结构使用 if-else 关键字对条件进行判断,语法格式如下:

if <条件>:

　　<语句块1>

else:

　　<语句块2>

Python 的多分支结构使用 if-elif-else 关键字对多个相关条件进行判断,并根据不同条件的结果按照顺序选择执行路径,语法格式如下:

if <条件1>:

　　<语句块1>

elif <条件2>:

　　<语句块2>

else:

　　<语句块3>

本题选择 C 选项。

18. C　【解析】该程序最外层是 while 循环,while 循环的条件是 True,由此可知 while 内的语句会无限循环。input( )函数用来获取用户用键盘输入的内容并以字符串类型返回。eval( )函数是把字符串转换成 Python 可用的语言。if 语句的作用是控制程序是否继续循环,判断条件中的0x452是十六进制数,对2整除的结果是553,如果用户输入的数据是553,则将结果输出并终止循环;如果输入其他数据,程序会一直要求用户输入直到输入正确的数据才会终止循环。本题选择 C 选项。

19. B　【解析】for 循环将字符串 grandfather 中的字符依次赋给变量 s,当 s == " d" 或 s == " h"时,结束本次循环,不执行 print(s,end = ");反之,则执行 print(s,end = ")。故输出结果为 granfater。本题选择 B 选项。

20. A　【解析】Python 中循环包括两种：遍历循环和无限循环。遍历循环使用关键字 for 依次提取遍历结构元素进行处理；无限循环使用关键字 while 根据判断条件执行程序。如果 while 中判断条件可以执行一次或两次，while 中的语句块也就执行一次或两次，A 选项错误。循环结构有两个辅助循环控制关键字：break 和 continue。break 用来跳出最内层 for 或 while 循环，脱离该循环后程序从循环后的代码继续执行；continue 用来结束当前当次循环，即跳出循环体中尚未执行的语句，但跳不出当前循环。两者的区别是：continue 语句只结束本次循环，不终止整个循环的执行，而 break 具备结束循环的能力。选项 C、D 正确。所有的 for 分支都可以用 while 循环改写，B 项正确。本题选择 A 选项。

21. B　【解析】函数定义：函数是指一组语句的集合该组语句被一个名字（函数名）封装起来，要想执行这个函数，只需要调用其函数名即可。函数能提高应用的模块性和代码的重复利用率。本题选择 B 选项。

22. B　【解析】在 Python 中，用关键字 class 来定义类。本题选择 B 选项。

23. C　【解析】在 Python 中，return 语句用来结束函数并将程序返回到函数被调用的位置继续执行。return 语句可以出现在函数中的任何部分，可以同时将 0 个、1 个或多个函数运算结果返回给函数被调用处的变量。函数可以没有 return 语句，此时函数并不返回值。本题选择 C 选项。

24. D　【解析】Python 是一种脚本解释语言，与 C/C++ 和 Java 有很大的区别，没有 main() 函数。当运行单个 Python 文件时，如文件名为 a. py，则 a 的属性_name_ == '_main_'，并不是首先执行 main() 函数。Python 整个程序自顶向下顺序执行。本题选择 D 选项。

25. C　【解析】for 循环将字符串 PythonNCRE 的字符依次赋给变量 s，当 s == "N" 时，跳出 for 循环，故输出为 Python。本题选择 C 选项。

26. D　【解析】input() 函数从控制台获得用户的一行输入，无论用户输入什么内容，input() 函数都以字符串类型返回结果。当用户输入 2 时，n = '2'，这是字符 2，不是数字，不能进行数值运算，故程序会执行 except 后面的语句，输出程序执行错误。本题选择 D 选项。

27. A　【解析】最常用的组合数据类型有 3 大类，分别是集合类型、序列类型及映射类型。其中序列类型包括字符串类型、列表类型及元组类型，字典类型属于映射类型。本题选择 A 选项。

28. B　【解析】用方括号（[ ]）表示列表类型，也可以通过 list() 函数将集合或字符串类型转换成列表类型。此代码生成列表 lis = [0,1,2,3]，最后通过 print() 函数输出。本题选择 B 选项。

29. B　【解析】ls. remove(x) 是删除列表 ls 中出现的第一个元素 x，而不是删除列表 ls 中所有的 x 元素。本题选择 B 选项。

30. C　【解析】在 Python 中，字典使用花括号（{ }）建立，是存储可变数量键值对的数据结构，每个元素是一个键值对，具有和集合类似的性质，即键值对之间没有顺序且不能重复。通过字典类型实现映射，键必须是唯一的，必须是不可变数据类型，值可以是任何数据类型。选项 A、D 两项错误。B 选项中值 as 和 sf 没有引号应被识别为变量，但 as 属于 Python 内部定义并保留使用的变量名不能被创建为变量，所以 B 选项错误。本题选 C 选项。

31. A　【解析】列表操作函数（假设列表名为 ls）如下。

len(ls)：返回列表 ls 的元素个数（长度）。

min(ls)：返回列表 ls 的最小元素。

max(ls)：返回列表 ls 的最大元素。

list(x)：将 x 转变为列表类型。

使用 min(ls) 和 max(ls) 的前提是列表中各元素类型可以进行比较。如果列表元素不能比较，使用这两个函数将会报错。本题选择 A 选项。

32. D　【解析】外层 for 第 1 次循环将字符'想'赋给变量 m，m = '想'，内层 for 第 1 次循环将'家'赋给变量 n，则 m + n 连接字符，利用列表的 append() 方法将连接后的字符'想家'加入列表 ls；内层 for 第 2 次循环将'人'赋给变量 n，则 m + n 连接字符，利用列表的 append() 方法将连接后的字符'想人'加入列表 ls。外层 for 第 2 次循环将字符'念'赋给变量 m，m = '念'，内层 for 第 1 次循环将'家'赋给变量 n，则 m + n 连接字符，利用列表的 append() 方法将连接后的字符'念家'加入列表 ls；内层 for 第 2 次循环将'人'赋给变量 n，则 m + n 连接字符，利用列表的 append() 方法将连接后的字符'念人'加入列表 ls。最后列表 ls = ['想家','想人','念家','念人']，print(ls) 输出 ls。本题选择 D 选项。

33. B　【解析】在 Python 中，文件的读取方法（f 代表文件变量）如下。

f. read()：从文件中读入整个文件的内容。

f. readline( )：从文件中读入一行内容。

f. readlines( )：从文件中读入所有行，以每行为元素形成一个列表。

f. seek( )：改变当前文件操作指针的位置。本题选择 B 选项。

34．C　【解析】open( )函数打开一个文件，并返回可以操作这个文件的变量 txt，并且 open( )函数有两个参数：文件名和打开模式。本题只是打开了文件，并没有对文件进行操作，因此不会输出文件的内容。print (txt)语句输出的是变量 txt 代表的文件的相关信息：< _io. TextIOWrapper name = 'family. txt' mode = 'r' encoding = 'cp936' > 。若想要输出文件的内容，需要把文件的内容读入，如 txt1 = txt. read( )。本题选择 C 选项。

35．A　【解析】在 Python 中，split( )方法通过指定分隔符对字符串进行切片，返回分隔后的字符串列表。用 split(",")方法从 CSV 文件中获得内容时，无法去除换行符。'巴巴多斯\n 白俄罗斯'作为一个列表元素出现，所以 ls =［'巴哈马','巴林','孟加拉国','巴巴多斯\n 白俄罗斯','比利时','伯利兹'］，最后输出列表。本题选择 A 选项。

36．B　【解析】文件打开模式中 w 表示覆盖写模式，文件不存在则创建，存在则完全覆盖原文件。文件写入方法中，writelines( )表示直接将列表类型的各元素连接起来写入文件中。此代码就是将列表 ls 中的内容整体写入文件中，本题选择 B 选项。

37．C　【解析】Python 通过 open( )函数打开一个文件，并返回一个操作这个文件的变量，语法格式为 < 变量名 > = open(< 文件路径及文件名 > , < 打开模式 >)。本题选择 C 选项。

38．A　【解析】NumPy 是 Python 的一种开源数值计算扩展第三方库，用于处理数据类型相同的多维数组，简称"数组"。NumPy 可以用来存储和处理大型矩阵，提供了许多高级的数组编程工具，如矩阵运算、矢量处理、N 维数据变换等。本题选择 A 选项。

39．D　【解析】PIL 库是 Python 在图像处理方面的重要的第三方库，支持图像存储、处理及显示，它能够处理几乎所有的图片格式，可以完成对图像的缩放、剪裁、叠加以及为图像添加线条、图像及文字等操作。使用 Python 处理与图像相关的程序，首选 PIL 库。本题选择 D 选项。

40．B　【解析】在 Python 中，属于 Web 开发的第三方库的有 Django 库、pyramid 库及 Flask 库。本题选择 B 选项。

二、基本操作题

41.【参考答案】

```
import random
brandlist = ［'三星','苹果','vivo','OPPO','魅族'］
random. seed(0)
name = brandlist［random. randint(0,4)］
print(name)
```

【解题思路】

本题要求随机输出列表中的一个手机名称，"随机"需要用到 Python 的标准库 random，因此第 1 空填 random。random. seed(0)的作用是设置初始化随机数种子，设置种子的好处就是可以重复再现相同的随机数序列。输出列表中的元素可以使用索引的方法，分析代码可知，列表中共有 5 个元素，所以元素的索引为 0～4，需要用到 random 库的 randint( )方法。random. randint(a,b)的作用是产生一个范围为［a,b］的随机整数。因此第 2 空填 name = brandlist［random. randint(0,4)］。

42.【参考答案】

```
import jieba
s = input("请输入一个字符串")
n = len(s)
m = len(jieba. lcut(s))
print("中文字符数为｛｝,中文词语数为｛｝。". format(n, m))
```

【解题思路】

本题要求使用 jieba 中文分词库，统计输入的字符串的长度以及中文词语数。给定的字符串 s 中仅包含中文字符和中文标点符号，因此可以直接使用 len( )函数统计字符数量，第 1 空填 len(s)。再使用 jieba 库的 lcut(s)方法，返回一个以中文词语为元素的列表类型，使用 len( )获得列表的长度，即中文词语数量。因此第 2 空填 len(jieba. lcut(s))

43.【参考答案】
```
n = eval(input("请输入数量:"))
if n == 1:
    cost = 150
elif n >= 2 and n <= 3:
    cost = int(n * 150 * 0.9)
elif n >= 4 and n <= 9:
    cost = int(n * 150 * 0.8)
elif n >= 10:
    cost = int(n * 150 * 0.7)
print("总额为:", cost)
```
【解题思路】

本题考查 Python 的多分支结构。总额 = 购买件数×每件的价钱×购买折扣。当条件满足时执行相应条件后面的语句,其他条件的语句无法执行。题目要求结果输出整数,即要求所得的结果用 int( )函数对所得总额进行四舍五入。

三、简单应用题

44.【参考答案】
```
from turtle import *
for i in range(5):
    fd(200)
    right(144)
```
【解题思路】

该题考查的是 Python 标准库——turtle 库,绘制五角星。因为绘制 5 条边,所以循环执行 5 次,故第 1 空填 range(5)。因为五角星边长为 200 像素,所以第 2 空填 200。最后由于本题要求使用 right( )函数,且五角星的内角为 36 度,因此第 3 空填 right(144)。

45.【参考答案】
```
fo = open("PY202. txt", "w")
data = input("请输入一组人员的姓名、性别、年龄:") # 姓名 性别 年龄
women_num = 0
age_amount = 0
person_num = 0
while data:
    name, sex, age = data.split(' ')
    if sex == '女':
        women_num += 1
    age_amount += int(age)
    person_num += 1
    data = input("请输入一组人员的姓名、性别、年龄:")
average_age = age_amount / person_num
fo.write("平均年龄是{:.1f} 女性人数是{}".format(average_age, women_num))
fo.close()
```
【解题思路】

由题目可知,首先需要定义 3 个变量分别用来统计女性人数、年龄总和以及总人数。本题要求每个人的信息采用空格分隔,即需要用字符串分隔函数 split( )进行分隔,该函数返回的是一个列表,所以每个人的信息就以列表的形式存储在对应的变量中。由于按 <Enter> 键结束信息输入,因此需要把输入信息的方法放在循环内,最后在输出时使用 format( )输出格式化信息。

四、综合应用题

46.(1)【参考答案】
```
fi = open("PY301 - vacations. csv", "r")
```

```
    ls = []
    for line in fi:
        ls.append(line.strip("\n").split(","))
    s = input("请输入节假日名称:")
    for line in ls:
        if s == line[1]:
            print("{}的假期位于{}-{}之间".format(line[1],line[2],line[3]))
```

（2）【参考答案】

```
    fi = open("PY301 - vacations.csv","r")
    ls = []
    for line in fi:
        ls.append(line.strip("\n").split(","))
    s = input("请输入节假日序号:").split(" ")
    while True:
        for i in s:
            for line in ls:
                if i == line[0]:
                    print("{}({})假期是{}月{}日至{}月{}日之间".format(line[1],line[0],line[2][0] + line[2][1],line[2][2] + line[2][3],line[3][0] + line[3][1],line[3][2] + line[3][3]))
            s = input("请输入节假日序号:").split(" ")
```

（3）【参考答案】

```
    fi = open("PY301 - vacations.csv","r")
    ls = []
    for line in fi:
        ls.append(line.strip("\n").split(","))
    s = input("请输入节假日序号:").split(" ")
    while s != "":
        for i in s:
            flag = False
            for line in ls:
                if i == line[0]:
                    print("{}({})假期是{}月{}日至{}月{}日之间".format(line[1],line[0],line[2][0] + line[2][1],line[2][2] + line[2][3],line[3][0] + line[3][1],line[3][2] + line[3][3]))
                    flag = True
            if flag == False:
                print("输入节假日编号有误!")
        s = input("请输入节假日序号:").split(" ")
```

【解题思路】

（1）对文件的读操作需要使用 open()函数,模式为"r";将文件读入后,需要把 CSV 文件的内容转换成二维数据,并将其转换成二维列表对象。首先定义一个列表 ls,把读入的每行数据使用 strip()函数清除掉换行符,再使用 split()函数在元素之间以逗号分隔存储在列表 ls 中,split()函数返回的是一个列表,因此把 CSV 文件转换成二维列表对象。使用 input()函数获取用户输入,再用 for 循环遍历二维列表,如果输入的节假日名称在列表中,则输出对应的时间段。

（2）用户可以输入多个节假日的序号,因此可以考虑使用 split()方法把输入的序号放在一个列表中,然后使用两个 for 循环,一个用来遍历二维列表,一个用来遍历输入的序号列表,当输入的序号与二维列表中的一样时,输出结果。因为题目的示例输出在数字月和日期之间加入了汉字,此时分析存入二维列表中的数字,可以知道存入的是字符串,即在 CSV 文件中初始月日和结束月日都是长度为 4 的字符串,属于序列类型,因此可以使用索引访问。

（3）在问题2的基础上，加上一个标记，如果输入的序号正确，则标记为 True；输入错误，标记为 False，最后根据标记判断是否输出"输入节假日编号有误！"。分析题目要求可知，标记是在输入的序号在二维列表中可以查到时变为 True，其他情况都为 False，所以标记应该放在遍历序号列表的 for 循环内、遍历二维列表的 for 循环外。

第3套　参考答案及解析

一、选择题

1. A 【解析】排序可以在不同的存储结构上实现，但快速排序法适用于顺序存储的线性表，不适用于链式存储的线性表。堆排序适用于线性结构，不适用于非线性结构。本题选择 A 选项。

2. B 【解析】当 front = rear = 25 时可知队列要么为空，要么为满，题目中又成功地将一个元素入队，说明之前队列为空（为满时队列中无法入队元素），为空的队列入队一个元素后队列中元素个数为 1。本题选择 B 选项。

3. C 【解析】在树中，树中的节点数等于树中所有节点的度之和再加 1。本题中树的度为 3，有 9 个度为 3 的结点，5 个度为 1 的结点，无度为 2 的结点，设有 n 个度为 0 的结点，则总结点数 $= 9 \times 3 + 5 \times 1 + 0 \times 2 + n \times 0 + 1 = 33$ 个。本题选择 C 选项。

4. D 【解析】栈称为"后进先出"表或"先进后出"的线性表；队列称为"先进先出"或"后进后出"的线性表。A、B、C、D、E 依次入栈，则依次出栈顺序为 E、D、C、B、A；F、G、H、I、J 依次入队，则依次出队顺序为 F、G、H、I、J。故输出序列为 E，D，C，B，A，F，G，H，I，J。本题选择 D 选项。

5. A 【解析】结构化程序设计方法的原则包括自顶向下、逐步求精、模块化、限制使用 goto 语句。B、C、D 这 3 项属于面向对象方法的特点。本题选择 A 选项。

6. B 【解析】可行性报告产生于软件定义阶段，用于确定软件项目是否进行开发。本题选择 B 选项。

7. C 【解析】白盒测试方法主要有逻辑覆盖、基本路径测试等。黑盒测试方法主要有等价类划分法、边界值分析法、错误推测法及因果图等。基本路径测试根据软件过程性描述中的控制流确定程序的环路复杂性度量，用此度量定义基本路径的集合，并由此导出一组测试用例对每一条独立执行路径进行测试。因此，基本路径测试属于动态测试。本题选择 C 选项。

8. D 【解析】在关系（二维表）中凡是能唯一标识元组的最小属性或属性集称为该关系的键或者码。本题选择 D 选项。

9. A 【解析】一张售货单可以有多种商品的记录，一种商品也可以出现在多张售货单上。因此售货单和商品之间的联系是多对多。本题选择 A 选项。

10. B 【解析】关系 SC 中的主键是（S#，C#），但 S#（学号）单独就可以决定 Sn（姓名），存在着对主属性的部分依赖。本题选择 B 选项。

11. C 【解析】在 Python 中，源文件的扩展名一般使用 .py。本题选择 C 选项。

12. A 【解析】关键字，是编程语言内部定义并保留使用的标识符。Python 3.x 有 35 个关键字，分别为 and、as、assert、async、await、break、class、continue、def、del、elif、else、except、False、finally、for、from、global、if、import、in、is、lambda、None、nonlocal、not、or、pass、raise、return、True、try、while、with、yield。本题选择 A 选项。

13. C 【解析】在 Python 中，0.1 + 0.2 = 0.30000000000000004。原因是：对于十进制，它只能表示以进制数的质因子为分母的分数。10 的质因子有 2 和 5，因此 1/2、1/4、1/5、1/8 及 1/10 都可以精确表示；相反，1/3、1/6 及 1/7 都是循环小数，因为它们的分母使用了质因子 3 或者 7。二进制中，只有一个质因子，即 2，因此只能精确表示分母质因子是 2 的分数。二进制中，1/2、1/4 及 1/8 都可以被精确表示，但 1/5 或者 1/10 就变成了循环小数。所以，在十进制中能够精确表示的 0.1 与 0.2（1/10 与 1/5），到了计算机所使用的二进制中就变成了循环小数。当对这些循环小数进行数学运算并将二进制数据转换成人类易读的十进制数据时，会对小数尾部进行截断处理。在不同的编程语言中，运行 0.1 + 0.2 会输出不同的结果。本题选择 C 选项。

14. B 【解析】在 Python 中，字符编码以 Unicode 值存储。chr(x) 和 ord(x) 函数用于在单字符和 Unicode 值之间进行转换。chr(x) 函数返回 Unicode 值对应的字符，ord(x) 函数返回单字符 x 对应的 Unicode 值，如 chr(1010) 返回 'c'，ord("和") 返回 21644。因此，选项 C、D 错误。本题选择 B 选项。

15. D 【解析】a = 10.99，说明实部为 10.99，虚部为 0，故 complex(a) 返回复数 10.99 + 0j。本题选择 D 选项。

16. B 【解析】elif 是分支逻辑关键字,for 和 while 是循环逻辑关键字,在 Python 中没有 do 关键字。本题选择 B 选项。

17. B 【解析】在 Python 中,使用 for – in – 方式形成的循环能遍历的类型有字符串、文件、range( ) 函数或组合数据类型,不能遍历复数。本题选择 B 选项。

18. A 【解析】Python 使用关键字 try 和 except 进行异常处理,语法格式如下:

try:

 <语句块 1>

except:

 <语句块 2>

"语句块 1"是正常执行的程序内容,执行这个语句块发生异常时,则执行 except 关键字后面的"语句块 2",一个 try 代码块可以对应多个处理异常的 except 代码块。本题选择 A 选项。

19. C 【解析】在 Python 中,缩进指每行语句开始前的空白区域,用来表示 Python 程序间的包含和层次关系。本题选择 C 选项。

20. C 【解析】异常指的是在程序运行过程中发生的异常事件,通常是由外部问题(如硬件错误、输入错误)所导致。错误是指导致系统不能按照用户意图工作的一切原因、事件。在程序设计过程中,由于某些错误的存在,因此程序无法正常运行,处理这些错误使程序正确运行就称为错误处理。异常和错误是完全不同的概念。本题选择 C 选项。

21. B 【解析】函数是一段具有特定功能的、可重用的语句组,通过函数名来表示和调用。经过定义,一组语句等价于一个函数,在需要使用这组语句的地方,直接调用函数名称即可。采用参数名称传递方式不需要保持参数传递的顺序,参数之间的顺序可以任意调整,只需要对每个必要参数赋予实际值即可,每次使用函数不需要提供相同的参数作为输入。本题选择 B 选项。

22. C 【解析】函数定义时的语法格式如下:

def <函数名>(<非可选参数列表>,<可选参数> = <默认值>):

 <函数体>

 return <返回值列表>

可选参数一般放置在非可选参数的后面。题目中函数中定义了 3 个参数,其中 2 个参数都指定了默认值,那么调用函数时参数个数最少是 1 个。本题选择 C 选项。

23. A 【解析】在 Python 中,return 语句用来结束函数并将程序返回到函数被调用的位置继续执行。return 语句可以出现在函数的任何部分,可以同时将 0 个、1 个或多个函数运算结果返回给函数被调用处的变量。函数可以没有 return 语句,此时函数并不返回值。B、D 选项错误。Python 函数定义中没有对参数指定类型,则函数内的默认值参数是对函数的默认值参数属性__defaults__的引用,C 选项错误。

eval( ) 函数将去掉字符串最外侧的引号,并按照 Python 语句方式执行去掉引号后的字符内容,使用方式为 <变量> = **eval**(<字符串>),其中变量用来保存对字符串内容进行 Python 运算的结果,故函数 eval( ) 可以用于数值表达式的求值,如 eval("2 * 3 + 1") = 7。本题选择 A 选项。

24. C 【解析】程序中,将实参 b 的值传给形参 a,将实参 a 的值传给形参 b,则在函数体中 c = 2 ** 2 + 10 = 14,函数返回 14,则实参 c = 14 + 10 = 24;形参 a 和 b 在函数结束后会自动释放,并没有影响到实参 a 和 b 的值,故实参 a 仍然是 10,实参 b 仍然是 2。本题选择 C 选项。

25. C 【解析】根据程序中变量所在的位置和作用范围,变量分为局部变量和全局变量。局部变量指在函数内部定义的变量,仅在函数内部有效,且作用域也在函数内部,当函数退出时变量将不再存在。全局变量一般指在函数之外定义的变量,在程序执行全过程有效,一般没有缩进。全局变量和局部变量的命名可以相同。本题选择 C 选项。

26. B 【解析】函数定义时的语法格式如下:

def <函数名>(<非可选参数列表>,<可选参数> = <默认值>):

 <函数体>

 return <返回值列表>

可选参数一般放置在非可选参数的后面。本题选择 B 选项。

27. D 【解析】列表是包含 0 个或多个元素的有序序列,属于序列类型。列表用方括号([ ])表示,由于列表属于序列类型,因此继承了序列类型的所有属性和方法。索引是列表的基本操作,用于获得列表中的一个元素,该操作沿用序列类型的索引方式,即正向递增索引或反向递减索引,使用方括号作为索引操作符,索引不得超过列表的元素范围,否则将产生 IndexError 错误。索引从 0 开始。列表可以进行元素增加、删除、替换、查找等操作。列表没有长度限制,元素类型可以不同,能够包含其他的组合数据类型,可以使用比较操作符(如 >、< 等)对列表进行比较,也可以对列表进行成员运算操作、长度计算及分片。本题选择 D 选项。

28. A 【解析】在 Python 中,字典是存储可变数量键值对的数据结构,通过字典类型实现映射。字典使用花括号({ })创建,每个元素是一个键值对,语法格式为{ <键 1> : <值 1>, <键 2> : <值 2>, …, <键 *n* > : <值 *n* >},其中,键和值通过冒号连接,不同键值对通过逗号隔开。字典具有和集合类似的性质,即键值对之间没有顺序且不能重复。通过键可以索引值,并可以通过键修改值,因此可以直接利用键值对关系索引元素。索引语法格式:<值> = <字典变量>[<键>]。本题选择 A 选项。

29. B 【解析】字典的操作方法(d 代表字典变量)如下:

d. keys():返回所有键的信息。

d. values():返回所有值的信息。

d. items():返回所有的键值对。

d. get(key,default):键存在则返回相应值,否则返回默认值 default。

d. pop(key,default):键存在则返回相应值,同时删除键值对,否则返回默认值 default。

d. popitem():随机从字典中取出一个键值对,以元组(key,value)形式返回,同时将该键值对从字典中删除。

d. clear():删除所有键值对,清空字典。

本题选择 B 选项。

30. C 【解析】列表索引从 0 开始,列表遵循正向递增索引和反向递减索引,故 ls[2][1][−2]是字符 o。本题选择 C 选项。

31. D 【解析】根据字典的索引方式可知,d. get(' egg ','no this food')索引的是字典第一层,但是第一层只有键 food,没有键 egg,故索引不出值,输出的是"no this food"。本题选择 D 选项。

32. B 【解析】外层 for 循环将 a[0] = [1,2,3],a[1] = [4,5,6],a[2] = [7,8,9]依次赋给变量 c;内层 for 循环将变量 j 从 0 递增到 2,即累加 c[1] + c[2] + c[3]的值,所以内层循环加外层循环用于计算 1 + 2 + 3 + 4 + 5 + 6 + 7 + 8 + 9 的值,s = 45。本题选择 B 选项。

33. D 【解析】文件的打开模式如下。

r:只读模式,如果文件不存在,返回异常 FileNotFoundError。

x:创建写模式,文件不存在则创建,存在则返回异常 FileExistsError。

w:覆盖写模式,文件不存在则创建,存在则完全覆盖原文件。

a:追加写模式,文件不存在则创建,存在则在原文件最后追加内容。

文件打开模式中没有 n,本题选择 D 选项。

34. C 【解析】CSV 文件是一种通用的、相对简单的文件,最广泛的应用是在程序之间转移表格数据。CSV 文件没有通用标准规范,使用的字符编码同样没有被指定,但 ASCII 是最基本的通用编码。CSV 文件可以保存一维数据或二维数据,每一行是一维数据,可以使用 Python 的列表类型表示。本题选择 C 选项。

35. B 【解析】二维数据由多个一维数据构成,可以看作一维数据的组合形式。本题中该列表中虽然包含两种数据类型,但仍然是一维数据。本题选择 B 选项。

36. A 【解析】在 Python 中,使用 open()打开文件的操作过程中需要注意,由于\是字符串中的转义字符,所以表示路径时,使用\\、/或//代替\,本题选择 A 选项。

37. C 【解析】在 Python 中,二维列表对象输出 CSV 文件时,采用遍历循环和字符串的 join()方法相结合的方法。方法如下:

```
#ls 代表二维列表,此处省略
f = open("cpi. csv","w")
for row in ls
    f. write(",". join(row) + "\n")
f. close()
```

本题选择 C 选项。

38．A 【解析】在 Python 中,用于数据分析的第三方库有 NumPy、scipy、pandas 及 matplotlib。Scrapy 库是网络爬虫方向的第三方库。本题选择 A 选项。

39．B 【解析】在 Python 中,使用 pip 工具来安装和管理 Python 第三方库,pip 属于 Python 的一部分。本题选择 B 选项。

40．D 【解析】在 Python 语言中,turtle 库是 Python 重要的标准库之一,用于基本的图形绘制;NumPy 库属于数据分析领域;Pygame 库属于游戏开发领域,它们都不属于机器学习领域的第三方库。本题选择 D 选项。

二、基本操作题

41．【参考答案】
```
n = eval(input("请输入正整数:"))
print("{0:@>30,}".format(n))
```

【解题思路】

该题目主要考查 Python 字符串的格式化方法。字符串的.format()格式化方法的语法格式为 **<模板字符串>.format(<逗号分隔的参数>)**。题目的输出格式为右对齐、30 个字符、以@填充、千位分隔符,横线处应填入 0:@ >30,或:@ >30,。

42．【参考答案】
```
a = [11, 3, 8]
b = eval(input())
s = 0
for i in range(3):
    s += a[i] * b[i]
print(s)
```

【解题思路】

本题用变量 s 收集两个列表中对应元素乘积的和,因此要先定义变量 s,第 1 空应填入 s=0。两个列表中对应元素乘积可表示为 a[i]*b[i],再求和 s+=a[i]*b[i];由于列表中只有 3 个元素,索引从 0 开始,所以 for 循环遍历中 i 的取值依次为 0、1、2,因此第 2 空应填入 range(3)。

43．【参考答案】
```
import random
random.seed(255)
for i in range(5):
    print(random.randint(1,50), end=" ")
```

【解题思路】

题目要求以 255 为随机数种子,seed()函数用于初始化随机数种子,因此第 1 空应填入 random.seed(255)。

题目要求随机生成 5 个区间为[1,50]的随机数,因此 for 循环需要遍历 5 次,第 2 空应填入 5。

randint(a,b)函数用于生成一个区间为[a,b]的整数(包含 a 和 b),题目要求的区间是[1,50],第 3 空应填入 random.randint(1,50)。

三、简单应用题

44．【参考答案】
```
import turtle
turtle.pensize(2)
d = 72
for i in range(5):
    turtle.seth(d)
    d += 72
    turtle.fd(200)
```

【解题思路】

根据图中箭头的方向可知,在绘制该五边形时先调整小海龟的方向,再绘制边长(即小海龟的行进距离)。五边形的内角为 108 度,则外角为 72 度,即小海龟的方向每次要增加 72 度再绘制下一条边,因此第 1

空和第 2 空均应填入 72。

题目要求使用 turtle. fd( )函数。turtle. fd( )函数用于控制小海龟向当前行进方向前进一个指定距离,题目要求边长为 200 像素,因此第 3 空填入 200。

45.【参考答案】

```
fo = open("PY202.txt","w")
names = input("请输入各个同学职业名称,职业名称之间用空格间隔(回车结束输入):")
name_list = names.split(' ')
d = {}
for item in name_list:
    d[item] = d.get(item,0) + 1
ls = list(d.items())
ls.sort(key = lambda x: x[1], reverse = True)
for k in ls:
    fo.write("{}:{}".format(k[0], k[1]))
fo.close()
```

【解题思路】

根据题目要求,要统计数量,需要将字符串变量 names 转换为列表类型,这可以使用字符串的 split( )方法,指定空格符作为分隔符对字符串进行切片,并返回分割后的字符串列表 name_list。

然后使用 for 循环遍历列表 name_list 中的每个元素,若字典 d 中不存在键与该元素相同,就将该元素作为字典 d 的一个键,该键所对应的值设置为 1;若字典 d 中存在键与该元素相同,就将该键对应的值加 1。这需要使用字典的 get( )方法。

ls = list(d.items( ))表示将字典类型变成列表类型,字典中的每个键值对对应列表中的一个元组。随后,对列表 ls 进行排序,排序规则是按照每个元组中第 2 个元素(即数量)从大到小排列。然后对排序后的列表 ls 进行 for 循环遍历,将每个元组中的两个元素(即职业名称和数量)通过“:”连接写入文件“PY202. txt”中。k[0]表示元组中的第 1 个元素(职业名称),k[1]表示元组中的第 2 个元素(数量)。

四、综合应用题

46.(1)【参考答案】

```
fi = open("论语.txt", "r")
fo = open("论语 – 原文.txt", "w")
flag = False
for line in fi:
    if "{" in line:
        flag = False
    if "【原文】" in line:
        flag = True
        continue
    if flag == True:
        fo.write(line.lstrip())
fi.close()
fo.close()
```

(2)【参考答案】

```
fi = open("论语 – 原文.txt", 'r')
fo = open("论语 – 提纯原文.txt", 'w')
for line in fi:
    for i in range(1,23):
        line = line.replace("({})".format(i),"")
    fo.write(line)
```

fi. close( )

fo. close( )

【解题思路】

（1）题目要求从"论语. txt"文件中提取内容,输出保存到文件"论语 – 原文. txt"中,因此需要用"r"模式打开"论语. txt",用"w"模式创建文件"论语 – 原文. txt"。

本题要求区域性提取,与单行提取不同,因此,可以借助写标记 flag 来标记操作的是哪里的文本。使用 for 循环遍历"论语. txt"中的每一行,当该行存在【时,说明已经到了新的区域,写标记设置为否,即 flag = False;当该行存在【原文】时,写标记设置为 True;当写标记为 True 时,就将当前行内容写入新的文件"论语 – 原文. txt"中。对文件操作完成后,使用 close( )方法关闭文件。

（2）题目要求对"论语 – 原文. txt"进一步提纯,保存为"论语 – 提纯原文. txt"文件,因此需要用"r"模式打开"论语 – 原文. txt",用"w"模式创建文件"论语 – 提纯原文. txt"。

题目要求去掉每行文字中所有圆括号及内部数字,可在 for 循环遍历"论语 – 原文. txt"文件中的每一行时,用空格来代替出现的"（数字）"形式。分析"论语 – 原文. txt"文件可知,其中出现(1) ~ (22)共 22 种可能,因此内部嵌套 for 循环需要从 1 遍历到 22,构造(i)并替换。替换后将该行内容写入文件"论语 – 提纯原文. txt"中。对文件操作完成后,使用 close( )方法关闭文件。

第4套　参考答案及解析

一、选择题

1. A 【解析】冒泡排序、快速排序、简单插入排序、简单选择排序在最坏情况下比较次数均为 $n(n-1)/2$,堆排序在最坏情况下比较次数为 $n\log_2 n$,希尔排序在最坏情况下需要比较的次数是 $n^r(1 < r < 2)$。本题选择 A 选项。

2. B 【解析】二叉树的前序序列为 ABCD,由于前序序列首先访问根节点,可以确定该二叉树的根节点是 A。再由中序序列为 BCDA,可知以 A 为根的该二叉树只存在左子树,不存在右子树,且 B 为左子树的根结点。由于后序序列最后访问根结点,因此最后访问的是树的根结点 A,倒数第二个访问的是左子树的根结点 B。本题选择 B 选项。

3. C 【解析】设叶子结点数为 n,则该树的结点数为 $n+9+5 = n+14$,根据树中的结点数 = 树中所有结点的度之和 +1,得 $9\times3+0\times2+5\times1+n\times0+1 = n+14$,则 $n = 19$。本题选择 C 选项。

4. D 【解析】循环链表是线性表的一种链式存储结构,循环队列是队列的一种顺序存储结构。本题选择 D 选项。

5. A 【解析】软件具有以下特点。

①软件是一种逻辑实体,具有抽象性。

②软件没有明显的制作过程。

③软件在使用期间不存在磨损、老化问题。

④对硬件和环境具有依赖性。

⑤软件复杂性高,成本高。

⑥软件开发涉及诸多的社会因素。

本题选择 A 选项。

6. B 【解析】数据流图是系统逻辑模型的图形表示,从数据传递和加工的角度,来刻画数据流从输入到输出的移动变化过程,它直接支持系统的功能建模。本题选择 B 选项。

7. C 【解析】1966 年 Boehm 和 Jacopini 证明了程序设计语言仅仅使用顺序、选择及重复这 3 种基本控制结构就足以表达出各种结构的程序设计方法。本题选择 C 选项。

8. B 【解析】关系具有以下 7 条性质。

①元组个数有限性:二维表中元组的个数是有限的。

②元组的唯一性:二维表中任意两个元组不能完全相同。

③元组的次序无关性:二维表中元组的次序,即行的次序可以任意交换。

④元组分量的原子性:二维表中元组的分量是不可分割的基本数据项。

⑤属性名唯一性:二维表中不同的属性要有不同的属性名。

⑥属性的次序无关性：二维表中属性的次序可以任意交换。

⑦分量值域的同一性：二维表属性的分量具有与该属性相同的值域，或者说列是同质的。

满足以上 7 个性质的二维表称为关系，以二维表为基本结构所建立的模型称为关系模型。本题选择 B 选项。

9．D　【解析】一个客户可以在多家银行办理业务，一家银行也有多个客户办理业务，因此，实体客户和实体银行之间的联系是多对多。本题选择 D 选项。

10．A　【解析】关系 SC 中的主键是(S#，C#)，但 C#(课程号)单独就可以决定 Cn(课程名)，存在着对主键的部分依赖。本题选择 A 选项。

11．A　【解析】程序设计的 IPO 模式定义如下。

I：Input 输入，程序的输入。程序的输入包括文件输入、网络输入、控制台输入、随机数据输入、程序内部参数输入等。输入是一个程序的开始。

P：Process 处理，程序的主要逻辑。程序对输入进行处理，输出产生结果。处理的方法也叫算法，是程序最重要的部分。可以说，算法是一个程序的"灵魂"。

O：Output 输出，程序的输出。程序的输出包括屏幕显示输出、文件输出、网络输出、操作系统内部变量输出等。输出是一个程序展示运算成果的方式。

本题选择 A 选项。

12．C　【解析】在 Python 中，输出用 print( ) 函数，Hello World 是字符串类型，需要加单引号或双引号。本题选择 C 选项。

13．B　【解析】二进制整数以 0b 开头，后面跟二进制数 0 和 1。A、C、D 中有 4、9、3、F，这些都不是二进制数。本题选择 B 选项。

14．B　【解析】在 Python 中，复数类型表示数学中的复数，D 项正确。复数可以看作二元有序实数对(a，b)，表示 a + bj，其中 a 是实数部分，简称实部，b 是虚数部分，简称虚部。虚数部分通过后缀"J"或"j"来表示，实部、虚部都可为 0。复数可以进行四则运算。A 选项正确，B 选项错误。复数类型中，实部和虚部都是浮点数类型，对于复数 z，可以使用 z. real 和 a. imag 分别获取它的实部和虚部，C 选项正确。本题选择 B 选项。

15．D　【解析】Python 采用大写字母、小写字母、数字、下划线及汉字等字符及其组合进行命名，但名字的首字符不能是数字，标识符中间不能出现空格，长度没有限制，变量名不能与关键字相同。本题选择 D 选项。

16．A　【解析】Python 分支结构使用关键字 if、elif 及 else 来实现，每个 if 后面不一定要有 elif 或 else，A 项错误；if－else 结构是可以嵌套的，B 项正确；if 语句会判断 if 后面的逻辑表达式，当表达式为真时，执行 if 后的语句块，C 项正确；缩进是 Python 分支语句的语法部分，缩进不正确会影响分支功能，D 选项正确。本题选择 A 选项。

17．D　【解析】列表使用方括号作为索引操作符，索引从 0 开始，即第一个元素的索引是 0，第二个元素的索引是 1，依此类推。本题列表中有 10 个元素，则索引取值范围是[0，9]。本题选择 D 选项。

18．B　【解析】输入 5，因为 n＝5 满足第一个 if 条件，所以 n＝n－1，n＝4，s＝4；由于现在 n＝4，满足第二个 if 条件，所以执行 n＝n－1，n＝3，s＝3。print(s)，输出 3。本题选择 B 选项。

19．C　【解析】Python 中循环包括两种：遍历循环和无限循环。遍历循环使用关键字 for 依次提取遍历结构元素进行处理；无限循环使用关键字 while 根据判断条件执行程序。

循环结构有两个辅助循环控制关键字：break 和 continue。break 用来跳出最内层 for 或 while 循环，脱离该循环后程序从循环后的代码继续执行。continue 用来结束当前当次循环，即跳出循环体中下面尚未执行的语句，但跳不出当前循环。

pass：什么事也不做，只是空占位语句，并且是无运算的占位语句，当语法需要语句且还没有任何使用的语句可写时，就可以使用它。它通常用于为复合语句编写一个空的主体。

如果写无限循环，每次迭代什么也不做，就写 pass。pass 是有意义的，如忽略 try 语句所捕获的异常，以及定义带属性的空类对象，而该类实现的对象行为就像其他语言的结构和记录。

pass 有时指"以后会填上"，只是暂时用于填充函数主体而已，无法保持函数体为空而不产生语法错误，因此，可以使用 pass 来替代。

两者的区别：continue 语句只结束本次循环，不终止整个循环的执行，而 break 具备结束循环的能力。本题选择 C 选项。

20．D　【解析】Python 使用关键字 try 和 except 进行异常处理，语法格式如下：

```
try：
    <语句块 1>
except：
    <语句块 2>
```

语句块 1 是正常执行的程序内容,当执行这个语句块发生异常时,则执行 except 关键字后面的语句块 2。当输入 10 时,执行 try 后面的语句,n = 10,函数 pow2() 只进行了定义,但未进行调用,所以此时程序只执行了输入语句,函数不执行,语句运行正常,并不执行 except 后面的语句,故程序没有任何输出。本题选择 D 选项。

21. C　【解析】在 Python 中,return 语句用来结束函数并将程序返回到函数被调用的位置继续执行。return 语句可以出现在函数中的任何部分,可以同时将 0 个、1 个或多个函数运算结果返回给函数被调用处的变量。函数可以没有 return 语句,此时函数并不返回值。当函数使用 return 语句返回多个值时,这些值形成了一个元组数据类型,由圆括号和逗号分隔,如(a,b,c),可以使用一个变量或多个变量保存结果。本题选择 C 选项。

22. A　【解析】根据程序中变量所在的位置和作用范围,变量分为局部变量和全局变量。局部变量指在函数内部定义的变量,仅在函数内部有效,且作用域也在函数内部,当函数退出时变量将不再存在。全局变量一般指在函数之外定义的变量,在程序执行全过程有效。全局变量在函数内部使用时,需要提前使用关键字 global 声明,语法格式为 **global ＜全局变量＞**。使用 global 对全局变量声明时,该变量要与外部全局变量同名。本题选择 A 选项。

23. B　【解析】range() 函数的语法为 range(start,stop,step),作用是生成一个从 start 参数的值开始,到 stop 参数的值结束的数字序列(注意不包含数参 stop),step 是步进参数。CLis = list(range(5)),生成一个列表,包含 0、1、2、3、4。因为 5 不在 CLis 列表中,故返回 False。本题选择 B 选项。

24. B　【解析】函数定义时的语法格式如下:

def ＜函数名＞(＜非可选参数列表＞,＜可选参数＞ = ＜默认值＞)：
　　＜函数体＞
　　return ＜返回值列表＞

可选参数一般都放置在非可选参数的后面。本题代码中,n 为非可选参数,fact(n) 函数的功能为求 n 的阶乘。s 在函数内部定义,为局部变量。根据 range() 函数的定义,range(1,n+1) 的范围是[1,n],不包含 n + 1。本题选择 B 选项。

25. C　【解析】该函数功能是计算 a 的 b 次方,运算符 ** 表示幂运算,s = 2 ** 5 = 32。本题选择 C 选项。

26. D　【解析】列表 ls 中有 3 个元素,函数 funC("yellow"),将 yellow 传递给形参 a,用 append() 方法将 a 中内容添加到列表 ls 中,最后返回,故最终的 ls = ["apple","red","orange","yellow"],print(ls),即将列表 ls 中的内容输出。本题选择 D 选项。

27. C　【解析】列表用方括号([])表示,由于列表属于序列类型,因此继承了序列类型的所有属性和方法,B 选项正确。索引是列表的基本操作,用于获得列表中的一个元素,该操作沿用序列类型的索引方式,即正向递增索引或反向递减索引,使用方括号作为索引操作符,索引不得超过列表的元素范围,否则将产生 IndexError 错误,A 选项正确。列表可以进行元素增加、删除、替换、查找等操作,列表没有长度限制,元素类型可以不同,能够包含其他的组合数据类型,故 D 选项正确、C 选项错误。本题选择 C 选项。

28. B　【解析】序列的索引从 0 开始,所以 s = [1,"kate",True] 时,s[3] = 0,返回 False,A 选项错误。x in s(如果 x 是 s 的元素,返回 True;否则返回 False);x not in s(如果 x 不是 s 的元素,返回 True;否则返回 False),B 选项正确、C 选项错误。序列类型使用的索引可以是正向递增索引(从 0 开始递增),也可以是反向递减索引(从 -1 开始递减),所以 s[-1] = False,返回的是 False,D 选项错误。本题选择 B 选项。

29. D　【解析】range() 函数的语法格式为 **range(start,stop,step)**,作用是生成一个从 start 参数的值开始,到 stop 参数的值结束的数字序列(注意不包含参数 stop),step 是步进参数。一般默认 start 为 0,步进 step = 1,如 range(5),生成 0、1、2、3、4。len(S) = 4,for i in range(4) 表示 i 从 0 开始取值,当 i = 0 时,print(S[0],end = "")输出 P;当 i = 1 时,print(S[-1],end = "")输出 e;当 i = 2 时,print(S[-2],end = "")输出 m;当 i = 3 时,print(S[-3],end = "")输出 a。故代码输出结果为 Pema。本题选择 D 选项。

30. C　【解析】for s in "HelloWorld" :将字符串 HelloWorld 中的字符依次赋给变量 s,之后进行 if 判断,如果 s = "W",则 continue,执行下一个循环,不执行 print(s,end = ""),否则执行 print(s,end = ""),所以最后输出的结果是 Helloorld。本题选择 C 选项。

31. B　【解析】在 Python 中,字典是存储可变数量键值对的数据结构,键和值可以是任意数据类型,通过键索引值,并可以通过键修改值。因此,可以直接利用键值对关系索引元素。索引语法格式为 < 值 > = < 字典变量 > [< 键 >]。故能够正确索引字典并输出数字 2 的语句是 print(d['cake']),本题选择 B 选项。

32. D　【解析】在 Python 中,想要在列表中的任意位置插入元素,一般使用 insert() 方法。insert() 方法有两个参数:第一个参数代表在列表中的位置,第二个参数是在这个位置处插入的元素。注意:插入时,是插入该位置之前。列表下标从 0 开始,s = [4,2,9,1],s[3] = 1,则执行 s. insert(3,3) 后,s = [4,2,9,3,1],最后print(s),本题选择 D 选项。

33. C　【解析】在 Python 中,进行写文件操作时定位到某个位置所用到的方法是 seek()。设 f 为文件变量,用法为 f. seek(offset);含义为改变当前文件操作指针的位置;offset 的值为 0 表示文件开头,为 2 表示文件结尾。本题选择 C 选项。

34. A　【解析】文件包括文本文件和二进制文件两种类型。Python 对文本文件和二进制文件采用统一的操作步骤,即"打开 - 操作 - 关闭",B 选项正确。采用文本方式读入文件,文件经过编码形成字符串,输出有含义的字符;采用二进制方式打开文件,文件被解析为字节流,A 选项错误。Python 通过 open() 函数打开一个文件,并返回一个操作这个文件的变量,语法格式为 < 变量名 > = open(< 文件路径及文件名 > , < 打开模式 >),C 选项正确。文件使用结束后要用 close() 方法关闭,释放文件的使用授权,语法格式为 < 变量名 > . close(),D 选项正确。本题选择 A 选项。

35. A　【解析】二维数据也称表格数据,由关联关系数据构成,A 选项错误。二维数据由多个一维数据构成,可以看作一维数据的组合形式,B 选项正确。CSV 文件是二维数据的存储文件,C 选项正确。CSV 文件的每行是一维数据,用逗号分隔,D 选项正确。本题选择 A 选项。

36. D　【解析】在 Python 中,读取 CSV 文件中的二维码数据采用遍历循环和字符串的 split() 方法相结合,方法如下:

f = open("cpi. csv" , "r")

ls = [ ]

for line in f:

　　ls. append (line. strip("\n"). split(","))

f. close( )

本题选择 D 选项。

37. A　【解析】执行 fo = open("book. txt" , "w"),打开 book. txt 文本文件,打开模式为 w(覆盖写模式);创建列表 ls = ['book','23','201009','20'];str() 函数返回一个对象的字符串格式,str(ls) 返回 ls 中字符串,fo. write(str(ls)) 将返回的字符串写入 book. txt 文本文件中。本题选择 A 选项。

38. C　【解析】属于网络爬虫领域的第三方库是 scrapy;NumPy 库是 Python 在数据分析方面的第三方库;使用 wordcloud 可以方便地生成词云图,这是 Python 在数据可视化方面的第三方库;PyQt5 库是 Python 在用户图形界面方向的第三方库。本题选择 C 选项。

39. A　【解析】用于数据分析的第三方库是 pandas,PIL 是 Python 在图像处理方面的第三方库,Django 和flask 库是 Python 在 Web 开发方向的第三方库。本题选择 A 选项。

40. B　【解析】在 Python 中,time 是 Python 重要的标准库之一,用于处理时间相关的问题,不属于机器学习领域的第三方库。TensorFlow、PyTorch、mxnet 均属于机器学习领域第三方库。本题选择 B 选项。

二、基本操作题

41.【参考答案】

ntxt = input("请输入 4 个数字(空格分隔):")

nls = ntxt. split(' ')

x0 = eval(nls[0])

y0 = eval(nls[1])

x1 = eval(nls[2])

```
y1 = eval(nls[3])
r = pow(pow(x1 - x0, 2) + pow(y1 - y0, 2), 0.5)
print("{:.1f}".format(r))
```

【解题思路】

该题要求用键盘输入两个点的坐标,然后输出两点之间的距离。计算两点之间的距离可以使用数学公式 $|AB| = \sqrt{(x_1 - x_2)^2 + (y_1 - y_2)^2}$,所以题目的难点就是如何处理输入的数据。由题目已给的代码可知数据存储在列表中,因此需要用到字符串的 split() 函数返回一个列表且用空格符分隔,第 1 空应填入 nls = ntxt.split(' ')。pow() 函数是 Python 的内置函数,用来求一个数的幂,由于求距离涉及开方,因此第 2 空填入 0.5。

42.**【参考答案】**

```
import jieba
txt = input("请输入一段中文文本:")
ls = jieba.lcut(txt)
print("{:.1f}".format(len(txt)/len(ls)))
```

【解题思路】

该题考查的是 jieba 中文分词库的使用。jieba 库属于 Python 第三方库,使用时需要用关键字 import 导入,lcut() 是最常用的一种中文分词函数,用于精确模式,即把字符串分割成等量的中文词组,返回结果是列表类型。用 len() 方法求出字符串的长度和列表的长度,二者相除就可以得出文本词语的平均长度。因此第 1 空应填入 jieba,第 2 空应填入 ls = jieba.lcut(txt)。

43.**【参考答案】**

```
n = eval(input("请输入一个数字:"))
print("{:+^11}".format(chr(n-1) + chr(n) + chr(n+1)))
```

【解题思路】

要获得 Unicode 编码对应的字符,需要使用 chr() 函数。chr(i) 表示返回 Unicode 编码为 i 的字符。题目要求输出 3 个 Unicode 编码对应的字符,可以用"+"将字符连接起来,因此第 2 空应填入 chr(n-1) + chr(n) + chr(n+1)。另外,题目要求输出格式为宽度为 11 个字符、加号字符填充、居中对齐,因此第 1 空应填入 +^11。

三、简单应用题

44.**【参考答案】**

```
import turtle
d = 0
for i in range(4):
    turtle.fd(200)
    d = d + 90
    turtle.seth(d)
```

【解题思路】

该题考察的是用 Python 标准库 turtle 库来绘制正方形。因为绘制 4 条边,所以循环执行 4 次,因此第 1 空填 4。正方形边长为 200 像素,所以第 2 空填 200。因为使用 seth() 方法更改绘制方向,所以绘制一条边后,角度增加 90 绘制下一条边,因此第 3 空应填入 d + 90。

45.**【参考答案】**

```
fo = open("PY202.txt", "w")
data = input("请输入课程名及对应的成绩:") # 课程名 成绩
course_score_dict = {}
while data:
    course, score = data.split(' ')
    course_score_dict[course] = eval(score)
    data = input("请输入课程名及对应的成绩:")
```

```
course_list = sorted(list(course_score_dict.values()))
max_score, min_score = course_list[-1], course_list[0]
average_score = sum(course_list) / len(course_list)
max_course, min_course = ","
for item in course_score_dict.items():
    if item[1] == max_score:
        max_course = item[0]
    if item[1] == min_score:
        min_course = item[0]
fo.write("最高分课程是{}{},最低分课程是{}{},平均分是{:.2f}".format(max_course, max_score, min_course, min_score, average_score))
fo.close()
```

【解题思路】

本题涉及课程名及其成绩的统计,可以借助字典来实现,课程名及其对应的成绩构成字典的键值对。先定义一个字典变量 course_score_dict,然后对其进行构造,课程名作为字典的键,其成绩作为键对应的值。

题目要求输出最高成绩和最低成绩,就需要对成绩进行排序,可以使用 sorted()函数,但该函数只适用于序列类型,因此需要将字典转换成列表。可以使用字典的 values()方法返回所有的值信息(即所有的成绩),将这些值存入一个列表中,然后对该列表按升序进行排序并赋值给列表 course_list。此时,列表 course_list 中第一个元素 course_list[0]就是最低分 min_score,最后一个元素 course_list[-1]就是最高分 max_score,列表中所有元素的和除以列表的长度就是平均分 average_score。

题目还要求输出最高分和最低分对应的课程名,可以使用 for 循环遍历字典 course_score_dict 中的每个键值对,判断键值对中的值是否和 max_score 或 min_score 相等,如果和 max_score 相等,则该值对应的键即为最高分课程名 max_course,如果和 min_score 相等,则该值对应的键即为最低分课程名 mix_course。最后将 max_course、max_score、min_course、min_score、average_score 根据格式写入文件"PY202.txt"中。

四、综合应用题

46.(1)【参考答案】

```
fi = open('sensor.txt', 'r')
fo = open('earpa001.txt', 'w')
txt = fi.readlines()
for line in txt:
    ls = line.strip("\n").split(",")
    if 'earpa001' in ls:
        fo.write("{},{},{},{}\n".format(ls[0], ls[1], ls[2], ls[3]))
fi.close()
fo.close()
```

(2)【参考答案】

```
fi = open('earpa001.txt', 'r')
fo = open('earpa001_count.txt', 'w')
d = {}
for line in fi:
    split_data = line.strip("\n").split(',')
    floor_and_area = split_data[-2] + "-" + split_data[-1]
    if floor_and_area in d:
        d[floor_and_area] += 1
    else:
        d[floor_and_area] = 1
ls = list(d.items())
```

```
ls. sort( key = lambda x：x[1]，reverse = True) # 该语句用于排序
for i in range(len(ls))：
    fo. write('{},{}\n'. format(ls[i][0],ls[i][1]))
fi. close( )
fo. close( )
```

【解题思路】

(1)本题涉及"sensor. txt"和"earpa001. txt"两个文件,前者使用 r 模式打开,后者使用 w 模式创建。从文件"sensor. txt"中读入所有的行,以行为元素形成列表 txt。然后使用 for 循环遍历列表 txt 中的每个元素,并将该元素内容存入列表 ls 中。使用 if 条件判断"earpa001"是否在列表 ls 中,如果存在,就将列表 ls 中的前四个元素写入文件"earpa001. txt"中。最后关闭文件。

(2)本题涉及"earpa001. txt"和"earpa001_count. txt"两个文件,前者使用 r 模式打开,后者使用 w 模式创建。由于题目涉及统计计算,这可以借助字典来实现,因此首先定义字典变量 d。

然后使用 for 循环遍历"earpa001. txt"的每一行,并将该行内容存入列表 split_data 中,由于题目要求的格式形如"1 - 1",因此需要将列表 split_data 中的最后两个元素通过"-"进行连接并赋值给变量 floor_and_area。使用 if 条件判断 floor_and_area 在字典 d 中是否存在,若存在则将该键对应的值加 1,若不存在则将变量作为字典的键并将对应值设置为 1。

ls = list(d. items( )) 表示将字典类型变成列表类型,字典中的每个键值对对应列表中的一个元组。随后,对列表 ls 中的元组按照第二个元素的大小降序排序。

排序后,再通过一个 for 循环遍历将列表 ls 中每个元组的第一个和第二个元素写入文件 earpa001_count. txt 中。最后关闭文件。

第5套　参考答案及解析

一、选择题

1. A 【解析】最坏情况下冒泡排序需要的比较次数为 $n(n-1)/2$,本题中 $n = 12$,故需要比较 66 次。本题选择 A 选项。

2. B 【解析】栈是先进后出的线性表,队列是先进先出的线性表。将元素 A、B、C、D、E、F、G、H 依次轮流入栈和入队,这时栈中的元素为 ACEG,队列中的元素为 BDFH;然后依次轮流退队和出栈,即队列中 B 元素退队,然后栈中 G 元素出栈,队列中 D 元素退队,栈中 E 元素出栈,以此顺序,完成所有元素退队和出栈,则输出序列为 B,G,D,E,F,C,H,A。本题选择 B 选项。

3. D 【解析】树的度是 3,即树中只存在度为 0、1、2、3 的结点,假设叶子结点数为 n,由于没有度为 1 和 2 的结点,则度为 3 的结点数为 $29 - n$,根据树中的结点数 = 树中所有结点的度之和 + 1,得 $3 \times (29 - n) + 0 \times 1 + 0 \times 2 + n \times 0 + 1 = 29$,得出的 n 不为整数,因此不存在这样的树。本题选择 D 选项。

4. C 【解析】设循环队列的存储空间为 $Q(1:m)$,初始状态为空。在循环队列运转起来后,如果 $rear - front > 0$,则队列中的元素个数为 $rear - front$ 个;如果 $rear - front < 0$,则队列中的元素个数为 $rear - front + m$。本题中 $front = 25$,$rear = 24$,$rear - front < 0$,则元素个数为 $24 - 25 + 60 = 59$。本题选择 C 选项。

5. A 【解析】计算机软件是由程序、数据及相关文档构成的完整集合,它与计算机硬件一起组成计算机系统。本题选择 A 选项。

6. B 【解析】单元测试主要针对模块的 5 个基本特征进行:模块接口测试、局部数据结构测试、重要的执行路径的检查、检查模块的错误处理能力、影响以上各点及其他相关点的边界条件测试。本题选择 B 选项。

7. C 【解析】封装是指从外面看只能看到对象的外部特性,对象的内部对外是不可见的,即将数据和操作置于对象的统一体中。本题选择 C 选项。

8. D 【解析】数据库的逻辑设计工作主要是将 E - R 图转换成指定关系数据库管理系统(Relational Database Management System,RDBMS)中的关系模式。本题选择 D 选项。

9. A 【解析】每个社团都有一名团长,一个同学可同时担任多个社团的团长,则实体团长和实体社团间的联系是一对多。本题选择 A 选项。

10. B 【解析】关系 SC 的主键为复合键(学号,课程号),但明显存在课程号→课程名,课程号→学分等,存在非主属性对主属性的部分依赖。对关系 SC 进行如下的分解,就可以消除对非主属性的部分依赖,满足

第二范式:S(S#,Sn),C(C#,Cn,Cr),SC(S#,C#,G)。本题选择 B 选项。

　　11. B　【解析】字符串比较规则:从第一个字符开始,一一对应比较编码大小;当第一个字符串的全部字符和另一个字符串的前部分字符相同时,长度长的字符串为大。本题选择 B 选项。

　　12. C　【解析】保留字,也称关键字,是编程语言内部定义并保留使用的标识符。Python 3. x 中有 35 个保留字,分别为 and、as、assert、async、await、break、class、continue、def、del、elif、else、except、False、finally、for、from、global、if、import、in、is、lambda、None、nonlocal、not、or、pass、raise、return、True、try、while、with、yield。define 不是 Python 语言关键字。本题选择 C 选项。

　　13. D　【解析】文件是存储在辅助存储器上的一组数据序列,可以包含任何数据内容。文件包括文本文件和二进制文件两种类型。文本文件和二进制文件的存储方式不同,所以文本文件不可以用二进制文件方式读入。本题选择 D 选项。

　　14. C　【解析】列表索引正向递增索引从 0 开始,反向递减索引从 −1 开始,ls[2][−1][2]指的是列表中下标为 2 的元素中的下标为 −1 元素中的下标为 2 的元素,输出结果是 s。本题选择 C 选项。

　　15. A　【解析】turtle. fd(distance):向当前画笔方向移动 distance 距离,当值为负数时,表示向相反方向前进;turtle. left(angle):向左旋转 angle 角度;turtle. seth(to_angle):设置当前前进方向为 to_angle,该角度是绝对方向角度。turtle 库中不存在 open()函数。本题选择 A 选项。

　　16. B　【解析】能够表示多个数据的类型称为组合数据类型。Python 中最常用的组合数据类型有 3 类:集合类型、序列类型(典型代表是字符串类型和列表类型)及映射类型(典型代表是字典类型)。复数类型不属于组合数据类型。本题选择 B 选项。

　　17. A　【解析】random 库用于产生各种分布的伪随机序列,是 Python 的标准库,而不是 Python 的第三方库,本题选择 A 选项。

　　18. B　【解析】函数定义:函数是指一组语句的集合通过一个名字(函数名)封装起来,要想执行这个函数,只需要调用其函数名即可。return 语句用来结束函数并将程序返回到函数被调用的位置继续执行。return 语句可以出现在函数中的任何部分,可以同时将 0 个、1 个或多个函数运算结果返回给函数被调用处的变量。Python 通过保留字 def 定义函数,语法格式如下:

def <函数名>(<非可选参数列表>,<可选参数> = <默认值>):

　　　<函数体>

　　return <返回值列表>

可选参数一般都放置在非可选参数的后面。本题选择 B 选项。

　　19. B　【解析】使用函数可以降低编程复杂性和提高代码复用性,增强代码可读性。代码复用减少了代码行数和降低了代码维护难度。本题选择 B 选项。

　　20. C　【解析】根据程序中变量所在的位置和作用范围,变量分为局部变量和全局变量。局部变量指在函数内部定义的变量,仅在函数内部有效,且作用域也在函数内部,当函数退出时变量将不再存在。全局变量一般指在函数之外定义的变量,在程序执行全过程有效。全局变量在函数内部使用时,需要提前使用保留字 global 声明,语法格式为 **global** <全局变量>。使用 global 对全局变量声明时,该变量要与外部全局变量同名。本题选择 C 选项。

　　21. B　【解析】该程序将字符串 pink 传递给形参 a,函数体中通过 append()方法将 a 添加到列表 ls 中,最后输出列表,ls = ['Python', 'family', 'miss', 'pink']。本题选择 B 选项。

　　22. D　【解析】浮点数 3.0 和整数 3 具有相同的值,硬件执行单元、计算机指令处理方法和数据类型均不相同。本题选择 D 选项。

　　23. A　【解析】random. uniform(a,b):生成一个区间为[a,b)的随机小数。本题选择 A 选项。

　　24. D　【解析】mayavi 和 TVTK 是数据可视化方向的第三方库,PIL 是图像处理方面的第三方库。本题选择 D 选项。

　　25. C　【解析】SnowNLP 和 loso 是自然语言处理方向的第三方库;random 库用于产生各种分布的伪随机序列,是 Python 的标准库。本题选择 C 选项。

　　26. C　【解析】pygame 是 Python 在游戏开发方向的第三方库,不属于 Python 的标准库。本题选择 C 选项。

　　27. B　【解析】for i in range(1,11)是将 1、2、3、4、5、6、7、8、9、10 依次赋给变量 i,用变量 sum 累加每一次

变化的 i 的值,最终 sum = 56。本题选择 B 选项。

28. A　【解析】程序中 b = 4200,a = 0.36,b − a = 4199.64。本题选择 A 选项。

29. B　【解析】range( )函数的语法格式为 **range(start,stop,step)**,作用是生成一个从 start 参数的值开始,到 stop 参数的值结束的数字序列(注意不包含参数 stop),step 是步进参数。一般默认 start 为 0,步进 step = 1,如 range(5),生成 0、1、2、3、4。list( )生成列表,所以最后列表 ls = [0,1,2,3,4]。本题选择 B 选项。

30. B　【解析】外层 for 循环依次将字符串 miss 中的字符赋给变量 i,内层 for 控制循环 3 次,注意是先执行 print( )再判断 if 条件,输出第一个 i 后,碰到 if 判断条件,当 i = = "i"时退出内层循环,所以结果为 mmmis-sssss。本题选择 B 选项。

31. A　【解析】Python 使用 format( )格式化方法,语法格式为 <模板字符串>**. format(**<逗号分隔的参数>**)**,其中模板字符串是一个由字符串和槽组成的字符串,用来控制字符串和变量的显示效果。槽用花括号({})表示,对应 format( )方法中逗号分隔的参数。如果模板字符串有多个槽,且槽内没有指定序号,则按照槽出现的顺序分别对应 format( )方法中的不同参数。参数根据出现先后存在一个默认序号。本题选择 A 选项。

32. C　【解析】字符串的索引从 0 开始,t[20:21]是指字符串中索引是 20 的元素 I,t[:9]是从索引 0 ~ 8 元素,用"+"连接字符串,最后输出 I love the World。本题选择 C 选项。

33. A　【解析】程序中,chr(64)输出的是字符@ ,之后用"+"连接字符串,最后输出 I@ you。本题选择 A 选项。

34. B　【解析】列表索引从 0 开始,lis1[1] = lis2 是将列表 lis2 赋值并覆盖 lis1[1]位置上的元素,运算后 lis1 = [1,['loves'],['python']]。本题选择 B 选项。

35. C　【解析】reverse( )方法的作用是将整个列表中的元素反转,第一个元素放在最后一个元素位置上,最后一个元素放在第一个元素位置上,第二个元素放在倒数第二个元素位置上,倒数第二个元素放在第二个元素位置上,最终列表为[8,6,5,4],但此方法本身无返回值。本题选择 C 选项。

36. B　【解析】for 循环遍历列表 ls,依次把 ls 中的元素赋值给变量 k,并使用函数 print( )输出各元素(格式为元素间用空格符分隔)。本题选择 B 选项。

37. A　【解析】(3 + 4j) * (3 − 4j)是复数的乘法运算。设 c1 = a + bj,c2 = c + dj(a、b、c、d 均为实数),c1 * c2 = (ac − bd) + (bc + ad)j。结果是(25 + 0j)。本题选择 A 选项。

38. B　【解析】fun("5")将字符 5 赋给形参 x,由于 5 是字符类型,不是数字类型,不能进行数值运算,因此 x * 4 是把字符 5 连续复制 4 次输出。本题选择 B 选项。

39. B　【解析】列表可以进行元素增加、删除、替换、查找等操作。列表没有长度限制,元素类型可以不同,能够包含其他的组合数据类型。本题选择 B 选项。

40. D　【解析】本题考查的是字符串输出格式化知识点,其中"{: * ^13}"表示输出的字符串长度为 13,居中对齐,空白处用" * "填充。最后输出的是 * * * Python LOVES * * * *,本题选择 D 选项。

二、基本操作题

41.【参考答案】
```python
s = eval(input("请输入一个数字:"))
ls = [0]
for i in range(65,91):
    ls. append(chr(i))
print("输出大写字母:{}". format(ls[s]))
```

【解题思路】
本题考查字符串的 chr( )函数和列表索引查找。题目要求输入一个 1 ~ 26 的任意数字,返回对应的大写字母,这可以借助列表来实现。将 A ~ Z 共 26 个大写字符通过 for 循环依次添加到列表 ls 中,由于列表的索引从 0 开始,因此,ls[1]对应的是大写字母 A,ls[26]对应的是大写字母 Z,即可实现根据输入的数字返回对应的大写字母。chr(i)函数的作用是返回 Unicode 值 i 对应的字符,Unicode 值 65 ~ 90 对应大写字母 A ~ Z。因此第 1 空填 i,第 2 空填 ls[s]。

42.【参考答案】
```python
s = input("请输入一个十进制数:")
```

```
num = int(s)
print("转换成二进制数是:{:b}".format(num))
```

【解题思路】

本题考查 input() 函数和 format() 方法的使用。由于 input() 函数返回的结果为字符串类型,所以需要将 s 转换为整数类型用于计算,这可以使用 int() 函数,因此第 1 空应填入 int(s)。题目要求以二进制数输出,可使用 format() 方法完成,对于整数类型,输出格式包括 6 种:b 表示输出整数的二进制方式;c 表示输出整数对应的 Unicode 字符;d 表示输出整数的十进制方式;o 表示输出整数的八进制方式;x 表示输出整数的小写十六进制方式;X 表示输出整数的大写十六进制方式。因此第 2 空应填入:b,第 3 空应填入 num。

43.【参考答案】

```
import jieba
s = input("请输入一个中文字符串,包含标点符号:")
m = jieba.lcut(s)
print("中文词语数:{}".format(len(m)))
```

【解题思路】

该题考查的是 jieba 中文分词库的使用。jieba 库是 Python 的第三方库,使用时需要提前导入,因此第 1 空填 jieba。lcut() 函数是最常用的一种中文分词函数,支持精确模式,返回列表类型,因此第 2 空应填入 jieba.lcut(s)。统计中文词语数即统计列表的长度,可使用 len() 函数计算,因此第 3 空应填入 len(m)。

三、简单应用题

44.【参考答案】

```
import turtle
turtle.color("red","yellow")
turtle.begin_fill()
for i in range(36):
    turtle.fd(200)
    turtle.left(170)
turtle.end_fill()
```

【解题思路】

该题考查的是用 Python 标准库 turtle 库绘制太阳花。根据题干可知,太阳花的边为红色且用黄色填充,因此第 1 空填 red,第 2 空填 yellow。由于涉及填充图形,所以要调用 begin_fill() 函数,因此第 3 空应填入 begin_fill()。题目要求边长为 200 像素,则第 4 空应填 200。太阳花一共 36 个角,每个角 10 度,因此绘制一条边需要逆时针旋转 170 度再绘制下一条边,因此第 5 空应填入 170。

45.【参考答案】

```
fo = open("PY202.txt","w")
def prime(num):
    for i in range(2,num):
        if num%i == 0:
            return False
    return True
ls = [51,33,54,56,67,88,431,111,141,72,45,2,78,13,15,5,69]
lis = []
for i in ls:
    if prime(i) == False:
        lis.append(i)
fo.write(">>>{},列表长度为{}".format(lis,len(lis)))
fo.close()
```

【解题思路】

素数是只能被 1 和它本身整除的自然数。prime() 函数用于判断一个数是否为素数,如果一个数 num,能被 2 到 num −1 之间的任意一个整数整除,那该数不为素数(返回 False),否则为素数(返回 True)。

最后,通过 for 循环遍历列表 ls 中的元素,通过调用函数判断该元素是否为素数,将不是素数的元素使用 append()方法添加到一个新的列表 lis 中,再将新列表和元素个数写入文件。

四、综合应用题

46.(1)【参考答案】

```
fi = open("arrogant. txt","r")
fo = open("PY301 −1. txt","w")
txt = fi. read()
d = {}
for s in txt:
    d[s] = d. get(s,0) + 1
del d['\n']
ls = list(d. items())
for i in range(len(ls)):
    fo. write("{}:{}\n". format(ls[i][0],ls[i][1]))
fi. close()
fo. close()
```

(2)【参考答案】

```
fi = open("arrogant. txt","r")
fo = open("arrogant −sort. txt","w")
txt = fi. read()
d = {}
for s in txt:
    d[s] = d. get(s,0) + 1
del d['\n']
ls = list(d. items())
ls. sort(key = lambda x:x[1],reverse = True)
for i in range(10):
    fo. write("{}:{}\n". format(ls[i][0],ls[i][1]))
fi. close()
fo. close()
```

【解题思路】

(1)首先使用 open()函数打开文件"arrogant. txt",把文件的内容通过 read()方法保存到变量 txt 中;然后用 for 循环遍历 txt 中的每个英文字符,将该字符作为字典 d 中的键,将该键所对应的值设置为1,在后面循环中只要遍历的字符与该键相同,就将该键对应的值加 1。这样,字典中的键值对对应着英文字符和其出现的次数。由于题目要求不统计换行符,因此需要使用 del 删除换行符对应的键值对。

ls = list(d. items())表示将字典类型变成列表类型,字典中的每个键值对对应列表中的一个元组。每个元组中的第一个元素 ls[i][0]表示英文字符,第二个元素 ls[i][1]表示字符出现的次数。通过 for 循环遍历按照格式规则将两个对应的元素写入文件"PY301 −1. txt"。

(2)问题 2 在问题 1 的基础上增加了排序,排序的规则是按照字符出现的次数降序排序,因此排序后列表中前 10 个元素(元组)就是排名前 10 的字符。通过 for 循环遍历按照格式规则将这 10 个元素写入文件"arrogant −sort. tx"中。

第6套 参考答案及解析

一、选择题

1.C 【解析】在数据流图中,用标有名字的箭头表示数据流。在程序流图中,用标有名字的箭头表示控制流。本题选择 C 选项。

2. A　【解析】结构化程序设计的思想包括自顶向下、逐步求精、模块化、限制使用 goto 语句。本题选择 A 选项。

3. B　【解析】软件设计中模块划分应遵循的准则是高内聚低耦合、模块大小适当、模块的依赖关系适当等。模块的划分应遵循一定的要求,以保证模块划分合理,并进一步保证以此为依据开发出的软件系统可靠性强,易于理解和维护。模块之间的耦合应尽可能低,模块的内聚度应尽可能高。本题选择 B 选项。

4. B　【解析】A 选项错误,可行性分析阶段产生可行性分析报告。C 选项错误,概要设计说明书是总体设计阶段产生的文档。D 选项错误,集成测试计划是在概要设计阶段编写的文档。B 选项正确,软件需求规格说明书是后续工作如设计、编码等需要的重要参考文档。本题选择 B 选项。

5. A　【解析】算法原则上能够精确地运行,而且人们用笔和纸做有限次运算后即可完成。有穷性是指算法程序的运行时间是有限的。本题选择 A 选项。

6. B　【解析】栈是按"先进后出"的原则组织数据的,数据的插入和删除都在栈顶进行操作。本题选择 B 选项。

7. C　【解析】E－R 图转换成关系数据模型则是把图形分析出来的联系反映到数据库中,即设计出表,所以属于逻辑设计阶段。本题选择 C 选项。

8. D　【解析】自然连接是一种特殊的等值连接,它要求两个关系中进行比较的分量必须是相同的属性组,并且在结果中把重复的属性列去掉,所以 B 选项错误。笛卡儿积是用 R 集合中元素为第一元素,S 集合中元素为第二元素构成的有序对,所以 C 选项错误。可以很明显地看出,关系 T 是从关系 R 与关系 S 中取得的相同的关系组,所以使用的是交运算。本题选择 D 选项。

9. C　【解析】学号是学生表 S 的主键,课号是课程表 C 的主键,所以选课表 SC 的关键字就应该是与前两个表能够直接联系且能唯一定义的学号和课号,本题选择 C 选项。

10. B　【解析】在需求分析阶段可以使用的工具有数据流图,数据字典(Data Dictionary,DD),判定树与判定表,本题选择 B 选项。

11. B　【解析】注释可以在一行中的任意位置开始,但只有在"#"后的才会被作为注释不被执行。本题选择 B 选项。

12. A　【解析】Python 采用严格的"缩进来表明程序格式",而且"缩进"中是可以嵌套的。本题选择 A 选项。

13. A　【解析】range(6)取到的是 0、1、2、3、4、5 这 6 个数,这些数均为 int 类型,使用 list()方法将其存储在列表变量 lis 中。本题选择 A 选项。

14. C　【解析】A 选项中条件是合法的,输出 True,只有不合法的条件才会输出 False;B 选项中条件是合法的;D 选项中条件不合法输出 False,而不是抛出异常。本题选择 C 选项。

15. C　【解析】print()函数用于输出运算结果,根据输出内容不同,有 3 种用法:①仅用于输出字符串,语法格式为 **print(<待输出字符串>)**,字符串需要用单引号或者是双引号括起来;②仅用于输出一个或多个变量,语法格式为 **print(<变量 1>,<变量 2>,…<变量 n>)**;③用于混合输出字符串与变量值,语法格式为 **print(<输出字符串模板>.format(<变量 1>,<变量 2>,…<变量 n>))**。该题考查的是第一种用法。本题选择 C 选项。

16. D　【解析】Python 源文件的扩展为 py。本题选择 D 选项。

17. A　【解析】按运算符优先级进行计算。3**2=9,9*5=45,45//6=7,7%7=0。本题选择 A 选项。

18. D　【解析】Python 控制结构包括顺序结构、循环结构及分支结构。本题选择 D 选项。

19. D　【解析】def 是定义函数的关键字。defun 和 function 不是 Python 中的关键字。class 是定义类的关键字。本题选择 D 选项。

20. C　【解析】while 属于循环结构。本题选择 C 选项。

21. B　【解析】continue 语句用于中断本次循环的执行,继续执行下一轮循环的条件,而不是跳出当前循环;Python 中的 for、while 循环都有一个可选的 else 子句,如果用 break 语句终止循环,那么 else 语句将不会执行。本题选择 B 选项。

22. B　【解析】range()函数与 for 循环结合使用可以创建一个整数列表,且 **range(start,stop[,step])** 包含 3 个参数,代表列表的开始、结束以及步长,但其中不包含 stop 参数的范围,即区间为左闭右开。print()函数的 end 参数用来设置输出格式,默认为换行。该题表示输出数字之间使用逗号分隔。本题选择 B 选项。

23. D 【解析】while 循环的判断条件为真时,进入循环体,为假时,直接执行 while 同级的代码。初始值为 i=0,进入循环体之后,因为 i<1,执行 continue 语句跳出本次循环,进入下一循环。i 的值始终为 0,故程序为死循环。本题选择 D 选项。

24. D 【解析】程序的异常处理模块,若 try 语句块中的代码异常,则进入 except 语句块中,执行该处的代码;没有异常时,直接执行与 try 语句块同级的代码或者是 else 后面的代码。本题选择 D 选项。

25. A 【解析】try-except 语句用于检测和处理异常。本题选择 A 选项。

26. B 【解析】二进制文件可以使用记事本或其他文本编辑器打开,但是一般来说无法正常查看其中的内容;用内置函数 open() 且以 w 模式打开文件,若文件存在,则会覆盖原来的内容而不会引发异常。本题选择 B 选项。

27. C 【解析】文件对象的 seek() 方法用来定位文件的读/写位置,tell() 方法用来返回文件指针的当前位置。本题选择 C 选项。

28. D 【解析】任何可以以序列或集合表示的内容都可以看作一维数据。本题选择 D 选项。

29. B 【解析】在 Python 中,使用关键字 def 定义函数。本题选择 B 选项。

30. B 【解析】Python 允许函数的嵌套定义,在函数内部可以再定义另外一个函数;函数形参不需要声明其类型,也不需要指定函数的返回值类型;函数定义时默认值参数和非可选参数可以同时存在。本题选择 B 选项。

31. D 【解析】__init__() 方法是一个特殊的方法,每当根据类创建新实例时,Python 会自动运行该方法。该方法的开头和结尾各有两个下划线,这是一种约定,旨在避免 Python 的默认方法和普通方法发生命名冲突。self、name、age 都是该方法的形参,所以共 3 个。本题选择 D 选项。

32. C 【解析】在 Python 中,类的定义中以一个下划线开头是成员的保护成员,以两个下划线开头和结束的成员是系统定义的特殊成员,以两个或多个下划线开头但不以两个或多个下划线结束的成员是私有成员。本题选择 C 选项。

33. B 【解析】go get 是 go 的第三方库安装方法,其他 3 个选项都是 Python 的第三方库安装方法。本题选择 B 选项。

34. C 【解析】在 Python 中,无论是标准库、第三方库还是自定义库,在使用之前都需要进行导入,方法就是使用 import 语句导入模块。本题选择 C 选项。

35. C 【解析】A、B、D 选项都是面向对象编程的特点,而 C 选项则是面向过程的优点,因为面向对象是类调用需要实例化,开销比较大,比较消耗资源,所以面向过程的性能会比面向对象的高。本题选择 C 选项。

36. D 【解析】all(x) 函数在组合类型变量 x 中所有元素为真时返回 True,为假时返回 False,若为空,则返回 True,所以 a 的值为 False;b 中 split() 是字符串分隔函数,返回分隔后的值应为 ['123','0'];c 中 ascii() 的参数是字符串 python,所以返回'python'。本题选择 D 选项。

37. A 【解析】A 选项中类只是一种抽象事物的分类,对象才是一种实例。本题选择 A 选项。

38. A 【解析】lambda 关键字用来定义匿名函数。格式为 <函数名> = lambda <参数列表>:<表达式>。本题中用来比较字符串大小,因为 aa>bb,所以输出均为 aa。本题选择 A 选项。

39. C 【解析】该函数是一个递归函数,用来计算 1 到 10 之间的所有数的和,使用函数时必须调用函数,即函数名(<参数>),也可以将函数对象实例化。结果为 55,本题选择 C 选项。

40. C 【解析】time 库是 Python 的标准库。使用 gmtime() 函数获取当前时间戳对应的对象;strftime() 函数是格式化时间最有效的函数之一,几乎可以以任何通用格式输出时间,该函数利用一个格式字符串,对时间格式进行表示。本题选择 C 选项。

二、基本操作题

41.【参考答案】

```
line = "After fresh rain in mountains bare "
print(line.title())
```

【解题思路】

title() 方法以字符串中单词首字母大写的方式显示每个单词,因此横线处应填入 line.title()。

42.【参考答案】

```
a = float(input("输入三角形第一条直角边长:"))
b = float(input("输入三角形第二条直角边长:"))
```

area = 0.5 * (a * b)

print("直角三角形的面积为:{:.1f}".format(area))

【解题思路】

本题考查 format( )方法的使用和计算直角三角形面积的公式。直角三角形的面积等于两条直角边的乘积再乘以 1/2,所以第 1 空应填 area = 0.5 * (a * b)。题干中最后输出保留了一位小数,所以 format( )中的字符串槽内需要设置精度字段,因此第 2 空应填入:.1f。

43.**【参考答案】**

num = eval(input("输入数字:"))

print("对应的二进制数:{0:b} \n 八进制数:{0:o} \n 十六进制数:{0:X}".format(num))

【解题思路】

考查 format( )方法的使用。格式控制标记可以使用变量来表示,即用槽来指定对应的控制标记及数量,模板字符串在本题中总共有 3 个槽,即参数变量需要 3 个,但此时的参数只有一个,这里需要指定对应的变量。<类型> 表示输出整数和浮点数类型的格式规则。b 表示二进制;o 表示八进制;大写的 X 表示大写的十六进制。

因此第 1 空填入 0:b,第 2 空填入 0:o,第 3 空填入 0:X。

三、简单应用题

44.**【参考答案】**

import turtle

turtle. color('black','yellow')

turtle. begin_fill( )

turtle. circle(50)

turtle. end_fill( )

【解题思路】

该题考查的是用 Python 标准库 turtle 库绘制圆。观看题干可知,需要利用 begin_fill( )函数开始填充,以及 end_fill( )函数结束填充。因此第 1 空应填入 begin_fill( ),第 3 空应填入 end_fill( )。题目给出了圆的半径是 50,因此第 2 空应填入 50。

45.**【参考答案】**

def judge_year(year):

    if (year%4 == 0 and year%100 ! = 0) or year % 400 == 0:

        print(year,"年是闰年")

    else:

        print(year,"年不是闰年")

year = eval(input("请输入年份:"))

judge_year(year)

【解题思路】

判断某一年是否为闰年,首先需要判断输入的年份能否被 4 整除并且不能被 100 整除,所以这是第一个判别条件;第二个判别条件是输入的年份能否被 400 整除,能被 400 整除即为闰年。两个条件满足其中之一即为闰年,或者均满足。

四、综合应用题

46.**【参考答案】**

fi = open("score. csv","r")

fo = open("avg – score. txt","w")

ls = [ ]

x = [ ]

sum = 0

for row in fi:

    ls. append(row. strip("\n"). split(","))

```
for line in ls[1:]:
    for i in line[1:]:
        sum = int(i) + sum
        avg = sum/3
    x.append(avg)
    sum = 0
fo.write("语文:{:.2f}\n数学:{:.2f}\n英语:{:.2f}\n物理:{:.2f}\n科学:{:.2f}".format(x[0],
x[1],x[2],x[3],x[4]))
fi.close()
fo.close()
```

【解题思路】

本题中"score.csv"文件中存储的是二维数据,需要将其表示为二维列表对象。通过 for 循环遍历"score. csv"文件中的每一行,再使用 strip()和 split()方法按照一定的格式将每一行存储到二维列表 ls 中。这样,列表 ls 中从索引为 1 的元素开始,存储的均为一个学科名和对应的 3 次考试成绩。要求平均成绩,需要将该学科 3 次考试的成绩相加,再除以 3。实现方式为通过 for 循环遍历二维列表 ls 中索引从 1 开始的元素,再嵌套 for 循环遍历该元素中索引从 1 开始的元素,将遍历到的元素相加(即 3 次成绩相加),得出成绩总和和平均成绩,并将平均成绩追加到列表 x 中。最后,列表 x 中存储的就是每个学科的平均成绩,使用 format()方法按照题目给出的参考格式将其写入"avg-score.txt"文件。

第7套　参考答案及解析

一、选择题

1.B　**【解析】**栈按先进后出的原则组织数据,所以入栈最早的元素最后出栈,本题选择 B 选项。

2.D　**【解析】**循环队列有队头和队尾两个指针,但是循环队列仍是线性结构的,所以 A 错误;在循环队列中需要队头指针与队尾指针来共同反映队列中元素的动态变化情况,所以选项 B,C 错误。本题选择 D 选项。

3.A　**【解析】**链式存储结构既可以针对线性结构也可以针对非线性结构,所以选项 B,C 错误。链式存储结构中每个结点都由数据域与指针域两部分组成,增加了存储空间,所以 D 选项错误。本题选择 A 选项。

4.D　**【解析】**数据流图中带箭头的线段表示的是数据流,即沿箭头方向传送数据的通道,一般在旁边标注数据流名。本题选择 D 选项。

5.A　**【解析】**对象有如下一些基本特点:标识唯一性、分类性、多态性、封装性、模块独立性好。本题选择 A 选项。

6.B　**【解析】**因为一间宿舍可以住多个学生即多个学生住在一个宿舍中,但一个学生只能住一间宿舍,所以实体宿舍和学生之间是一对多的关系。本题选择 B 选项。

7.C　**【解析】**数据管理发展至今已经历了 3 个阶段:人工管理阶段、文件系统阶段及数据库系统阶段。最后一个阶段结构简单,使用方便,逻辑性强,物理性少,在各方面的表现都最好,一直占据数据库领域的主导地位,本题选择 C 选项。

8.D　**【解析】**自然连接是一种特殊的等值连接,它要求两个关系中进行比较的分量必须是相同的属性,并且在结果中把重复的属性列去掉,所以根据 T 关系中的有序组可知 R 与 S 进行的是自然连接运算。本题选择 D 选项。

9.A　**【解析】**根据二叉树的性质3:在任意一棵二叉树中,度为 0 的叶子结点总是比度为 2 的结点多一个,所以本题中度为 2 的结点是 $5 - 1 = 4$ 个,所以度为 1 的结点的个数是 $25 - 5 - 4 = 16$ 个。本题选择 A 选项。

10.A　**【解析】**实体完整性约束要求关系的主键中属性值不能为空值,本题选择 A 选项。

11.D　**【解析】**浮点数的取值范围为 $-10^{308} \sim 10^{308}$,浮点数之间的区分精度约为 2.22×10^{-16}。对于除高精度科学计算外的绝大部分运算来说,浮点数类型的数值范围和小数精度足够"可靠",一般认为浮点数类型没有范围限制。如果计算结果超出上限和下限的范围会产生溢出错误。本题选择 D 选项。

12.C　**【解析】**字符应视为长度为 1 的字符串;字符串中的字符不可以进行数学运算,如果是数字字符串需要将其转换为数值类型方可计算;字符串可进行切片,但不能赋值。本题选择 C 选项。

13.B　**【解析】**Python 中 3 种基本数字类型是整数类型、浮点数类型、复数类型。本题选择 B 选项。

14. D　【解析】Python 中合法的标识符可以采用大写字母、小写字母、数字、下划线和汉字等字符及其组合进行命名,但首字母不能为数字。本题选择 D 选项。

15. B　【解析】class 是定义类的关键字。def 是定义函数的关键字。function 和 defun 不是关键字。本题选择 B 选项。

16. A　【解析】列表的索引是从 0 开始的,以此类推;使用 append() 函数可以向列表插入元素,但只能插入列表的末尾;使用 remove(x) 函数是将列表中出现的第一个 x 元素删除。本题选择 A 选项。

17. B　【解析】for 循环遍历字符串,将字符串中的字符依次赋值给变量 s,当 s==i 的时候,跳出该循环,输出之前变量 s 被赋值的字符,所以输出为 PythonN。本题选择 B 选项。

18. D　【解析】// 返回两个数的整数商,且返回的类型满足以下关系:①整数和浮点数混合运算时,输出结果是浮点数;②整数之间运算,结果为整数。因此,5.2//2.5 = 2.0。本题选择 D 选项。

19. A　【解析】“缩进”在 Python 中用于表示代码块所属关系。本题选择 A 选项。

20. D　【解析】列表的索引是从 0 开始的,依次类推。本题选择 D 选项。

21. C　【解析】外层循环用来遍历字符串 PYTHON,内层循环用来控制输出每个字符的次数。当 i == 'H' 时,break 结束内层循环,故输出结果中只有一个 'H',其他字符均为两个。本题选择 C 选项。

22. C　【解析】while 条件为真时进入循环体,执行循环体中的内容。如果 x 的值为偶数则 if 条件为假,不执行任何操作,为奇数则 if 条件为真,输出该奇数;进入下一次循环,判断 while 条件,判断是否进入循环体,执行循环体中的代码。后面的操作类似,直到 while 条件不满足。经过一系列的运算,输出结果为 97531。本题选择 C 选项。

23. D　【解析】遍历列表 letter,当 i == 'D' 时,执行 letter. remove(i),此时列表 letter = ['A','B','C','D','D'];再遍历当 i == 'D' 时,执行 letter. remove(i),此时列表 letter = ['A','B','C','D']。因为列表的元素个数随着“D”元素的删除而减小,当删除第一个“D”元素之后,列表元素的个数即变为 5,for 循环又是控制循环次数的,因此只遍历 5 次,当第二个“D”元素删除时,循环结束。本题选择 D 选项。

24. B　【解析】编程语言的异常和错误是两个相似但不相同的概念。异常和错误都可能引起程序执行错误而退出,它们属于程序没有考虑到的例外情况。本题选择 B 选项。

25. B　【解析】变量 s 是元组类型,type() 返回的是表达式的值的类型。本题选择 B 选项。

26. A　【解析】S&T 返回一个新集合,包括同时在集合 S 和 T 中的元素。本题选择 A 选项。

27. C　【解析】文件对象的 seek() 方法用来定位文件的读/写位置,tell() 方法用来返回文件指针的当前位置。本题选择 C 选项。

28. C　【解析】元组与列表类似,可存储不同类型的数据;元组是不可改变的,创建后不能再做任何修改操作。本题选择 C 选项。

29. A　【解析】一个类继承另一个类,那么被继承的这个类被称为超类或者父类。本题选择 A 选项。

30. A　【解析】访问函数的变量时,需要使用点表示法:<对象>. <变量名>。本题选择 A 选项。

31. D　【解析】在 Python 类的继承中,如果调用的是继承父类的公有方法,可以在公有方法中访问父类中的私有属性和私有方法;但是如果子类中实现了一个公有方法,那么这个方法是不能够调用继承父类中的私有方法和私有属性的,本题选择 D 选项。

32. A　【解析】Pylons 是基于 Python 的一个 Web 开发框架的第三方库,keras 、TensorFlow 及 mxnet 是 Python 机器学习领域的第三方库。本题选择 A 选项。

33. B　【解析】在 Python 语法中,A、C、D 选项的导入方式都是正确的,而 B 选项这种导入方式正确的写法应该是 from numpy import ndarray。本题选择 B 选项。

34. D　【解析】A 选项,Python 是支持面向对象程序设计的;B 选项,并不是所有的函数库都是采用 Python 编写的,很多采用 C、C++ 、Java 等语言编写的专业库可以经过简单的接口封装供 Python 程序调用;C 选项,Python 中的内置函数可以直接使用而不需要用 import 来导入。本题选择 D 选项。

35. A　【解析】range(start, end, step) 产生的是以 [start,end) 为区间并且步长为 step 的一个序列。通过 for 循环遍历输出,元素之间以空格符分隔。本题选择 A 选项。

36. C　【解析】id(x) 是 Python 中的内置函数,用来查看变量在内存中的地址。本题选择 C 选项。

37. B　【解析】A 选项是 Python 数据分析方向的一个库,C 选项是 Python 中一个用于把汉字转换成拼音的库,D 选项是 Python 中用来处理中文文本的库。本题选择 B 选项。

38.D 【解析】这是一个 Python 的匿名函数,是字符串连接输出的一个函数,即 a＋b＋c 的输出。该函数有 3 个默认值参数,在调用该函数时传入了一个实参 hi,根据函数的传参求可知参数 a 的值被改变,其他值不变。split( )是一个字符串分隔的方法,把 b 根据 o 这个字符分隔为两个字符串,且返回的是列表类型,访问其中的元素需要用到索引访问。所以结果是 hi＋n＋world ＝ hinworld,本题选择 D 选项。

39.D 【解析】A 选项正确,递归函数必须要有一个明确的结束条件作为递归的出口;B 选项正是递归函数的含义,正确;C 选项正确,在计算机中,函数调用是通过栈这种数据结构实现的,每当进入一个函数调用,栈就会加一层栈帧,每当函数返回,栈就会减一层栈帧,由于栈的大小不是无限的,因此递归调用的次数过多,会导致栈溢出;D 选项,每当进入更深一层的递归时,问题规模相对前一次递归减小。本题选择 D 选项。

40.D 【解析】这段代码是一个递归函数,作用是把 result 列表中所有与 l 中一致的元素删除,所以最后的结果是一个空的列表,即[ ]。本题选择 D 选项。

二、基本操作题

41.【参考答案】
```
lis ＝ [2,8,3,6,5,3,8]
new_lis ＝ list(set(lis))
print(new_lis)
```

【解题思路】

set( )函数可以将其他组合数据类型变成集合类型,返回结果是一个无重复且排序任意的集合。集合类型主要用于元素去重,适合于任何组合数据类型。去重之后再用 list( )函数将其转换为列表类型输出。因此横线处应填入 list(set(lis))。

42.【参考答案】
```
fruit ＝ input('输入水果:')
lis ＝ ['苹果','哈密瓜','橘子','猕猴桃','杨梅','西瓜']
if fruit in lis:
    print(fruit ＋ '在列表 lis 中')
else:
    print(fruit ＋ '不在列表 lis 中')
```

【解题思路】

判断一个元素是否在列表中可以通过 in 实现,因此第 1 空填入 fruit in lis。如果存在则输出"该元素在列表 lis 中",不存在则输出"该元素不在列表 lis 中",因此第 2 空应填 print(fruit ＋ "在列表中"),第 3 空应填入 print(fruit ＋ "不在列表中")。

43.【参考答案】
```
def str_change(str):
    return str[::-1]
str ＝ input("输入字符串:")
print(str_change(str))
```

【解题思路】

由提示代码可以知道函数 str_change( )有一个形参,并且有一个返回值,整个函数就两行代码,所以返回的肯定是字符串反转之后的字符串,此时需要用到字符串的切片,因此第 1 空应填 str[::-1]。用 input( )函数获取用键盘输入的数据,使用输出语句将结果输出,函数调用是通过函数名加实参的形式,因此第 2 空应填 str。

三、简单应用题

44.【参考答案】
```
import turtle
turtle.color('black','yellow')
turtle.begin_fill()
for i in range(5):
    turtle.fd(200)
```

```
turtle. right(144)
turtle. end_fill( )
```

【解题思路】

该题考察的是用 Python 标准库 turtle 库绘制填充颜色的五角星。由题干可知黄底黑边,所以第 1 空填 black,第 2 空填 yellow。在绘制五角星之前需要开始填充,因此第 3 空应填入 begin_fill( )。因为五角星只需循环绘制出 5 条边即可,所以循环执行 5 次,第 4 空应填 5。因为边长为 200 像素,所以第 5 空填 200。

45.**【参考答案】**

```
lower = int(input('输入区间最小值:'))
upper = int(input('输入区间最大值:'))
for num in range(lower + 1,upper):
    if num > 1 :
        for i in range(2,num):
            if (num % i) == 0 :
                break
        else:
            print(num)
```

【解题思路】

题目要求输出两个整数之间(不包括这两个整数)的所有素数,因此 range( )函数的参数应为 lower + 1 和 upper。for 循环遍历 range(lower + 1,upper)返回的每个整数 num,判断该数是否为素数。如果 num 大于 1(1 既不是素数也不是合数),且该数能被取值范围为[2, num − 1]的任何一个整数整除,那么该数一定不是素数,否则一定是素数。

四、综合应用题

46.(1)**【参考答案】**

```
fo = open("PY301 − 1. txt","w")
class Horse( ):
    def __init__(self, category, gender, age):
        self. category = category
        self. gender = gender
        self. age = age
        self. speed = 0
    def get_descriptive(self):
        self. info = "一匹" + self. category + str(self. age) + "岁的" + self. gender + "马"
    def write_speed(self, new_speed):
        self. speed = new_speed
        addr = "在草原上奔跑的速度为"
        fo. write(self. info + " ," + addr + str(self. speed) + "km/h。")
horse = Horse("阿拉伯","公",12)
horse. get_descriptive( )
horse. write_speed(50)
fo. close( )
```

(2)**【参考答案】**

```
fo = open("PY301 − 2. txt","w")
class Horse( ):
    def __init__(self, category, gender, age):
        self. category = category
        self. gender = gender
        self. age = age
```

```
            self. speed = 0
        def get_descriptive( self) :
            self. info = "一匹" + self. category + str( self. age) + "岁的" + self. gender + "马"
        def write_speed( self, new_speed) :
            self. speed = new_speed
            addr = "在草原上奔跑的速度为"
            fo. write( self. info + "," + addr + str( self. speed) + "km/h。")
    class Camel( Horse) :
        def __init__( self, category, gender, age) :
            super( ). __init__( category, gender, age)
        def write_speed( self,new_speed) :
            self. speed = new_speed
            addr = "在沙漠上奔跑的速度为"
            fo. write( self. info. replace( "马","骆驼") + "," + addr + str( self. speed) + "km/h。")
    camel = Camel( "双峰驼","母",20)
    camel. get_descriptive( )
    camel. write_speed( 40)
    fo. close( )
```

【解题思路】

(1)文件的操作需要调用 open()函数以写模式打开文件。Python 定义类使用的关键字是 class,且类的名称首字母要大写。__init__()是类的特殊方法,当根据 Horse 类创建新实例时,Python 都会自动运行它。在这个方法中,开头和结尾各有两个下划线,这是一种约定。__init__()方法中定义了四个形参:self、category、gender 及 age。在这个方法定义中形参 self 必不可少,且必须位于其他形参前面。每个定义的变量都要以 self 为前缀,以 self 为前缀的变量都可供类中的所有方法使用。调用方法需要创建实例,然后使用点号表示法来调用 Horse 类中定义的任何方法。使用 write()方法将结果写入到文件"PY301 - 1. txt"中,操作完成之后,调用 close()方法关闭文件。

(2)在"问题1"的基础上又添加了一个 Camel 类,super()是一个特殊函数,帮助 Python 将父类和子类关联起来。创建子类时,父类必须包含在当前文件中,且位于子类前面。定义子类时,必须在括号内指定父类的名称。然后在 write_speed()方法中重新更新速度值,并且利用 replace()方法替换 info 字符串中的马。然后创建实例,调用骆驼类中的方法,最后将结果写入文件"PY301 - 2. txt"中,操作完成之后,关闭文件即可。

第8套　参考答案及解析

一、选择题

1. D 【解析】栈是先进后出的线性表,所以 A 选项错误;队列是先进先出的线性表,所以 B 选项错误;循环队列是线性结构的线性表,所以 C 选项错误。本题选择 D 选项。

2. A 【解析】栈支持子程序调用。栈是一种只能在一端进行插入或删除的线性表,在主程序调用子函数时要首先保存主程序当前的状态,然后转去执行子程序,最终把子程序的执行结果返回到主程序中调用子程序的位置,继续向下执行,这调用符合栈的特点。本题选择 A 选项。

3. C 【解析】根据二叉树的基本性质:在任意一棵二叉树中,度为 0 的叶子节点总是比度为 2 的节点多一个,所以本题中是 5 + 1 = 6 个。本题选择 C 选项。

4. D 【解析】冒泡排序、直接插入排序与简单选择排序法在最坏情况下均需要比较 $n(n-1)/2$ 次,而堆排序在最坏情况下需要比较的次数是 $n\log_2 n$。本题选择 D 选项。

5. C 【解析】编译软件、操作系统、汇编程序都属于系统软件,只有教务管理系统才是应用软件。本题选择 C 选项。

6. A 【解析】软件测试的目的是为了发现错误而执行程序,并不涉及改正错误,所以选项 A 错误。程序调试的基本步骤有错误定位、修改设计及代码,以排除错误、进行回归测试,防止引进新的错误。程序调试通常称为 Debug,即排错。软件测试的基本准则:所有测试都应追溯到需求、严格执行测试计划以排除测试的随意性、充分注意测试中的群集现象、程序员应避免检查自己的程序、穷举测试不可能、妥善保存测试计划等文件。本题选择 A 选项。

7. B 【解析】模块独立性是指每个模块只完成系统要求的独立的子功能,并且与其他模块的联系最少且接口简单。一般较优秀的软件设计,应尽量做到高内聚、低耦合,即降低模块之间的耦合性和提高模块内的内聚性,有利于提高模块的独立性,所以 A 选项错误,B 选项正确。耦合性是模块间互相连接的紧密程度的度量,而内聚性是指一个模块内部各个元素间彼此结合的紧密程度,选项 C、D 错误。本题选择 B 选项。

8. A 【解析】数据库应用系统中的核心问题是数据库的设计。本题选择 A 选项。

9. B 【解析】投影运算是指对关系内的域指定可引入新的运算。本题中 S 是在原有关系 R 的内部进行的,是由 R 中原有的那些域的列所组成的关系。本题选择 B 选项。

10. C 【解析】从 E－R 图到关系模式的转换是比较直接的,实体与联系都可以表示成关系,E－R 图中属性也可以转换成关系的属性。本题选择 C 选项。

11. D 【解析】注释可以在一行的任意位置开始,但只有在井号(#)后的部分才会被作为注释不被执行;Python 有严格的格式要求,不能随意缩进,只有在需要的时候才在代码前加空格;Python 允许在一行的末尾加分号,但一般不建议这么做,会影响代码的美观。本题选择 D 选项。

12. C 【解析】Python 的整数类型没有长度限制;Python 采用严格的“缩进”格式,可以嵌套;Python 的浮点数类型有长度限制,也受限于内存的大小。本题选择 C 选项。

13. B 【解析】score 键对应的值是列表类型[89,95],字典的 get(key,default)方法在 key 键存在时返回对应值,否则返回默认值 default。name 键存在于字典中,所以返回的是对应值而不是默认值。本题选择 B 选项。

14. C 【解析】Python 中复数类型的虚数部分的后缀可以为 j 或者 J;复数的实部可以单独存在,但是虚部不可以单独存在;复数由实部和虚部构成,可以使用 z. real 和 z. imag 分别获得它的实部和虚部。本题选择 C 选项。

15. C 【解析】len()方法用来获取字符串的长度,所以 length 应为 14;title()方法把字符串每个单词的首字母变为大写,所以应为 Python Is Good;索引从 0 开始,所以 s[1:6]应为 ython 。本题选择 C 选项。

16. B 【解析】在 Python 3. x 中语句 print(∗[1,2,3])可以正确执行,且结果为 1 2 3。本题选择 B 选项。

17. B 【解析】Python 中合法的标识符可以采用大写字母、小写字母、数字、下划线及汉字等字符及其组合命名,但首字母不能为数字。本题选择 B 选项。

18. C 【解析】比较 a 与 b 是否不相等的运算符是! = ;a + = b 等同于 a = a + b;a// = b 等同于 a = a//b。本题选择 C 选项。

19. B 【解析】1. 5 + 2. 1 表达式的结果与 3. 6 比较是否相等,返回的结果为布尔值,即 True 或 False,结果相等,所以代码输出的结果应为 True。本题选择 B 选项。

20. B 【解析】lambda 关键字常用来声明匿名函数,其语法格式为 <函数名> = lambda <参数列表>: <表达式>,等价于下面形式:

def <函数名>(<参数列表>):

　　return <表达式>

由此可以知道,不管传给函数 f 的实参为多少,返回值始终为 5。本题选择 B 选项。

21. C 【解析】range([start,] stop [, step =1])函数有 3 个参数,用来生成一个从 start 参数的值开始,到 stop 参数的值结束的数字序列,步长 step 默认为1,区间为左闭右开。而 reversed()函数用于反转列表中的元素。本题选择 C 选项。

22. D 【解析】for 循环遍历字符串,当变量 i 赋值为 b 时,break 跳出本层循环,即后面的字符不再遍历,当值不为 b 时就将其输出,结果为 Go ahead。本题选择 D 选项。

23. A 【解析】continue 语句只结束本次循环,不终止整个循环的执行,而 break 语句具备结束循环的能力。本题外层循环用来计数,内层循环用来遍历字符串,当满足判断条件时,就会结束本次循环进入下一循环,字符串遍历完成之后,外层循环进入下一循环。本题选择 A 选项。

24. C 【解析】x/y 返回 x 和 y 的商,产生的结果为浮点数;x//y 返回不大于 x 与 y 之商的最大整数。try –except 是异常处理机制,当 try 中的代码报错时执行 except 后面的语句,不报错则继续执行同级语句。由于 8//9 =0,8/9/0 产生了除以 0 的操作,因此会报错。本题选择 C 选项。

25. D 【解析】只有当程序未引发异常顺利执行完 try 中的代码后,else 语句块内的代码才会执行。本题中 try 中无异常,输出变量 C 的值,再执行 else 中的代码。本题选择 D 选项。

26. C 【解析】在 Python 中,文件的打开模式对应为:r 表示只读;w 表示覆盖写;t 表示文本文件模式;b 表示二进制文件模式。本题选择 D 选项。

27. A 【解析】在 Python 文件的打开方式中,a 为追加写模式,若文件存在,内容追加在原文件内容后面。本题选择 A 选项。

28. D 【解析】二维数据由关联关系的数据构成,因此 A 选项错误;高维数据由键值对类型的数据构成,因此 B 选项错误;CSV 是一种通用的、相对简单的文件格式,不仅可以保存一维数据,还可以保存二维数据,因此 C 选项错误。本题选择 D 选项。

29. D 【解析】继承父类需要使用 super 关键字。本题选择 D 选项。

30. D 【解析】lambda 表达式可以有函数名,该表达式可以直接赋给变量,此时变量便是函数的名字。本题选择 D 选项。

31. C 【解析】scipy 是 Python 的数据分析方向的第三方库 。本题选择 C 选项。

32. C 【解析】A、B、D 选项的论述都正确,符合类和对象的定义;C 选项当直接使用类名修改属性,会影响到已经实例化的对象,错误。本题选择 C 选项。

33. C 【解析】A 选项是 Python 计算机视觉方面的库,B 选项是 Python 数据可视化方面的库,D 选项是 Python 网络爬虫领域的库。本题选择 C 选项。

34. A 【解析】B 选项是定义全局变量的关键字,C 选项是 with...as 用来代替传统的 try...finally 语法,D 选项的意思是程序什么都不做。本题选择 A 选项。

35. C 【解析】CSV 文件采用纯文本格式,通过单一编码表示字符。以行为单位,开头不留空行,行之间没有空行。每行表示一个一维数据,多行表示多维数据。以逗号分隔每列数据,列数据为空也要保留逗号。本题选择 C 选项。

36. D 【解析】f( ) 函数中参数数量是固定的,所以 A 选项错误;传入参数时并没有指定形参 a 或 b,所以 B 选项错误;函数并没有自带默认值参数,且使用函数时传入了两个实参,C 选项错误。该函数的传参方式采用默认的传参方式,即位置参数传参。本题选择 D 选项。

37. B 【解析】A 选项正确,Python 中函数形参不需要声明其类型,也不需要指定函数的返回值类型;C 选项是 Python 正确的缩进规定;D 选项正确,return 语句结束函数时选择性返回一个值给调用方,不带 return 语句的,相当于返回 None。B 选项中,当函数没有接收参数时,圆括号也不能省略,错误。本题选择 B 选项。

38. B 【解析】面向对象程序设计的三要素分别为封装、继承、多态。本题选择 B 选项。

39. C 【解析】这段代码是全局变量、局部变量以及 Python 内置函数 bool( ) 的一个结合。在函数内部的局部变量名和函数外部全局变量名相同时,调用函数时,总是先找到函数内部的局部变量名,所以当 a 为 2 时,经过布尔型转换之后的 a−2,即 b 为 False,而在函数外部只能访问全局变量名,所以 n 仍为 2,本题选择 C 选项。

40. C 【解析】Python 是一种脚本语言,并不是编译型语言,本题选择 C 选项。

二、基本操作题
41.【参考答案】
animals = ['cow', 'duck', 'cat', 'dog']
animals. reverse( )
print(animals)
【解题思路】
本题可以使用列表的反转方法 reverse( ),该方法可以将列表的元素反转。此方法改变的是列表本身,无返回值。因此第 1 空填 animals. reverse( ),第 2 空应填 animals。

42.【参考答案】
word = " 床前明月光,疑是地上霜。"
print(word. strip( ))
【解题思路】
str. strip(chars)方法用于从字符串 str 中去掉其左侧和右侧 chars 中列出的字符。chars 是一个字符串,其中出现的每个字符都会被去掉,当不填写 chars 的时候,默认是空白符(如换行符、空格符等)。因此划线的空格处应填 word. strip( )。

43.【参考答案】

```
count = 0
while count < 50：
    count += 1
    if count % 2 == 0：
        continue
    print(count,end = ",")
```

【解题思路】

判断一个数是否为奇数,即判断这个数是否能被 2 整除,可以整除则为偶数,结束本次循环,使用 continue 语句,因此第 3 空应填写 continue。不可以被整除则为奇数,输出该数。while 循环利用了 count 变量,所以前面需要定义此变量,初始值设置为 0,因此第 1 空填 count = 0。每经过一次循环,变量加 1,当变量不小于 50 的时候,停止循环,因此第 2 空应填 count += 1。

三、简单应用题

44.【参考答案】

```
import turtle
for i in range(4)：
    turtle. seth(90 * (i + 1))
    turtle. circle(50,90)
    turtle. seth( -90 + i * 90)
    turtle. circle(50,90)
turtle. hideturtle( )
```

【解题思路】

该题考查的是用 Python 标准库 turtle 库绘制四瓣花。因为需要绘制 4 个花瓣,所以循环执行 4 次,第 1 空填 4。然后利用 circle( ) 函数绘制圆弧的特点,每旋转 90 度绘制四分之一个圆弧,且题目中用 seth( ) 函数表示旋转角度,此函数依据绝对角度旋转,因此第 2 空填 90 * (i + 1),第 3 空填 -90 + i * 90。最后隐藏画笔箭头,第 4 空应填 hideturtle( )。

45.【参考答案】

```
import math
try：
    a = eval(input('请输入底数：'))
    b = eval(input('请输入真数：'))
    c = math. log(b, a)
except ValueError：
    if a <= 0 and b > 0：
        print('底数不能小于等于 0')
    elif b <= 0 and a > 0：
        print('真数不能小于等于 0')
    elif a <= 0 and b <= 0：
        print('真数和底数都不能小于等于 0')
except ZeroDivisionError：
    print('底数不能为 1')
except NameError：
    print('输入必须为实数')
else：
    print(c)
```

【解题思路】

$a^x = N(a>0,$ 且 $a\neq1)$，那么指数 x 叫作以 a 为底 N 的对数，记作 $x=\log_a N$，其中 a 叫作对数的底数，N 叫作真数。要使用对数，需先导入 math 库，math.log(x[,base]) 返回 x 的自然对数，x>0。使用异常处理机制时，根据不同的错误类型，输出不同的信息内容，在值错误类型下，使用 if 判断语句将有可能错误的信息进行处理。

四、综合应用题

46.【参考答案】

```
intxt = input("请输入明文:")
for p in intxt:
    if "a" <= p <= "z":
        print(chr(ord("a") + (ord(p) - ord("a") + 3) % 26), end="")
    elif "A" <= p <= "Z":
        print(chr(ord("A") + (ord(p) - ord("A") + 3) % 26), end="")
    else:
        print(p, end="")
```

【解题思路】

使用 for 循环遍历输入的每一个字符:如果输入的字符是大小写字母,把该字母替换为该字母后面的第三个字母,将转换后的字母进行输出;如果输入的字符不是大小写字母,则原样输出字符,该部分功能通过 if 多分支结构实现。

第9套　参考答案及解析

一、选择题

1. C 【解析】树是简单的非线性结构,所以二叉树作为树的一种也是一种非线性结构。本题选择 C 选项。

2. B 【解析】栈是按先进后出的原则组织数据的。队列是按先进先出的原则组织数据。本题选择 B 选项。

3. D 【解析】循环队列的队头指针与队尾指针都不是固定的,随着入队与出队操作进行变化。因为是循环利用的队列结构,所以队头指针有时可能大于队尾指针有时也可能小于队尾指针。本题选择 D 选项。

4. A 【解析】算法的空间复杂度是指算法在执行过程中所需要的内存空间。本题选择 A 选项。

5. B 【解析】一般较优秀的软件设计,应尽量做到高内聚、低耦合,即降低模块之间的耦合性和提高模块内的内聚性,有利于提高模块的独立性。本题选择 B 选项。

6. A 【解析】结构化程序设计的思想包括自顶向下、逐步求精、模块化、限制使用 goto 语句,本题选择 A 选项。

7. C 【解析】N-S 图提出了用方框图来代替传统的程序流程图,所以 A 选项不对。问题分析图(Problem Analysis Diagram,PAD)是继承程序流程图和方框图之后提出的又一种主要用于描述软件详细设计的图形,所以 B 选项不对。E-R 图是数据库中的用于表示 E-R 模型的图示工具,所以 D 选项不对。根据图中所示的表示方法可知,是进行软件详细设计时使用的程序流程图。本题选择 C 选项。

8. B 【解析】数据库管理系统是管理数据库的机构,它是一种系统软件,负责数据库中数据组织、数据操纵、数据维护、控制及保护、数据服务等。它是一种在操作系统支持下的系统软件。本题选择 B 选项。

9. B 【解析】在 E-R 图中实体集用矩形,属性用椭圆,联系用菱形。本题选择 B 选项。

10. D 【解析】在关系 T 中包含了关系 R 与 S 中的所有元组,所以进行的是并运算。本题选择 D 选项。

11. D 【解析】列表的下标是从 0 开始的;元组的元素值可以删除、连接,但不能被修改;字典中的"键"可以是整数或者字符串,但也可以是函数、元组、类等任意不可变类型。本题选择 D 选项。

12. B 【解析】Python 总共有 35 个关键字,分别是 and、as、assert、async、await、break、class、continue、def、del、elif、else、except、False、finally、for、from、global、if、import、in、is、lambda、None、nonlocal、not、or、pass、raise、return、True、try、while、with、yield。本题选择 B 选项。

13. D 【解析】映射类型是"键-值"数据项的组合,每个元素是一个键值对,即元素是(key,value),元素之间是无序的。键值对是一种二元关系,源于属性和值的映射关系。str、tuple 及 list 都是序列类型,dict 是映射类型。本题选择 D 选项。

14. A 【解析】创建字典时可以使用花括号({})建立;字典中可以嵌套字典;使用 del 语句操作字典时,语法格式为 **del 字典名**[<键名>]。本题选择 A 选项。

15. D 【解析】字典的"键"必须为不可变类型;字典的值可以是任意类型。本题选择 D 选项。

16. D　【解析】列表没有长度限制,元素的数据类型可以不同,不需要预定义长度。列表可以进行元素的增加、删除、替换、查找等操作。本题选择 D 选项。

17. D　【解析】字典中可以嵌套字典;单分支结构的格式为 if;Python 中整数的默认书写格式是十进制。本题选择 D 选项。

18. A　【解析】len()方法获得列表 ls 的长度,range()方法起到循环次数的作用,append()方法在列表 lis 最后增加元素。列表 ls 存储的元素是列表,访问时需要使用索引嵌套。本题选择 A 选项。

19. B　【解析】B 选项中正确的输出应为 6 + 5,若 print()函数圆括号内的变量用引号标注,则视为字符串。本题选择 B 选项。

20. D　【解析】Test_list 是列表类型,6 in Test_list 表示如果 6 是列表 Test_list 的元素,返回 True,否则返回 False。本题选择 D 选项。

21. B　【解析】变量 x 依次被赋值区间为[2,8)的自然数,在循环内定义变量 y 并赋值为 0,即每次计算累加和之前 y 都被清零,所以结果为 7。本题选择 B 选项。

22. D　【解析】continue 语句只结束本次循环,不终止整个循环的执行,而 break 具备结束循坏的能力。本题选择 D 选项。

23. B　【解析】定义一个变量 a = 0,for 循环遍历[1,5)的数,计算该区间的累加和,最后将结果输出。本题选择 B 选项。

24. D　【解析】字符串方法 replace()用来替换字符串中指定字符或子字符串的所有重复出现,每次只能替换一个字符或一个字符串,把指定的字符串参数作为一个整体对待。该方法并不修改原字符串,而返回一个新字符串。本题选择 D 选项。

25. A　【解析】只有 try 语句块中的语句正常执行,不发生中断或异常,else 子句中的代码才会执行。本题选择 A 选项。

26. C　【解析】write():向文件写入一个字符或字节流。writelines():将一个元素作为字符串的列表整体写入文件。read():从文件中读入整个文件内容。本题选择 C 选项。

27. A　【解析】rename():给文件重命名。getcwd():得到当前工作目录,即当前 Python 脚本工作的目录路径。rmdir():删除目录。split():按给出的分隔符分隔字符串,返回的是列表类型。本题选择 A 选项。

28. A　【解析】在 Python 中,二维列表对象输出为 CSV 文件,将遍历循环和字符串的 join()方法相结合。split()方法一般在将文件中的数据转换为列表时使用。本题选择 A 选项。

29. B　【解析】append()是向列表元素的结尾增加元素。本题选择 B 选项。

30. C　【解析】向函数传入实参 8,函数的作用是返回 x ＊＊2 + 6 的结果,该函数是没有输出的,要想将返回值输出,需要调用 print()函数。本题选择 C 选项。

31. A　【解析】B 选项是一个微型的面向文档的数据库,C 选项是 Python 的数字信号处理包,D 选项是 Python 的网络信息挖掘模块。本题选择 A 选项。

32. A　【解析】i 的取值区间为[-3,3)且为整数,当 i = 0 时,根据判断条件应在一行输出 7 个 ＊,且行前无空格。通过对 4 个选项进行比较,采用排除法,本题选择 A 选项。

33. C　【解析】函数 super()需要两个实参,分别是子类名和对象 self,为了帮助 Python 将父类和子类关联起来,这些实参必不可少。本题选择 C 选项。

34. D　【解析】sqrt(x)是 math 库中的一个函数,并不是 Python 的内置函数。本题选择 D 选项。

35. C　【解析】import 语句确实可以在程序的任何位置使用,但是当在程序中多次导入同一个模块时,该模块中的代码仅仅在该模块被首次导入时执行,本题选择 C 选项。

36. C　【解析】局部变量是指在函数内部使用的变量,仅在函数内部有效,当函数使用过后,变量从内存中释放。本题选择 C 选项。

37. B　【解析】在函数中传入的实参的值是 1,函数执行完后函数内局部变量 a 为 3,而函数中的局部变量 a 与函数外的全局变量 a 互不相干,所以全局变量 a 在函数执行完仍然是 1。本题选择 B 选项。

38. B　【解析】A 选项错误,Python 的标准库是 Python 安装时默认自带的库,而第三方库需要下载后安装到 Python 的安装目录下,不同的第三方库安装及使用方法不同;选项 C、D 错误,无论是标准库还是第三方库都需要用 import 语句调用。本题选择 B 选项。

39. D　【解析】父类的私有属性和方法不会被子类继承,本题选择 D 选项。

40.B　【解析】D 选项用于导入模块中所有的函数从而直接调用该模块中的函数；A 选项直接导入整个模块,再利用"模块名.函数名"这样的方式来运行该模块中的函数；C 选项只是在导入该模块时给该模块起了一个别名,本质和 A 选项一样。B 选项正确的写法应该是 from module import function as f,本题选择 B 选项。

二、基本操作题

41.【参考答案】

```
while True:
    s = input("请输入信息:")
    if s == "y" or s == "Y":
        break
```

【解题思路】

题目要求无限循环,即 while 的条件一直为真,所以第 1 空为 True,根据键盘输入的信息判断是否结束循环。当输入的信息为 y 或 Y 时退出循环,所以 if 的判断条件为"或"的关系,第 2 空应填 s == "y" or s == "Y"。

42.【参考答案】

```
import calendar
year = int(input("请输入年份:"))
table = calendar.calendar(year)
print(table)
```

【解题思路】

calendar 库是 Python 的标准库,该库下的 calendar() 方法用于获取指定年份的日历。input() 方法返回的是字符串,输入的年份是数值类型,需要使用 int() 或 eval() 将其转换为所需的类型,因此第 1 空应填 int,第 2 空应填 calendar.calendar。

43.【参考答案】

```
s = input("请输入绕口令:")
print(s.replace("兵","将"))
```

【解题思路】

replace(old,new)方法:返回字符串的副本,所有 old 子串被替换为 new,因此划线的空格处应填 replace。

三、简单应用题

44.【参考答案】

```
from turtle import *
def curvemove():
    for i in range(200):
        right(1)
        forward(1)
setup(600,600,400,400)
hideturtle()
pencolor('black')
fillcolor("red")
pensize(2)
begin_fill()
left(140)
forward(111.65)
curvemove()
left(120)
curvemove()
forward(111.65)
end_fill()
penup()
```

```
goto( -27, 85)
pendown( )
done( )
```

【解题思路】

turtle 库是 Python 的标准库, 其中 setup(width, height, startx, starty) 用来设置画布窗体的大小和位置; pencolor( ) 用来设置画笔的颜色; fillcolor( ) 用来填充图形颜色。由题干给出的图形可知, 画笔的颜色应为黑色, 填充颜色应为红色, 因此第 1 空应填 pencolor, 第 2 空应填 fillcolor。

45. **【参考答案】**

```
fo = open("PY202. txt","w")
for i in range(1,10):
    for j in range(1,i+1):
        fo. write("|| * || = || ". format (j,i,i * j))
    fo. write("\n")
fo. close( )
```

【解题思路】

输出《九九乘法表》, 首先要先查看乘法表的规律, 乘法表竖向是 1~9, 横向的每行是从 1 到每行的行号, 所以可以使用两个 for 循环遍历输出。格式可以使用 format( ) 方法控制, 最后把输出的《九九乘法表》存入文件 PY202. txt 中。

四、综合应用题

46. (1)**【参考答案】**

```
fi = open("关山月. txt","r")
fo = open("关山月 - 诗歌. txt","w")
txt = fi. read( )
ls = txt. split("。")
fo. write("。\n". join(ls))
fi. close( )
fo. close( )
```

(2)**【参考答案】**

```
fi = open("关山月 - 诗歌. txt","r")
fo = open("关山月 - 反转. txt","w")
txt = fi. readlines( )
txt. reverse( )
for row in txt:
    fo. write( row)
fi. close( )
fo. close( )
```

【解题思路】

(1)题目给出的文件内容是一段文本, 要把文本改为诗词风格, 即以全角句号分隔, 可使用字符串的 split( ) 方法, 该方法返回的是一个列表; 列表的每个元素都是一行诗句, 使用 join( ) 方法把列表的每一个元素写入"关山月 - 诗歌. txt"文件中, 连接符为全角句号和换行符; 操作完成之后将打开的文件用 close( ) 方法关闭, 避免内容的丢失。

(2)把"问题 1"生成的诗词风格的文件按照每行为单位将其逆序输出, 须使用列表的 reverse( ) 方法, 即需要把文件的内容转换为列表类型, readlines( ) 方法从文件中读入所有行的内容, 以每行为元素形成一个列表, 然后调用 reverse( ) 方法反转, 将反转后的内容写入"关山月 - 反转. txt"文件中。操作完成之后将打开的文件用 close( ) 方法关闭, 避免内容的丢失。

第 10 套　参考答案及解析

一、选择题

1. B 【解析】线性表的链式存储结构中每个结点都由数据域与指针域两部分组成,增加了存储空间,所以一般要多于顺序存储结构的存储空间。本题选择 B 选项。

2. D 【解析】栈是一种先进后出的线性表,队列是一种先进先出的线性表,栈与队列都是线性结构。本题选择 D 选项。

3. D 【解析】软件测试是为了发现错误而执行程序的过程,测试要以查找错误为中心,而不是为了演示软件的正确功能。本题选择 D 选项。

4. D 【解析】需求分析阶段的工作可以概括为需求获取、需求分析、编写软件需求规格说明书、需求评审这 4 个方面。本题选择 D 选项。

5. A 【解析】通常,将软件产品从提出、实现、使用、维护到停止使用的过程称为软件生命周期。也就是说,软件产品从考虑其概念开始,到该软件产品不能使用为止的整个时期都属于软件生命周期。本题选择 A 选项。

6. D 【解析】继承是面向对象的方法的一个主要特征,是使用已有的类的定义作为基础建立新类的定义技术。广义地说,继承是指能够直接获得已有的性质和特征,而不必重复定义它们,所以说继承是指类之间共享属性和操作的机制。本题选择 D 选项。

7. D 【解析】层次模型的基本结构是树形结构,网状模型是一个不加任何条件限制的无向图,关系模型采用二维表来表示,所以 3 种数据库的划分原则是数据之间的联系方式。本题选择 D 选项。

8. C 【解析】因为一个人可以操作多个计算机,而一台计算机又可以被多个人使用,所以两个实体之间是多对多的关系。本题选择 C 选项。

9. C 【解析】数据库系统的三级模式是概念模式、外模式及内模式。概念模式是数据库系统中全局数据逻辑结构的描述,是全体用户公共数据视图。外模式也称子模式或用户模式,它是用户的数据视图,给出了每个用户的局部数据描述。内模式又称物理模式,它给出了数据库物理存储结构与物理存取方法。本题选择 C 选项。

10. B 【解析】关系 T 中的元组是关系 R 中有而关系 S 中没有的元组的集合,所以进行的是差运算。本题选择 B 选项。

11. A 【解析】Python 包括 3 种控制结构:顺序结构、分支结构及循环结构;Python 支持的数据类型有数字类型和字符串类型;Python 变量使用前需要定义。本题选择 A 选项。

12. B 【解析】单分支结构的书写形式如下:

if <条件>:

　　　<语句块>

二分支结构的书写形式如下:

if <条件>:

　　<语句块 1>

else:

　　<语句块 2>

本题选择 B 选项。

13. C 【解析】dict() 函数和{ }都可以创建字典;序列类型包括列表、元组及字符串;字符串可以切片访问,但是不能赋值。本题选择 C 选项。

14. A 【解析】Python 的组合数据类型包括元组、列表、字典及集合等。本题选择 A 选项。

15. A 【解析】for - in 遍历结构可以是字符串、文件、range() 函数及组合数据类型。本题选择 A 选项。

16. B 【解析】pop() 方法:键存在则返回相应值,同时删除键值对,否则返回默认值;get() 方法:若访问的项不存在于字典中,返回默认值,若存在,则返回键对应的值;popitem() 方法:随机从字典中取出一个键值对,以元组(key,value)形式返回,同时将该键值对从字典中删除。replace() 方法:字符串的操作方法,在字符串中用新的子串替换旧的子串,返回字符串的副本。本题选择 B 选项。

17. C 【解析】set() 函数将其他组合数据类型变成集合类型;remove() 删除集合中指定的元素,不存在则产生 KeyError 异常;集合元素是无序的,集合的输出顺序与定义顺序可以不一致。本题选择 C 选项。

18. B 【解析】赋值运算的一般形式为**变量 = 表达式**,左边只能是变量。A 选项是连续赋值,C 选项是序列赋值,D 选项可以写为 x = x + y。本题选择 B 选项。

19. D 【解析】Python 不支持 char 类型,只支持数字类型和字符串类型。其中数字类型包括整数、浮点数及复数。本题选择 D 选项。

20. C　【解析】元组和列表相似,但并不是所有能对列表进行的操作都可以对元组进行,如可以对列表进行修改元素,但对元组则不可以;创建元组时,即使元组中仅包含一个元素,也要在这个元素后添加逗号;多个元组可以使用加号(+)进行连接。本题选择 C 选项。

21. B　【解析】加号(+)的运算包括字符串连接、算术加法及单目运算。本题选择 B 选项。

22. C　【解析】该程序可输出 8 以内的奇数,continue 只结束本次循环,不终止整个循环的执行。本题选择 C 选项。

23. A　【解析】while 循环条件一直为 True,即无限循环,只要 inp // 3 条件为真,进入循环,执行 break 语句,即可跳出 while 循环。2//3 的值为 0,条件为假,不执行 break 语句,无法结束程序执行。本题选择 A 选项。

24. B　【解析】Python 中异常处理结构有 try-except、try-except-else 及 try-except-finally。本题选择 B 选项。

25. A　【解析】不同类型之间不能相互运算;除数不能为 0;print "no error" 语句是 Python 2. x 的语法,不适用 Python 3. x。本题选择 A 选项。

26. A　【解析】Python 能处理的二进制文件包含图形文件、图像文件、音频文件、视频文件、可执行文件、各种数据库文件、各类 Office 文件等。本题选择 A 选项。

27. C　【解析】Python 中 open()函数提供了 7 种基本的文件打开模式:r、w、x、a、b、t、+。其中,r、w、x、a 可以和 b、t、+ 组合使用。本题选择 C 选项。

28. D　【解析】使用 rmdir()删除目录之前要先清除其中所有的文件,否则会报 OSError 错误。本题选择 D 选项。

29. C　【解析】pow(3,2)的结果为 9,pow(2,3)的结果为 8,定义的函数 fun()的作用为交换输入的 a 和 b 的值,因此结果为 8 9。本题选择 C 选项。

30. B　【解析】fun()函数进行加减计算,输入为复数,按复数加减运算法则计算结果为(2 +3j)。本题选择 B 选项。

31. A　【解析】turtle 库是 Python 的标准库,用于基本图形的绘制;jieba 库是 Python 的第三方中文分词库;scipy 是数据分析方向的第三方库;Flask 是 Web 开发方向的第三方库。本题选择 A 选项。

32. D　【解析】lambda 冒号前的 x 代表的是函数的参数。本题选择 D 选项。

33. A　【解析】该代码的功能是根据传入的参数求取该数的阶乘,经过一系列的运算将结果返回,4 的阶乘为 24。本题选择 A 选项。

34. C　【解析】Python 中导入模块中的所有函数用的是星号运算符而不是井号运算符。本题选择 C 选项。

35. C　【解析】Python 中函数定义时的参数称为形参,调用时的参数称为实参。实参可以是常量、变量、表达式、函数等。调用函数时,形参用来接收实参的值。本题选择 C 选项。

36. C　【解析】选项 A、B 都是 NumPy 库中的函数,numpy. linspace(a,b,s)的作用是根据起止数据等间隔地生成数组;numpy. eye(n)的作用是生成单位矩阵。D 选项是 math 库中的函数,math. fabs(x)的作用是取 x 的绝对值。C 选项是 Python 的内置函数,作用是将 x 转换为布尔型。本题选择 C 选项。

37. A　【解析】divmod(a,b)函数返回的是两个数值的商和余数,那么 a 和 b 的值就分别是(2,1)和(0,2),而 c 是把 a、b 相加后转为集合型,那么 a+b 为(2,1,0,2),转成集合后即为{0,1,2},最后是取总和的 sum()函数,所以相加起来是的总和为 3。本题选择 A 选项。

38. A　【解析】在 Python 中,在函数定义时是可以设计可变参数的,通过在参数前加星号实现。可变参数在定义时只有两种形式即 * param 和 ** param,前者表示可以接受多个位置参数收集的实参组成一个元组,后者表示可以接收多个关键字参数收集的实参名和值组成一个字典。本题选择 A 选项。

39. B　【解析】函数名不可以使用 Python 中的关键字。本题选择 B 选项。

40. B　【解析】该代码是一个匿名函数和 split()方法的结合使用,split()方法把字符串 words 以空格分隔,返回的是列表类型。通过 for 循环把列表元素赋值给变量 i,然后调用函数 f()计算每个单词的长度,所以输出的是 5 6 6。本题选择 B 选项。

二、基本操作题

41.【参考答案】

```
data = eval(input("请输入一组数据,以逗号分隔:"))
```

```
print(max(data))
```

【解题思路】

题目要求把输入的数据中的最大值输出,需使用 max()方法。input()方法接收的数据是字符串类型,字符串的比较是根据 ASCII 值进行比较的,所以需要使用 eval()方法把字符串类型转换 Python 可执行的类型,然后使用 max()方法对变量 data 进行比较,因此划线的空格处应填 max(data)。

42.【参考答案】

```
import jieba
s = "一件事情没有做过,就没有资格对此事发表看法"
ls = jieba.lcut(s)
print(ls)
```

【解题思路】

jieba 库是 Python 的第三方中文分词库,使用前需要用 import 关键字将其导入,因此第 1 空应填 import jieba。jieba 分词库支持 3 种模式:精确模式、全模式及搜索引擎模式,其中精确模式 lcut()是最为常用的,它返回的结果是列表类型,分词准确,不产生冗余,因此第 2 空应填 jieba.lcut(s)。

43.【参考答案】

```
import time
t = time.localtime()
print(time.strftime("%Y 年%m 月%d 日%H 时%M 分%S 秒",t))
```

【解题思路】

time 库是 Python 提供的处理时间的标准库。其中,localtime()方法获取的是当前时间戳对应的 struct_time 对象,第 1 空填 time.localtime()。strftime()方法是时间格式化最有效的一种方法,几乎可以以任何通用格式输出时间,该方法第一个参数表示输出的格式,第二个参数是时间戳,因此第 2 空填 strftime,第 3 空应填%Y 年%m 月%d 日%H 时%M 分%S 秒。

三、简单应用题

44.【参考答案】

```
for i in range(0,4):
    for y in range(0,4-i):
        print(" ",end="")
    print('*' * i)
for i in range(0,4):
    for x in range(0,i):
        print(" ", end="")
    print('*' * (4-i))
```

【解题思路】

观察题目给的图形,可以知道菱形是规则图形,可以分成两部分编写代码,且两部分代码的逻辑思维是一样的。图形由空格和星号组成,所以每部分需要两个 for 循环,一个用来控制星号(*)的输出,一个用来控制空格的输出。print()函数的默认输出格式为换行输出,所以需要使用参数 end 将本身自带的格式消除。

45.【参考答案】

```
from turtle import *
pensize(5)
for i in range(6):
    fd(100)
    right(60)
color("red")
circle(60,steps=6)
```

【解题思路】

首先绘制正六边形,题目要求正六边形的边长为 100 像素,fd()函数的参数应设置成 100,因此第 1 空填

100。每绘制完一条边后,画笔要右转 60 度绘制下一条边,right( )函数的参数应设置成 60,因此第 2 空填 60。然后,用 circle( )函数绘制红色的圆内接正六边形,circle( )函数一般有两个参数,第一个参数为半径,第二个参数有两种形式:参数 extent(角度)是指绘制弧形的角度;参数 steps($n \geqslant 3$)表示绘制圆内接 n 边形,这两个参数不能同时使用,因此第 3 空应填 steps =6。

四、综合应用题

46.【参考答案】

```python
import random
letter_list = ['a', 'b', 'c', 'd', 'e', 'f','g',
'h', 'i', 'j', 'k', 'l','m', 'n',
'o', 'p', 'q', 'r', 's', 't',
'u', 'v', 'w', 'x', 'y', 'z']
letter = letter_list[random.randint(0, 25)]
count = 0
while True:
    letter_input = input('请输入 26 个小写英文字母中的任一个:')
    count + =1
    if letter_input not in letter_list:
        print('请重新输入字母')
    else:
        if count >5:
            print('猜测超过 5 次,答题失败')
            break
        else:
            if letter_input == letter:
                print('恭喜你答对了,总共猜了||次'.format(count))
                break
            elif letter_input > letter:
                print('你输入的字母排在该字母之后')
            elif letter_input < letter:
                print('你输入的字母排在该字母之前')
            else:
                print('未知错误')
```

【解题思路】

随机抽取 26 个小写字母,需要使用 Python 的 random 库中的函数。randint(a,b)函数生成一个区间为[a,b]的整数,用来随机抽取列表中的字母。根据题目要求总体分为两个方向:①输入的字符不是小写字母中的任一个字符,则输出"请重新输入字母";②若输入的字符在列表中,则判断输入的次数是否大于5,大于 5 则输出"猜测超过 5 次,答题失败"并退出循环,在输入次数之内,对输入的字符与随机抽取的字符进行比较,即大于、小于及等于,不同的比较范围对应不同的输出。

第4部分

新增无纸化真考套卷及答案解析

众所周知，计算机等级考试的试题均来自真题考试题库，每一次考试都会更新部分试题。 本部分内容为二级 Python 语言程序设计新增的试题，并对试题进行了详简有度的解答和点拨，旨在帮助考生快速地掌握解题技巧，以便顺利"通关"。

未来教育在每次考试之后都会及时增加考试试题，帮助考生熟悉近期常考知识点，确保考生"真题在手，通过无忧"。

4.1　新增无纸化真考套卷

第 1 套　新增无纸化真考套卷

一、选择题(每小题 1 分, 共 40 分)

1. 下列叙述中正确的是(　　)。
   A)循环链表中至少有一个结点　　　　　　　B)双向链表有两个头指针
   C)双向链表有两个头结点　　　　　　　　　D)循环链表是循环队列的链式存储结构

2. 下列算法中,最坏情况下时间复杂度最低的是(　　)。
   A)堆排序　　　　　B)寻找最大项　　　　　C)顺序查找　　　　　D)有序表的二分法查找

3. 树的度为 3,且有 9 个度为 3 的结点,20 个叶子结点,但没有度为 1 的结点。则该树总的结点数为(　　)。
   A)29　　　　　　　B)30　　　　　　　C)47　　　　　　　D)不可能有这样的树

4. 设二叉树的中序序列为 BDCA,后序序列为 DCBA,则前序序列为(　　)。
   A)BCDA　　　　　B)CBDA　　　　　C)ABCD　　　　　D)ACDB

5. 下面描述正确的是(　　)。
   A)软件测试是软件调试的一部分　　　　　　B)软件测试是证明软件正确的方法
   C)软件测试的目的是发现程序中的错误　　　D)软件测试是保障软件质量的唯一方法

6. 对软件系统总体结构图描述正确的是(　　)。
   A)深度等于控制的层数　　　　　　　　　　B)扇入是一个模块直接调用的其他模块数
   C)结构图是描述软件系统功能的　　　　　　D)从属模块一定是原子模块

7. 下面属于应用软件的是(　　)。
   A)安卓(Android)操作系统　　　　　　　　B)交通管理软件
   C)C 语言编译器　　　　　　　　　　　　　D)数据库管理系统

8. 概念模型是(　　)。
   A)用于现实世界的建模,与具体的数据库管理系统有关
   B)用于信息世界的建模,与具体的数据库管理系统有关
   C)用于现实世界的建模,与具体的数据库管理系统无关
   D)用于信息世界的建模,与具体的数据库管理系统无关

9. 教师和授课班级之间的联系是(　　)。
   A)一对一　　　　　B)一对多　　　　　C)多对一　　　　　D)多对多

10. 定义学生选修课程的关系模式如下:
    SC (S#, Sn, C#, Cn, G, Cr)(其属性分别为学号、姓名、课程号、课程名、成绩、学分)
    则对主属性部分依赖的是(　　)。
    A)C#→Cr　　　　B)(S#,C#)→G　　　C)(S#,C#)→S#　　　D)(S#,C#)→C#

11. 以下不是 Python 所使用特殊含义符号的是(　　)。
    A)$　　　　　　　B)**　　　　　　　C)&　　　　　　　D) + =

12. 以下不是 Python 关键字的是(　　)。
    A)await　　　　　B)pass　　　　　C)do　　　　　D)lambda

13. 以下关键字不用于循环逻辑的是(　　)。
    A)try　　　　　　B)else　　　　　C)for　　　　　D)continue

14. s = '1234567890',以下表示'1234'的选项是(　　)。
    A)s[1;5]　　　　　B)s[0:3]　　　　　C)s[-10 : -5]　　　　　D)s[0:4]

15. 表达式 3 + 5%6 * 2//8 的值是(　　)。

A)5　　　　　　　　　B)4　　　　　　　　　C)6　　　　　　　　　D)7

16. 以下不是函数作用的选项是(　　　)。

A)提高代码执行速度　　　　　　　　　　B)增强代码可读性

C)复用相同功能代码　　　　　　　　　　D)降低编程复杂度

17. 关于 Python 全局变量和局部变量的描述错误的是(　　　)。

A)全局变量在源文件顶层,一般没有缩进

B)程序中的变量包含两类:全局变量和局部变量

C)函数内部使用各种全局变量,都要用 globle 语句声明

D)不是在程序最开头定义的全局变量,不是全过程均有效

18. 关于函数定义的形式错误的是(　　　)。

A)def foo(∗ a,b)　　　　　　　　　　B)def foo(a,b = 10)

C)def foo(a, ∗ b)　　　　　　　　　　D)def foo(a,b)

19. 字典 d = {'Python':123, 'C':123, 'C ++':123}, len(d)的结果是(　　　)。

A)12　　　　　　　　　B)6　　　　　　　　　C)9　　　　　　　　　D)3

20. 以下不是 Python 组合数据类型的是(　　　)。

A)元组类型　　　　　B)字符串类型　　　　C)数组类型　　　　　D)列表类型

21. 对于序列 s,能够返回序列 s 中第 i 到第 j 以 k 为步长的子序列的表达是(　　　)。

A)s[i:j:k]　　　　　B)s[i,j,k]　　　　　C)s[i;j;k]　　　　　D)s(i, j, k)

22. 对于序列 s,对 min(s)描述正确的是(　　　)。

A)可以返回序列 s 中的最小元素,如果存在多个相同的最小元素,则返回一个列表类型

B)一定能够返回序列 s 中的最小元素

C)可以返回序列 s 中的最小元素,如果存在多个相同的最小元素,则返回一个元组类型

D)可以返回序列 s 中的最小元素,但要求 s 中元素可比较

23. 以下程序的输出结果是(　　　)。

```
x = 10
y = 0
if (x > 5) or (x/y > 5):
    print('Right')
else:
    print('Wrong')
```

A)Right　　　　　　　　　　　　　　　B)Wrong

C)报错:ZeroDivisionError　　　　　　　D)不报错,但不输出任何结果

24. 以下程序的输出结果是(　　　)。

```
for c in 'Python NCRE':
    if c == 'N':
        break
    print(c)
```

A)无输出　　　　　　B)Python　　　　　　C)Pytho　　　　　　D)Python CRE

25. 以下程序的输出结果是(　　　)。

```
s = 2
for i in range(1, 10):
    s += i
print(s)
```

A)55　　　　　　　　　B)45　　　　　　　　　C)57　　　　　　　　　D)47

26. 以下程序被调用后,能够正确执行的是(　　　)。

```
def f(x, y = 1, z = 2):
    pass
```

A)f(x=1, 2)　　　B)f(x=1, y=2, z=3)　　C)f(1, x=2, z=3)　　D)f(1, y=2, 3)

27. 以下程序的输出结果是(　　)。

ls = ['绿茶', '乌龙茶', '红茶', '白茶', '黑茶']

x = '乌龙茶'

print(ls.index(x, 0))

A) -3　　　　　　B)0　　　　　　C)1　　　　　　D) -4

28. 关于字典的描述, 错误的是(　　)。

A)字典的元素以键为索引进行访问

B)字典的一个键可以对应多个值

C)字典长度是可变的

D)字典是键值对的结合, 键值对之间没有顺序

29. 以下不是 Python 中文件读/写方法的是(　　)。

A)writeline　　　B)readline　　　C)read　　　D)write

30. 关于 Python 中文件打开模式, 表示错误的是(　　)。

A)rt　　　　　　B)nb　　　　　　C)ab　　　　　　D)wt

31. 表格类型数据的组织维度最可能是(　　)。

A)多维数据　　　B)一维数据　　　C)二维数据　　　D)高维数据

32. 二维列表 ls = [[9, 8],[7, 6],[5, 4],[3, 2],[1, 0]], 能够获得数字 4 的选项是(　　)。

A)ls[-3][-1]　　B)ls[3][-1]　　C)ls[2][0]　　D)ls[-2][0]

33. 在进行 CSV 文件的读/写时, 最不可能使用的字符串处理方法是(　　)。

A)strip()　　　B)join()　　　C)index()　　　D)split()

34. f = open() 可以打开一个文件, 关于 f 的描述错误的是(　　)。

A)f 是文件对象的引用, 在程序中表示打开的文件

B)f 是一种特殊的 Python 变量, 执行 print(f) 时会报错

C)f.read() 可以一次性读入文件的全部信息

D)执行 m =f 后, m 和 f 同时表示所打开的文件对象

35. 下列函数中, 不是 Python 内置函数的是(　　)。

A)perf_counter()　　B)all()　　　C)abs()　　　D)format()

36. 安装一个第三方库的命名格式是(　　)。

A)pip uninstall <第三方库名>　　　B)pip install <第三方库名>

C)pip download <第三方库名>　　　D)pip search <第三方库名>

37. 生成一个区间为[1, 99]的随机整数的函数是(　　)。

A)random.randint(1, 100)　　　B)random.randint(0, 99)

C)random.randint(1,99)　　　D)random.uniform(1, 99)

38. 以下用于计算机视觉领域的 Python 第三方库是(　　)。

A)opencv - python　　B)matplotlib　　C)Flask　　　D)pymongo

39. 以下不属于数据分析领域的 Python 第三方库是(　　)。

A)pandas　　　　B)PyQt5　　　　C)NumPy　　　　D)seaborn

40. 以下不属于人工智能领域的 Python 第三方库是(　　)。

A)Keras　　　　B)pytorch　　　　C)mxnet　　　　D)pyocr

二、基本操作题(共 15 分)

41. 考生文件夹下存在一个文件"PY101. py", 请写代码替换横线, 不修改其他代码, 实现以下功能。

用键盘输入正整数 n, 按要求把 n 输出到屏幕。格式要求:宽度为 25 个字符, 等号字符(=)填充, 右对齐, 带千位分隔符。如果输入的正整数超过 25 位, 则按照真实长度输出。

例如:用键盘输入正整数 n 为 1234, 屏幕输出 =1,234

试题程序：

```
#请在_____处使用一行代码或表达式替换
#注意:请不要修改其他已给出代码
s = input()
print("{_____(1)_____}".format(_____(2)_____))
```

42. 获得用户输入的一个字符串,将字符串逆序输出,紧接着输出字符串的个数,请完善"PY102.py"中代码。

试题程序：

```
#请在_____处使用一行代码或表达式替换
#注意:请不要修改其他已给出代码
s = input()
print(_____(1)_____)
print(_____(2)_____)
```

43. 获得用户输入的以逗号分隔的 3 个数字:a、b、c,以 a 为起始数值,b 为差,c 为数值的数量,产生一个递增的等差数列,将这个数列以列表格式输出,请完善"PY103.py"中代码。

试题程序：

```
#请在_____处使用一行代码或表达式替换
#注意:请不要修改其他已给出代码
a,b,c = _____(1)_____
ls = []
for i in range(c):
    ls._____(2)_____
print(ls)
```

三、简单应用题(共 25 分)

44. 使用 turtle 库的 turtle.fd() 函数和 turtle.seth() 函数绘制一个边长为 40 像素的正 12 边形,在考生文件夹下给出了程序框架文件"PY201.py",在横线处补充代码,不得修改其他代码。效果如下所示。

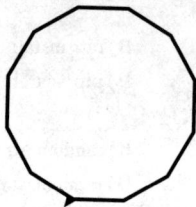

试题程序：

```
#请在_____处使用一行代码或表达式替换
#注意:请不要修改其他已给出代码
import turtle
turtle.pensize(2)
d = 0
for i in range(1, _____(1)_____):
    _____(2)_____
    d += _____(3)_____
    turtle.seth(d)
```

45. 计算两个列表 ls 和 lt 对应元素乘积的和(即向量积),补充"PY202.py"文件。

```
ls = [111,222,333,444,555,666,777,888,999]
```

```
lt = [999,777,555,333,111,888,666,444,222]
```

试题程序:

```
#请在...处使用一行或多行代码替换
#注意:提示框架的代码可以任意修改,以完成程序功能为准
ls = [111,222,333,444,555,666,777,888,999]
lt = [999,777,555,333,111,888,666,444,222]
s = 0
...
print(s)
```

四、综合应用题(共20分)

46. 某班学生评选一等奖学金,学生的10门主干课成绩存在考生文件夹下文件"score.txt"中,每行为一个学生的信息,分别记录了学生学号、姓名以及10门课成绩,格式如下。

1820161043 郑珉镐 68 66 83 77 56 73 61 69 66 78

1820161044 沈红伟 91 70 81 91 96 80 78 91 89 94

……

从这些学生中选出奖学金候选人,条件如下:①总成绩排名在前10名;②全部课程及格(成绩大于等于60)。

问题1:给出按总成绩从高到低排序的前10名学生名单,并写入文件"candidate0.txt",每行记录一个学生的信息,分别为学生学号、姓名以及10门课成绩。补充考生文件夹下文件"PY301-1.py",完成这一功能。

试题程序:

```
# 请在...处使用多行代码替换
# 注意:其他已给出代码仅作为提示,可以修改
L = []                          #L 中的元素是学生原始成绩和总成绩
...
L.sort(key = lambda x:x[-1],reverse = True) #按学生总成绩从大到小排序
...
```

问题2:读取文件"candidate0.txt",从中选出候选人,并将学号和姓名写入文件"candidate.txt",格式如下。

1010112161722 张三

1010112161728 李四

……

补充考生文件夹下文件"PY301-2.py",完成这一功能。

试题程序:

```
'''
输入文件:candidate0.txt
输出文件:candidate.txt
'''
```

第2套　新增无纸化真考套卷

一、选择题(每小题1分,共40分)

1. 设元素集合为 D = {1,2,3,4,5,6}。B = (D,R)为线性结构则 R 是(　　)。

　A)R = {(6,1),(5,6),(1,3),(2,4),(3,2)}

　B)R = {(4,5),(6,1),(5,6),(1,3),(2,4),(3,2)}

　C)R = {(6,1),(5,6),(1,3),(3,4),(3,2)}

　D)R = {(6,1),(5,6),(2,3),(2,4),(3,2)}

2.对长度为 8 的数组进行快速排序,最多需要的比较次数为(　　　)。

　A)8　　　　　　　　　B)28　　　　　　　　　C)56　　　　　　　　　D)64

3.树的度为 3,共有 31 个结点,但没有度为 1 和 2 的结点。则该树中度为 3 的结点数为(　　　)。

　A)1　　　　　　　　　B)9　　　　　　　　　C)10　　　　　　　　　D)不可能有这样的树

4.设栈与队列初始状态为空。将元素 A、B、C、D、E、F、G、H 依次轮流入栈和入队,然后依次轮流流出栈和退队, 则输出序列为(　　　)。

　A)A,B,C,D,H,G,F,E　　　　　　　　　　　B)B,G,D,E,F,C,H,A

　C)D,C,B,A,E,F,G,H　　　　　　　　　　　D)G,B,E,D,C,F,A,H

5.数据字典的作用是(　　　)。

　A)定义流程图中各个成分的具体含义

　B)定义数据流图中各个成分的具体含义

　C)定义系统结构图中各个成分的具体含义

　D)定义功能结构图中各个成分的具体含义

6.黑盒测试技术依据的是(　　　)。

　A)软件功能的描述　　　B)程序的逻辑结构　　　C)程序的物理结构　　　D)软件行为的描述

7.下面描述错误的是(　　　)。

　A)对象一定有标识　　　　　　　　　　　　B)对象一定有属性和方法(或操作)

　C)对象具有封装性　　　　　　　　　　　　D)不同对象的同一属性一定有相同的属性值

8.关系数据模型的 3 个组成部分中不包括(　　　)。

　A)数据操作　　　　　　B)数据结构　　　　　　C)并发控制　　　　　　D)完整性规则

9.学校规定一个年级的所有班配备一名辅导员,则实体班级与实体辅导员之间的联系是(　　　)。

　A)多对多　　　　　　　B)多对一　　　　　　　C)一对多　　　　　　　D)一对一

10.定义学生选修课程的关系模式如下:

　SC (S#, Sn, C#, Cn,T#, G,Cr)(其属性分别为学号、姓名、课程号、课程名、授课老师号、成绩、学分) 并且一门课程可由多个教师教授,则该关系的键是(　　　)。

　A)S#,T#　　　　　　　B)S#,C#　　　　　　　C)S#　　　　　　　　　D)C#

11.以下关于程序设计语言的描述,错误的选项是(　　　)。

　A)Python 解释器把 Python 代码一次性翻译成目标代码,然后执行

　B)机器语言直接用二进制代码表达指令

　C)Python 是一种通用编程语言

　D)汇编语言是直接操作计算机硬件的编程语言

12.以下关于 Python 程序语法元素的描述,正确的选项是(　　　)。

　A)缩进格式要求程序对齐,增添了编程难度

　B)Python 变量名允许以数字开头

　C)true 是 Python 的关键字

　D)所有的 if、while、def、class 语句后面都要用冒号结尾

13.以下选项,不是 Python 关键字的选项是(　　　)。

　A)from　　　　　　　　B)sum　　　　　　　　C)finally　　　　　　　D)None

14.字符串 tstr = 'television',显示结果为 vi 的选项是(　　　)。

　A)print(tstr[4:7])　　　B)print(tstr[5:7])　　　C)print(tstr[-6:6])　　　D)print(tstr[4:-2])

15.关于表达式 id('45') 的结果的描述,错误的是(　　　)。

　A)是'45'的内存地址　　B)可能是 45396706　　　C)是一个正整数　　　D)是一个字符串

16.表达式 divmod(40,3) 的结果是(　　　)。

　A)13,1　　　　　　　　B)(13,1)　　　　　　　C)13　　　　　　　　　D)1

17.以下关于字符串类型的操作的描述,正确的是(　　　)。

　A)想把一个字符串 str 所有的字符都大写,用 upper(str)

　B)设 x = 'aaa' ,则执行 x/3 的结果是'a'

C)想获取字符串 str 的长度,用字符串处理函数 len(str)

D)str. isnumeric()方法把字符串 str 中数字字符变成数字

18. 设 str1 = '* @ python@ *',语句 print(str1[2:]. strip('@'))的执行结果是(　　)。

A)python@ *　　　　　　B)python *　　　　　　C)* @ python@ *　　　　　　D)* python *

19. 执行以下程序,输出结果是(　　)。

```
y = '中文'
x = '中文字'
print(x > y)
```

A)None　　　　　　B)False　　　　　　C)False or False　　　　　　D)True

20. 以下关于"for ＜循环变量＞ in ＜循环结构＞"的描述,错误的是(　　)。

A)＜循环结构＞采用[1,2,3]和['1','2','3']的时候,循环的次数是一样的

B)这个循环体语句中不能有 break 语句,会影响循环次数

C)使用 range(a,b)函数指定 for 循环的循环变量取值范围是 a ~ b − 1

D)for i in range(1,10,2)表示循环 5 次,i 的值是 1 ~ 9 的奇数

21. 执行以下程序,输入"fish520",输出结果是(　　)。

```
w = input()
for x in w:
    if '0' < = x < = '9':
        continue
    else:
        w. replace(x,")
print(w)
```

A)fish　　　　　　B)fish520　　　　　　C)520　　　　　　D)520fish

22. 执行以下程序,导致输出"输入有误"的输入选项是(　　)。

```
try:
    ls = eval(input()) * 2
    print(ls)
except:
    print('输入有误')
```

A)'aa'　　　　　　B)'12'　　　　　　C)aa　　　　　　D)12

23. 以下关于组合类型的描述,正确的是(　　)。

A)空字典可以用花括号来创建

B)可以用 set 创建集合,用中括号和赋值语句增加新元素

C)字典数据类型里可以用列表做键

D)字典的 items()函数返回一个键值对,并用元组表述

24. 以下程序的输出结果是(　　)。

```
s = 0
def fun(s,n):
    for i in range(n):
        s += i
print(fun(s,5))
```

A)10　　　　　　B)None　　　　　　C)0　　　　　　D)UnboundLocalError

25. 以下关于函数的描述,正确的是(　　)。

A)自己定义的函数名不能与 Python 内置函数同名

B)函数一定要有输入参数和返回结果

C)在一个程序中,函数的定义可以放在函数调用代码之后

D)使用函数可以提高代码复用性,还可以降低维护难度

26. 以下程序的输出结果是(　　)。
```
def loc_glo( b = 2, a = 4):
    global z
    z += 3 * a +5 * b
    return z
z = 10
print(z, loc_glo (4,2))
```
A)36 36　　　　　　　B)32 32　　　　　　　C)10 36　　　　　　　D)10 32

27. 以下程序的输出结果是(　　)。
```
l1 = ['aa', [2,3,3.0]]
print(l1. index(2))
```
A)2　　　　　　　B)3.0　　　　　　　C)3　　　　　　　D)ValueError

28. 以下程序的输出结果是(　　)。
```
for i in "Nation":
    for k in range(2):
        if i == 'n':
            break
        print(i, end = "")
```
A)aattiioo　　　　　　B)NNaattiioo　　　　　C)Naattiioon　　　　　D)aattiioonn

29. 以下程序的输出结果是(　　)。
```
x = [90,87,93]
y = ("Aele", "Bob","lala")
z = {}
for i in range(len(x)):
    z[i] = list(zip(x,y))
print(z)
```
A){0: [(90, 'Aele'), (87, 'Bob'), (93, 'lala')], 1: [(90, 'Aele'), (87, 'Bob'), (93, 'lala')], 2: [(90, 'Aele'), (87, 'Bob'), (93, 'lala')]}

B){0: (90, 'Aele'), 1: (87, 'Bob'), 2: (93, 'lala')}

C){0: [90, 'Aele'], 1: [87, 'Bob'], 2: [93, 'lala']}

D){0: ([90, 87, 93], ('Aele', 'Bob', 'lala')), 1: ([90, 87, 93], ('Aele', 'Bob', 'lala')), 2: ([90, 87, 93], ('Aele', 'Bob', 'lala'))}

30. 以下程序的输出结果是(　　)。
```
ss = set("htslbht")
sorted(ss)
for i in ss:
    print(i,end = ")
```
A)hlbst　　　　　　B)htslbht　　　　　C)tsblth　　　　　D)hhlstt

31. 以下程序的输出结果是(　　)。
```
ls1 = [1,2,3,4,5]
ls2 = ls1
ls2. reverse()
print(ls1)
```
A)5,4,3,2,1　　　　　　　　　　　B)[1,2,3,4,5]

C)[5,4,3,2,1]　　　　　　　　　　D)1,2,3,4,5

32. 为以下程序填空,使得输出结果是{40: 'yuwen', 20: 'yingyu', 30: 'shuxu'}的选项是(　　)。
```
tb = {'yingyu':20, 'shuxue':30, 'yuwen':40}
```

```
stb = {}
for it in tb.items():
    print(it)
    _____
print(stb)
```

A) stb[it[1]] = it[0]　　　　　　B) stb[it[1]] = stb[it[0]]

C) stb[it[1]] = tb[it[1]]　　　　　D) D.stb[it[1]] = tb[it[0]]

33. 以下关于文件的描述,错误的是( )。

A) open()打开一个文件,同时把文件内容装入内存

B) open() 打开文件后,返回一个文件对象,用于后续的文件读/写操作

C) 当文件以二进制方式打开的时候,是按字节流方式读写

D) write(x) 函数要求 x 必须是字符串类型,不能是 int 类型

34. 给以下程序填空,使得输出到文件"a.txt"里的内容是 '90','87','93' 的是( )。

```
y = ['90', '87', '93']
l = ''
with open("a.txt",'w') as fo:
    for z in y:
        _____
    fo.write(l.strip(','))
```

A) l = ','.join(y)　　　　　　B) l += "{}".format(z)

C) l += "{}".format(z) + ','　　D) l += '{}'.format(z) + ','

35. 以下程序的输出结果是( )。

```
img1 = [12,34,56,78]
img2 = [1,2,3,4,5]
def modi():
    img1 = img2
    print(img1)
modi()
print(img1)
```

A) [12, 34, 56, 78]
　　[1,2,3,4,5]

B) [1,2,3,4,5]
　　[1,2,3,4,5]

C) [12, 34, 56, 78]
　　[12, 34, 56, 78]

D) [1, 2, 3, 4, 5]
　　[12, 34, 56, 78]

36. 以下关于数据维度的描述,错误的是( )。

A) 列表的索引是大于 0 小于列表长度的整数

B) JSON 格式可以表示比二维数据还复杂的高维数据

C) 二维数据可以看成多条一维数据的组合形式

D) CSV 文件既能保存一维数据,也能保存二维数据

37. 以下不属于 Python 的 pip 工具命令的选项是( )。

A) show　　　　　　B) install　　　　　　C) -V　　　　　　D) download

38. 用 Pyinstaller 工具打包 Python 源文件时, -F 参数的含义是( )。

A) 指定所需要的第三方库路径

B) 在 dist 文件夹中只生成独立的打包文件

C)指定生成打包文件的目录

D)删除生成的临时文件

39．第三方库 beauifulsoup4 的功能是(　　　)。

A)解析和处理 HTML 和 XML　　　　　　B)支持 Web 软件框架

C)支持 Web Services 框架　　　　　　　D)处理 HTTP 请求

40．以下关于 turtle 库的描述,错误的是(　　　)。

A)在 import turtle 之后,可以用 turtle. circle( )语句画一个圆圈

B)seth(x) 是 setheading(x)函数的别名,让画笔旋转 x 角度

C)可以用 import turtle 来导入 turtle 库函数

D)home( ) 函数设置当前画笔位置到原点,方向朝上

二、基本操作题(共 15 分)

41．考生文件夹下存在一个文件"PY101. py",请写代码替换横线,不修改其他代码,实现以下功能。

用键盘输入正整数 *n*,按要求把 *n* 输出到屏幕。格式要求:宽度为 15 个字符,数字右边对齐,不足部分用星号填充。

例如:用键盘输入正整数 *n* 为 1234,屏幕输出 ＊＊＊＊＊＊＊＊＊＊＊1234

试题程序:

```
# 请在_____处使用一行代码或表达式替换
# 注意:请不要修改其他已给出代码
n = eval(input("请输入正整数:"))
print("{_____}".format(n))
```

42．考生文件夹下存在一个文件"PY102. py",请写代码替换横线,不修改其他代码,实现以下功能。

a 和 b 是两个长度相同的列表变量,列表 a 为[3,6,9]已给定,用键盘输入列表 b,计算 a 中元素与 b 中对应元素的和形成新的列表 c,在屏幕上输出。

例如:用键盘输入列表 b 为[1,2,3],屏幕输出计算结果为[4,8,12]

试题程序:

```
# 请在_____处使用一行代码或表达式替换
# 注意:请不要修改其他已给出代码
a = [3,6,9]
b = eval(input()) #例如:[1,2,3]
c = []
for i in range(_____(1)_____):
    c.append(_____(2)_____)
print(c)
```

43．考生文件夹下存在一个文件"PY103. py",请写代码替换横线,不修改其他代码,实现以下功能。

以 0 为随机数种子,随机生成 5 个在 1(含) ~97(含)的随机数,计算这 5 个随机数的平方和。

试题程序:

```
# 请在_____处使用一行代码或表达式替换
# 注意:请不要修改其他已给出代码
import random
_____(1)_____
s = 0
for i in range(5):
    n = random.randint(_____(2)_____) #产生随机数
    s = _____(3)_____
print(s)
```

三、简单应用题(共 25 分)

44. 使用 turtle 库的 turtle.fd( )函数和 turtle.seth( )函数绘制一个边长为 100 像素的正八边形,在考生文件夹下给出了程序框架文件"PY201.py",在横线处补充代码,不得修改其他代码。效果如下所示。

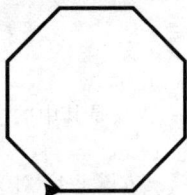

试题程序:
```
# 请在_____处使用一行代码或表达式替换
# 注意:请不要修改其他已给出代码
import turtle
turtle.pensize(2)
d = 0
    for i in range(1, _____(1)_____):
        _____(2)_____
        d += _____(3)_____
        turtle.seth(d)
```

45. 使用字典和列表型变量完成村主任的选举。某村有 40 名有选举权和被选举权的村民,名单由考生文件夹下文件"name.txt"给出,从这 40 名村民中选出一人当村主任,40 人的投票信息由考生文件夹下文件"vote.txt"给出,每行是一张选票的信息,有效票中得票最多的村民当选。

问题 1:请从"vote.txt"中筛选出无效票写入文件"vote1.txt"。有效票的含义如下:选票中只有一个名字且该名字在"name.txt"文件列表中,不是有效票的票称为无效票。

问题 2:给出当选村主任的村民的名字及其得票数。

在考生文件夹下给出了程序框架文件"PY202.py",补充代码完成程序。

试题程序:
请在_____处使用一行代码或表达式替换
#注意:请不要修改其他已给出的代码
```
f = open("name.txt")
names = f.readlines()
f.close()
f = open("vote.txt")
votes = f.readlines()
f.close()
f = open("vote1.txt","w")
D = {}
NUM = 0
for vote in _____(1)_____:
    num = len(vote.split())
    if num == 1 and vote in _____(2)_____:
        D[vote[:-1]] = _____(3)_____ +1
        NUM += 1
    else:
        f.write(_____(4)_____)
f.close()
```

视频解析

```
l = list(D.items())
l.sort(key = lambda s:s[1],_____(5)_____)
name = _____(6)_____
score = _____(7)_____
print("有效票数为:{} 当选村主任的村民为:{},票数为:{}".format(NUM,name,score))
```

四、综合应用题(共 20 分)

46.《三国演义》是中国古典四大名著之一,曹操是其中的主要人物,考生文件夹下文件"data. txt"给出《三国演义》简介。

问题 1:请编写程序,用 Python 中文分词第三方库 jieba 对文件"data. txt"进行分词,并将结果写入文件"out. txt",每行一个词。例如:

内容简介
编辑
整个
故事
在
东汉
……

在考生文件夹下给出了程序框架文件"PY301 – 1. py",补充代码完成程序。

试题程序:

```
# 请在_____处使用一行代码或表达式替换
# 注意:请不要修改其他已给出的代码
import jieba
f = open('data.txt','r')
lines = f.readlines()
f.close()
f = open('out.txt','w'
for line in lines:
    line = _____(1)_____          #删除每行首尾可能出现的空格
    wordList = _____(2)_____       #用 jieba 库对每行内容进行分词
    f.writelines('\n'_____(3)_____) #将分词结果存到文件 out.txt 中
f.close()
```

问题 2:对文件"out. txt"进行分析,输出"曹操"出现的次数。

在考生文件夹下给出了程序框架文件"PY301 – 2. py",补充代码完成程序。

试题程序:

```
# 请在_____处使用一行代码或表达式替换
# 注意:请不要修改其他已给出代码
import jieba
f = open('out.txt','r')      #以只读模式打开文件
words = f.readlines()
f.close()
D = {}
for w in _____(1)_____:          #词频统计
    D[w[:-1]] = _____(2)_____ + 1
print("曹操出现次数为:{} ".format(_____(3)_____))
```

4.2　参考答案及解析

第 1 套　参考答案及解析

一、选择题

1. A　【解析】循环链表是指在单链表的第一个结点前增加一个表头结点,即空循环链表和非空循环链表中均存在表头结点,故循环链表中至少有一个结点,A 选项正确。循环链表是线性表的一种链式存储结构,循环队列是队列的一种顺序存储结构,D 选项错误。双向链表也叫双链表,是链表的一种,它的每个数据结点中都有两个指针(左指针和右指针),分别指向其前件结点和后件结点。双向链表中只有一个头指针且无头结点,选项 B、C 错误。本题选择 A 选项。

2. D　【解析】对于长度为 n 的有序线性表,在最坏情况下,二分法查找需比较 $\log_2 n$ 次。对于长度为 n 的线性表,最坏情况下顺序查找需要 n 次,寻找最大项需要 $n - 1$ 次,堆排序需要 $n\log_2 n$ 次。故 D 选项的时间复杂度最低。本题选择 D 选项。

3. B　【解析】设总结点数是 n,则度为 2 的结点为 $n - 9 - 20 - 0 = n - 29$。根据树中的结点数 = 树中所有结点的度之和 $+ 1$,得 $9 \times 3 + (n - 29) \times 2 + 0 \times 1 + 20 \times 0 + 1 = n$,则 $n = 30$。本题选择 B 选项。

4. C　【解析】由于后序序列最后遍历根结点,故可确定该二叉树的根结点为 A。根据前序序列首先访问根结点 A,可排除 A、B 两项。由中序序列为 BDCA,可确定该二叉树只有左子树,没有右子数,再由后序序列为 DCBA,可确定左子树的根结点为 B。前序序列访问完该树的根结点 A 后,再访问左子树的根结点 B,本题选择 C 选项。

5. C　【解析】软件测试的目的是发现程序中的错误。调试是作为成功测试的后果而出现的步骤,也就是说,调试是在测试发现错误之后排除错误的过程。软件调试的任务是诊断和改正程序中的错误。本题选择 C 选项。

6. A　【解析】扇入是指调用一个给定模块的模块个数,扇出是指由一个模块直接调用的其他模块个数,B 选项错误。从属模块是指被另一个模块调用的模块,原子模块是从属模块,但从属模块不一定是原子模块,D 选项错误。结构图是描述软件结构的图形工具,C 选项错误。本题选择 A 选项。

7. B　【解析】计算机软件按功能能分为应用软件、系统软件、支撑软件(或工具软件)。安卓(Android)操作系统、数据库管理系统均属于系统软件,C 语言编译器属于支撑软件,交通管理软件属于应用软件。本题选择 B 选项。

8. C　【解析】概念模型着重于对客观世界复杂事物的描述及对它们内在联系的刻画,与具体的数据库管理系统无关。本题选择 C 选项。

9. D　【解析】一位教师可以对多个班级授课,一个班级也可以由多位教师授课,因此,教师和授课班级之间的联系是多对多联系。本题选择 D 选项。

10. A　【解析】关系 SC 的主属性为(S#、C#),但 C#→Cr 属于非主属性对主属性的部分依赖。本题选择 A 选项。

11. A　【解析】在 Python 中,有特殊含义的符号: $+$、$-$、$*$、$\sqrt{}$、$\%$、$**$、$\sqrt{}/$、$==$、$!$、$=$、$<$、$>$、$>$、$<$、$>=$、$<=$、$=$、$+=$、$-=$、$*=$、$\sqrt{}=$、$\%=$、$**=$、$//=$、$\&$、$|$、$\hat{}$、$\sim$、$<<$、$>>$、$\&=$、$|=$、$\hat{}=$、$\sim=$。本题选择 A 选项。

12. C　【解析】关键字也称保留字,是编程语言内部定义并保留使用的标识符。Python 3.x 的关键字有 35 个,分别是 and、as、assert、async、await、break、class、continue、def、del、elif、else、except、False、finally、for、from、global、if、import、in、is、lambda、None、nonlocal、not、or、pass、raise、return、True、try、with、while、yield。本题选择 C 选项。

13. A　【解析】用于循环逻辑的关键字:while、for、else、break、continue。try 用于捕捉异常。本题选择 A 选项。

14. D　【解析】对字符串中某个子串或区间的检索称为切片。切片的语法格式如下:

< 字符串或字符串变量 > [N:M]

切片获取字符串从 N 到 M(不包含 M)的子字符串,其中 N 和 M 为字符串的索引,可以混合使用正向递

增索引和反向递减索引。切片要求 N 和 M 都在字符串的索引区间,如果 N 大于等于 M,则返回空字符串。如果 N 缺失,则默认将 N 设为 0;如果 M 缺失,则默认表示到字符串结尾。

题干中 s[1:5] = '2345',s[0:3] = '123',s[-10: -5] = ' 12345',s[0:4] = '1234'。本题选择 D 选项。

15. B 【解析】根据运算符的优先级,运算顺序为 5%6 = 5,5 * 2 = 10,10//8 = 1,3 + 1 = 4。本题选择 B 选项。

16. A 【解析】函数是一段具有特定功能的、可重用的语句组,通过函数名来表示和调用。使用函数可以降低编程复杂度和增加代码复用,增强代码可读性。本题选择 A 选项。

17. C 【解析】根据程序中变量所在的位置和作用范围,变量分为全局变量和局部变量。局部变量是函数内部定义的变量,仅在函数内部有效,且作用域也在函数内部,当函数退出时变量将不再存在。全局变量是函数之外定义的变量,在程序执行的全过程有效。全局变量在函数内部修改时,才需要提前使用关键字 global 声明,语法格式为 **global** ＜**全局变量**＞。使用 global 对全局变量声明时,该变量要与外部全局变量同名。本题选择 C 选项。

18. A 【解析】Python 在定义函数的时候,不仅可以设置普通的形参,如 def fun(arr1 , arr2 = '我是 2 号参数')(其中 arr1 为必传参数,arr2 为可选参数),还可以传入两种特殊的参数即带 * 或 * * 的参数。这两种特殊的参数都可以传入任意数量的实参,它们的不同点主要在于 * 参数传入的为一个元组; * * 参数传入的则为一个字典。由于传入的参数数量不确定,因此当它们与普通参数放在一起时,必须把它们放在最后。本题选择 A 选项。

19. D 【解析】len(d)方法返回字典 d 的键值对个数。字典的每个键值对用冒号(:)连接,不同键值对之间用逗号(,)隔开,整个字典包括在花括号({})中。字典 d 中共有 3 个键值对,故 len(d) = 3。本题选择 D 选项。

20. C 【解析】能表示多个数据的类型称为组合数据类型。Python 中最常用的组合数据类型有 3 大类,分别是集合类型、序列类型(典型代表是字符串类型和列表类型)及映射类型(典型代表是字典类型)。Python 的数据类型不包括数组类型,在 Python 中数组类型需要通过引用第三方库如 Numpy 实现。本题选择 C 选项。

21. A 【解析】序列切片的方式为 ＜序列＞[起始索引:结束索引:步长]。Python 在[ ]中表示区间时,使用冒号(:)。本题选择 A 选项。

22. D 【解析】min()函数返回给定参数的最小值,但是要求给定参数是可以比较的。若给定的参数不能比较,则会报错;若给定参数存在多个最小元素,min()只会返回序列中最小的一个元素。本题选择 D 选项。

23. A 【解析】在 Python 中,or 表示多个条件之间的"或"关系。x or y,若 x 为 True,则 x or y 的结果为 True,不再对 y 进行判断。本题中,x > 5 为 True,故(x > 5) or (x/y > 5)的结果为 True,输出结果为 Right。本题选择 A 选项。

24. A 【解析】本题中,break 语句出现在 print 语句之前,当 if 的条件为 True 时,执行 break 语句,跳出 for 循环,不再执行循环体中 break 后面的语句,故无输出。本题选择 A 选项。

25. D 【解析】range(1, 10)的返回值为 1 2 3 4 5 6 7 8 9,即 for 循环中 i 的取值范围为[1,9],则 s = 2 + 1 + 2 + … + 9 = 47。本题选择 D 选项。

26. B 【解析】函数的参数在定义时可以指定默认值,当函数被调用时,如果没有传入对应的参数值,则使用函数定义时的默认值代替。本题在定义函数时,y = 1,z = 2 就是在指定默认值。在 Python 中,函数调用时,参数传递的主要方式有位置传递和关键字传递两种。位置传递是根据函数定义的参数位置来传递参数;关键字传递是根据每个参数的名字来传递参数,该方式不用区分参数顺序位置,名字对了就行。关键字传递可以和位置传递混用,但混用时位置参数要出现在关键字参数之前。A 选项,第 1 个参数为关键字传递,第 2 个参数为位置传递,混用顺序不对;D 选项,第 2 个参数为关键字传递,第 3 个参数为位置传递,混用顺序不对;C 选项,第 1 个参数已经使用位置传递(将 1 传递给 x),第 2 个参数又使用关键字传递将 2 传递给 x,会出现异常报错。故答案为 B 项。

27. C 【解析】列表的 index()方法用于从列表中找出某个对象的第一个匹配项的索引,如果这个对象不在列表中会报一个异常。其语法格式为 **list. index(obj [,start = 0 [,stop = len(L)]])**,其中 obj 为必须参数,指要查找的对象;start 为可选参数,指从哪个索引开始查找,默认为 0;stop 为可选参数,指查找到哪个索引结束,默认为列表的长度。本题中,查找对象为'乌龙茶',从索引为 0 处开始查找,查找到第二个元素匹配,故返回其索引 1。本题选择 C 选项。

28.B　【解析】在 Python 中,字典是存储可变数量键值对的数据结构,通过字典类型实现映射,一个键对应一个值,键必须是唯一的,且必须是不可变数据类型,值可以是任何数据类型。字典具有和集合类似的性质,即键值对之间没有顺序且不能重复。字典可以通过"字典['键']"的形式访问对应的元素,即以键为索引进行访问。本题选择 B 选项。

29.A　【解析】Python 中文件的读/写方法(file 表示使用 open 函数创建的对象)如下。

file.read([size]):参数可选,若未给定参数或参数为负则读取整个文件的内容;若给出参数,则读取前 size 长度的字符串或字节流。

file.readline([size]):参数可选,若未给定参数或参数为负则读取一行内容;若给出参数,则读取该行前 size 长度的字符串或字节流。

file.readlines([hint]):参数可选,若未给定参数或参数为负则从文件中读取所有行,以每行为元素形成一个列表;若给出参数,则读取 hint 行。

file.write(str):将字符串或字节流写入文件。

file.writelines(lines):向文件写入一个序列字符串列表。

本题选择 A 选项。

30.B　【解析】Python 中 open()函数提供了 7 种基本的文件打开模式:r、w、x、a、b、t、+。其中,r、w、x、a 可以和 b、t、+ 组合使用。本题选择 B 选项。

31.C　【解析】一维数据由对等关系的有序或无序数据构成,采用线性方式组织;二维数据,也称表格数据,由关联关系数据构成,采用二维表格方式组织;高维数据由键值对类型的数据构成,采用对象方式组织。本题选择 C 选项。

32.A　【解析】本题考查列表取值。要取得数字 4,首先可以通过 ls[-3]或 ls[2]的方式取得 ls 的第 3 个元素[5,4],然后通过[5,4][-1]或[5,4][1]的方式取得 4。因此,ls[-3][-1]、ls[-3][1]、ls[2][-1] 或 ls[2][1]都可以取得数字 4。本题选择 A 选项。

33.C　【解析】CSV 文件中以逗号分隔数据,形成一行。在进行 CSV 文件的读/写时,常用的字符串处理方法有 strip()、join()、split()。strip()方法用于删除文件开头和结尾的给定字符序列,参数为空时,默认删除空白符(包括'\n'、'\r'、'\t'、' ')。join()方法用于将数据以指定的字符(分隔符)连接成一个新的序列。split ()方法用于将数据按某一个字符或字符串进行分割。index()方法用于检测字符串中是否包含指定子字符串,在进行 CSV 文件读写时,相较于前面 3 种方法,最不可能使用。本题选择 C 选项。

34.B　【解析】f=open(),f 是文件对象的引用,在程序中 f 代表打开的文件,执行 print(f)不会报错,故 B 选项错误、A 选项正确;f.read()方法如果不给出参数,则从文件中读入整个文件的内容,故 C 选项正确;执行 m=f 后,m 也是该文件对象的引用,m 与 f 都表示该打开文件对象,故 D 选项正确。本题选择 B 选项。

35.A　【解析】perf_counter()是 time 库的函数,调用该函数需要先导入 time 库。本题选择 A 选项。

36.B　【解析】pip install <第三方库名>:安装第三方库;pip uninstall <第三方库名>:卸载一个已经安装的第三方库;pip download <第三方库名>:下载第三方库的安装包,但并不安装;pip search <第三方库名>:联网搜索库名或摘要中的关键字。本题选择 B 选项。

37.C　【解析】random.randint(a,b)随机生成区间为[a,b](包括 a、b)的整数;random.uniform(a,b)随机生成区间为[a,b)(包括 a,不包括 b)的实数。本题选择 C 选项。

38.A　【解析】opencv-python 是图像处理和计算机视觉方向的第三方库;matplotlib 是数据可视化方向的第三方库;flask 是 Web 开发方向的第三方库;pymongo 是数据存储方向的第三方库。本题选择 C 选项。

39.B　【解析】PyQt5 是用户图形化界面方向的第三方库;pandas、NumPy、seaborn、scipy 都是数据分析方向的第三方库。本题选择 B 选项。

40.D　【解析】pyocr 是图像字符识别方向的第三方库;pytorch、mxnet、Keras 都属于人工智能领域的第三方库。本题选择 D 选项。

二、基本操作题

41.【参考答案】

```
s = input()
```

print("{:=>25,}".format(eval(s)))

【解题思路】

该题目主要考查 Python 字符串的格式化方法。Python 推荐使用 format() 格式化方法,其语法格式如下:

<模板字符串>.**format**(<逗号分隔的参数>)

其中,模板字符串是一个由字符串和槽组成的字符串,用来控制字符串和变量的显示效果。槽用花括号表示,对应 format() 方法中逗号分隔的参数。如果模板字符串中有多个槽,可以通过 format() 参数的序号在模板字符串槽中指定参数,参数从 0 开始编号。例如:

"{0}日:学而不思则罔,思而不学{1}。".format("孔子","则殆")

其结果为'孔子曰:学而不思则罔,思而不学则殆。'

format() 方法的槽除了包括参数序号,还可以包括格式控制信息,语法格式如下:

{<参数序号>:<格式控制标记>}

其中,格式控制标记包括 <填充> <对齐> <宽度> <,> <.精度> <类型> 6 个字段,由引导符号(:)作为引导标记,这些字段都是可选的,可以组合使用。

<填充>:用于填充的单个字符。

<对齐>:分别使用 <、> 及 ^ 表示左对齐、右对齐及居中对齐。

<宽度>:设定当前槽的输出字符宽度。

<,>:用于显示数字类型的千位分隔符。

<.精度>:由小数点(.)开头,对于浮点数,精度表示小数部分输出的有效位数;对于字符串,精度表示输出的最大长度。

<类型>:表示输出整数和浮点数类型的格式规则。

本题的格式要求:宽度为 25 个字符,等号字符(=)填充,右对齐,带千位分隔符。则第 1 空应填入 {:=>25,}。

由于题目要求带千位分隔符,所以模板字符串对应的 format() 方法中的参数必须是数字类型,但无论用户输入的是字符串还是数字,input() 函数统一按照字符串类型输出,这时就需要先使用 eval() 函数去掉字符串最外侧的引号,然后再参与运算,因此第 2 空应填入 eval(s)。

42.**【参考答案】**

s = input()

print(s[::-1])

print(len(s))

【解题思路】

要将字符串逆序输出,可使用切片方法先检索后逆序。切片的语法格式为 **<字符串或字符串变量>[N:M:K]**,表示获取字符串中从 N 到 M(不包含 M)根据步长 K 得到的子字符串。其中,N 和 M 为字符串的索引;若 K 为负数,表示从后往前对字符串进行切片。因此第 1 空填入 s[::-1],此处省略了 N 和 M,表示将对字符串中所有字符检索;-1 表示从字符串的最后一个字符逆序切片。

若要输出字符串的个数,可使用 len() 函数,len() 函数返回的是字符串的长度,因此第 2 空应填入 len(s)。

43.**【参考答案】**

a, b, c = [int(x) for x in input().split(',')]

ls = []

for i in range(c):

　　ls.append(a + (i * b))

print(ls)

【解题思路】

根据题目要求和给出的提示代码,用户输入的是以逗号分隔的 3 个数字,则需要用 split() 方法将字符串分隔形成列表,再用 for 循环遍历该列表将字符串类型转换成数字类型。因此第 1 空填入 [int(x) for x in input().split(',')]。

向列表中增加元素用 append() 方法。本题输出的是以 a 为起始数值，b 为差的等差递增数列，c 为数列中数值的数量，则 for i in range(c) 中 i 的值是 0 ~ c - 1 的整数。那么数列中第 i 个数为 a + (i * b)。因此第 2 空填入 append(a + (i * b))。

三、简单应用题

44.【参考答案】

```
import turtle
turtle.pensize(2)
d = 0
for i in range(1, 13):
    turtle.fd(40)
    d += 30
    turtle.seth(d)
```

【解题思路】

本题要绘制一个多边形，需要使用 turtle 库(海龟)，首先使用 import 关键字将 turtle 库导入。由于绘制的是 12 边形，for 循环遍历中，要对序号为 1 ~ 12 的每条边依次绘制，i 的取值从 1 开始到 12 结束。因此第 1 空填入 13。

turtle.fd() 函数用于控制小海龟向当前行进方向前进一个指定距离，题目要求边长为 40 像素，因此第 2 空填入 turtle.fd(40)。

turtle.seth(d) 函数用于设置小海龟当前行进方向，该角度是绝对方向角度值。在 12 边形中，相邻两条边形成的外角均为 30 度，即绘制完一条边后，小海龟的行进方向要增加 30 度后再绘制下一条边。因此第 3 空填入 30。

45.【参考答案】

```
ls = [111,222,333,444,555,666,777,888,999]
lt = [999,777,555,333,111,888,666,444,222]
s = 0
for i in range(len(ls)):
    s += (ls[i] * lt[i])
print(s)
```

【解题思路】

本题给定程序最后输出的是变量 s，所以 s 是两个列表中对应元素乘积的和。两个列表中对应元素乘积可表示为 ls[i] * lt[i]，再求和 s += (ls[i] * lt[i])；由于列表中元素的索引是从 0 开始的，所以 for 循环遍历中 i 的取值从 0 开始直至 len(ls) - 1，而 range(len(ls)) 的返回值正是 0 ~ len(ls) - 1。

四、综合应用题

46.(1)【参考答案】

```
L = []
fo = open("score.txt", "r")
fi = open("candidate0.txt", "w")
lines = fo.readlines()
for line in lines:
    line = line.strip()
    student = line.split(' ')
    sum = 0
    for i in range(1,11):
        sum += int(student[-i])
    student.append(str(sum))
    L.append(student)
```

```
L. sort( key = lambda x:x[ -1], reverse = True)
for i in range(10):
    fi. write(''. join(L[i][:-1]) + '\n')
fo. close( )
fi. close( )
```

(2)【参考答案】

```
fo = open("candidate0. txt", "r")
fi = open("candidate. txt", "w")
L = [ ]  #存储候选人
lines = fo. readlines( )
for line in lines:
    line = line. strip( )
    student = line. split(' ')
    for i in student[ -10:]:
        if int(i) < 60:
            break
        else:
            L. append(student[:2])
for i in L:
    fi. write(''. join(i) + '\n')
fo. close( )
fi. close( )
```

【解题思路】

(1)本题涉及"score. txt"和"candidate0. txt"两个文件。首先要读取"score. txt"文件中的信息,通过程序求出每个学生的总成绩,然后按总成绩从大到小排序,将总成绩排名前10的学生学号、姓名以及10门课成绩写入"candidate0. txt"文件中。打开文件用 open( )函数,用"r"只读模式打开文件"score. txt",用"w"模式创建文件"candidate0. txt"。

"score. txt"文件中每行为一个学生的信息,需要用 readlines( )方法读入所有行,以每行内容为元素形成列表 lines,然后用 for 循环遍历该列表中的元素。在遍历元素时,用 strip( )方法删除元素首尾出现的空白符,用 split( )方法以空格分隔学生学号、姓名以及10门课成绩得到列表 student。由于要求出总成绩,因此使用 for 遍历学生的10门课成绩,将其累加赋值给 sum,并将 sum 追加到 student。最后将 student 所有元素追加到列表 L 中。

随后,对列表 L 进行排序,用到 sort( )方法,参数 key = lambda x:x[-1]中 lambda 是一个匿名函数,是固定写法,不能写成别的单词;x 表示列表中的一个元素,在这里表示一个列表(即一个学生的信息),x 只是临时起的一个名字,也可以使用任意的名字;x[-1]表示以列表最后一个元素(即总成绩)排序。参数 reverse = True 表示按降序排序;若该参数缺省或 reverse = False,表示按升序排序。

最后,通过 for 循环提取列表 L 前10个元素(即前10名的学生信息,但不包含总成绩),用空格分隔每个元素,并添加换行符,写入文件"candidate0. txt",再关闭所有文件。

(2)本题涉及"candidate0. txt"和"candidate. txt"两个文件。首先要读取"candidate0. txt"文件中的信息,通过程序判断学生的所有成绩是否都大于等于60,满足条件的将该学生的学号和姓名写入"candidate. txt"文件中。打开文件用 open( )函数,用"r"只读模式打开文件"candidate0. txt",用"w"模式创建文件"candidate. txt",并定义一个列表 L 来存储学号和姓名。

"candidate0. txt"文件中有10行数据,需要用 readlines( )方法读入所有行,以每行内容为元素形成列表 lines,然后用 for 循环遍历该列表中的元素。在遍历元素时,用 strip( )方法删除元素首尾的空格,用 split( )方法以空格分隔学生学号、姓名以及10门课成绩得到列表 student。然后对列表 student 使用 for 循环遍历,用来判断10门课程的成绩是否都大于等于60,满足条件就将列表 student 中的前两个元素(即学号和姓名)追加到列表 L 中。

最后,通过 for 循环提取列表 L 中的所有元素,用空格分隔每个元素,并添加换行符,写入文件"candidate. txt",再关闭所有文件。

第 2 套　参考答案及解析

一、选择题

1. A 【解析】一个非空的数据结构如果满足两个条件:①有且只有一个根结点;②每一个结点最多有一个前件,也最多有一个后件。则称该数据结构为线性结构。B 选项不满足条件①,不止一个根结点;C 选项中结点 3 有两个后件 4 和 2,不满足条件②;D 选项既不满足条件①,也不满足条件②。本题选择 A 选项。

2. B 【解析】数组属于线性结构,使用快速排序在最坏情况下需要进行 $n(n-1)/2$ 次比较。本题数组的长度为 8,则比较的次数为 $8\times(8-1)\div 2=28$。本题选择 B 选项。

3. C 【解析】树的度为 3,表示树中只存在度为 0、1、2、3 的结点。设度为 3 的结点数为 n,由于没有度为 1 和 2 的结点,则度为 0 的结点数为 $31-n$。根据树中的结点数 = 树中所有结点的度之和 +1,得 $n\times 3+0\times 1+0\times 2+(31-n)\times 0+1=31$,则 $n=10$。本题选择 C 选项。

4. D 【解析】由于是将元素 A、B、C、D、E、F、G、H 依次轮流入栈和入队,则依次入栈的元素是 A、C、E、G,依次入队的元素是 B、D、F、H。栈遵循"先进后出"的原则,队列遵循"先进先出"的原则,依次轮流出栈和退队时,G 先出栈,然后 B 退队。本题选择 D 选项。

5. B 【解析】数据字典是对数据流图中所有元素的精确、严格的定义和解释,是一个有组织的列表,使得用户和系统分析员对于输入、输出、存储成分及中间计件结果有共同的理解,是结构化分析的核心。本题选择 B 选项。

6. A 【解析】黑盒测试又称功能测试或数据驱动测试,着重测试软件功能。是把程序看成一只黑盒子,测试者完全不了解,或不考虑程序的结构和处理过程。它根据规格说明书的功能来设计测试用例,检查程序的功能是否符合规格说明的要求。

白盒测试是把程序看成装在一只透明的白盒子里,测试者完全了解程序的结构和处理过程。它根据程序的内部逻辑来设计测试用例,检查程序中的逻辑通路是否都按预定的要求正确地工作。本题选择 A 选项。

7. D 【解析】属性即对象所包含的信息,它在设计对象时确定,一般只能通过执行对象的操作来改变。不同对象的同一属性可以具有相同或不同的属性值。例如,张三的年龄是 20,李四的年龄是 18,张三、李四是两个不同的对象,他们共同的属性"年龄"的值不同。本题选择 D 选项。

8. C 【解析】数据模型由数据结构、数据操作及数据约束 3 部分组成。
①数据结构主要描述数据的类型、内容、性质以及数据间的联系等。
②数据操作主要描述在相应数据结构上的操作类型与操作方式。
③数据约束主要描述数据结构内数据间的语法、语义联系,它们之间的制约与依存关系,以及数据动态变化的规则,以保证数据的正确、有效与相容。本题选择 C 选项。

9. B 【解析】一个年级有很多班,这些班只配备一名辅导员,因此实体班级与实体辅导员之间的联系是多对一。本题选择 B 选项。

10. B 【解析】由于该关系中有学号、姓名、课程号、课程名、授课老师号、成绩、学分共 7 个属性,则该关系的键为复合键。由于一门课程可由多个教师教授,(S#,T#)不能唯一标识元组,不能作为关系的键,因此该关系的键是(S#,C#)。本题选择 B 选项。

11. A 【解析】Python 属于脚本语言,脚本语言采用解释方式执行。解释执行是将源代码逐条转换成同时逐条运行的过程,不是一次性翻译的。本题选择 A 选项。

12. D 【解析】缩进格式要求程序对齐,清晰、简明地表示了语句的所属关系;Python 的标识学采用大写字母、小写字母、数字、下划线及汉字等字符及其组合进行命名,但标识符的首字符不能是数字,中间不能出现空格,长度没有限制;Python 的关键字大小写敏感,True 是关键字,但 true 不是关键字。本题选择 D 选项。

13. B 【解析】关键字也称保留字,是编程语言内部定义并保留使用的标识符。Python 3.x 的关键字有 35 个,分别是 and、as、assert、async、await、break、class、continue、def、del、elif、else、except、False、finally、for、from、global、if、import、in、is、lambda、None、nonlocal、not、or、pass、raise、return、True、try、with、while、yield。本题选择 B

选项。

14. C 【解析】对字符串中某个子串或区间的检索称为切片。切片的语法格式为 < 字符串或字符串变量 > [N:M]。切片获取字符串从 N 到 M(不包含 M)的子字符串,其中 N 和 M 为字符串的索引,可以混合使用正向递增索引和反向递减索引。切片要求 N 和 M 都在字符串的索引区间,如果 N 大于等于 M,则返回空字符串。如果 N 缺失,则默认将 N 设为 0;如果 M 缺失,则默认表示到字符串结尾。

选项 A 的 tstr[4:7] = 'vis',选项 B 的 tstr[5:7] = 'is',选项 D 的 tstr[4:-2] = 'visi',选项 C 的 tstr[-6:6] = ' vi'。本题选择 C 选项。

15. D 【解析】id( ) 函数的返回值是对象的内存地址,属于数字类型。本题选择 D 选项。

16. B 【解析】divmod(x,y) 函数用来计算 x 和 y 的除余结果。返回两个值,分别是 x 与 y 的整数除,即 x//y,以及 x 与 y 的余数,即 x%y。返回的两个值组成了一个元组类型,即圆括号包含的两个元素 (x//y, x% y)。表达式 divmod(40.3) 的结果为 40//3 = 13、40%3 = 1。本题选择 B 选项。

17. C 【解析】将字符串 str 所有的字符都大写的方法是 str. upper( ),A 选项不正确;x 为字符串类型,字符串类型不能进行除法运算,B 选项不正确;isnumeric( ) 方法用于检测字符串是否只由数字组成,如果字符串中只包括数字,就返回 Ture,否则返回 False,D 选项错误;len( ) 函数用于返回字符串的长度,要想获取字符串 str 的长度,其语法格式为 **len(str)**。本题选择 C 选项。

18. A 【解析】str1[2:]表示对字符串 str1 进行切片,即从索引为 2 的字符开始切片直到字符串结尾(字符串最左侧的字符索引为 0),其结果为 python@ * ;strip(chars)方法是从字符串中去掉其左侧和右侧 chars 中列出的字符," python@ * ". strip('@')表示将字符串左侧和右侧的@字符去掉,由于字符串最左侧和最右侧均无@字符,故语句执行结果为 python@ * 。本题选择 A 选项。

19. D 【解析】在 Python 中比较两个字符串的大小,要从第 1 个字符开始比较,只要比较出了大小就结束。本题中,变量 x 和 y 的前两个字符相同,但 y 没有第 3 个字符,所以 x 大,则表达式 x > y 的结果为 True。本题选择 D 选项。

20. B 【解析】for 语句的循环执行次数是根据 < 循环结构 > 中元素的个数确定的。[1,2,3]和['1','2', '3']均有 3 个元素,因此循环次数是一样的。A 选项正确。range( ) 函数只有 1 个参数时表示会产生从 0 开始计数到输入参数的前一位整数结束的整数列表;有 2 个参数时,则将第 1 个参数作为起始位,第 2 个参数为结束位,输出从起始位到结束位的前一位的整数列表;有 3 个参数时,第 3 个参数表示步长,起始位按照步长递增或递减,因此选项 C、D 正确。循环体中的 break 语句影响循环次数,但是不代表循环体中不能有 break 语句,B 选项错误。本题选择 B 选项。

21. B 【解析】replace( ) 方法的语法格式为 **str. replace(old, new[, max]**。功能是把字符串中的 old(旧字符串)替换成 new(新字符串),返回一个新的字符串。如果指定第 3 个参数 max,则替换不超过 max 次。本题中,for 循环执行后,将依次返回新的字符串 ish520、fsh520、fis520。并不影响 w,程序执行 print(w)后输出 fish520。本题选择 B 选项。

22. C 【解析】无论用户输入的是字符还是数字,input( )函数统一按照字符串类型输出。当输入 aa 时,以字符串类型'aa'返回;然后 eval( )函数处理字符串'aa',去掉其两侧的引号,将其解释为一个变量。由于之前没有定义过该变量,因此解释器报错,输出"输入有误"。本题选择 C 选项。

23. A 【解析】集合中可以使用 add( )方法增加新元素,不能使用方括号来添加,B 项错误;字典数据类型必须用不可变的元素作为键,而列表是可变的,不能作为键,C 选项错误;字典的 items( )函数返回的是所有键值对,D 选项错误。本题选择 A 选项。

24. B 【解析】本题中函数体内没有 return 语句,即无返回值,所以默认返回 None。则输出结果为 None。本题选择 B 选项。

25. D 【解析】自己定义的函数可以与内置函数同名,当调用此函数时会先调用自己定义的函数;函数可以没有输入参数和返回结果;Python 程序是自上而下执行的,函数的定义应放在函数调用之前,否则会报错。本题选择 D 选项。

26. C 【解析】本题中,变量 z 为全局变量,函数内部改变了该变量的值,在外部该变量的值不变,因此最后 z 的值仍为 10。然后执行函数 glo (4,2),将实参 4 传递给形参 b,将实参 2 传递给形参 a。函数体内 z += 3 * a + 5 * b 可变形为 z = 10 + 3 * a + 5 * b = 10 + 3 * 2 + 5 * 4 = 36,函数的返回值为 36。本题选择 C 选项。

27. D　【解析】列表的 index( ) 方法用于从列表中找出某个对象第一个匹配项的索引,如果这个对象不在列表中会报一个异常。本题中 l1. index(2) 是指在列表 l1 中查找对象 2,但列表中并不存在元素 2,因此会异常。本题选择 D 选项。

28. B　【解析】在 Python 中,字母大小写是敏感的,"N"和"n"是不同的字符。本题中,有两层 for 循环,即每个字符要输出两次,直到 i == 'n'时,跳出循环,执行输出语句。本题选择 B 选项。

29. A　【解析】zip( ) 是 Python 的一个内建函数。它接受一系列可迭代的对象作为参数,将对象中对应的元素打包成一个个元组,然后返回由这些元组组成的列表。若传入参数的长度不等,则返回 list 的长度和参数中长度最短的对象相同。本题中,x 为列表类型,y 为元组类型。zip(x,y) 返回的结果为 [(90,'Aele'),(87,'Bob'),(93,'lala')]。for 循环中 i 的值依次为 0、1、2,因此 z(字典类型)的值为 {0:[(90, 'Aele'),(87, 'Bob'),(93, 'lala')], 1:[(90, 'Aele'),(87, 'Bob'),(93, 'lala')], 2:[(90, 'Aele'),(87, 'Bob'),(93, 'lala')]}。本题选择 A 选项。

30. A　【解析】set( ) 函数将其他的组合数据类型变成集合类型,返回结果是一个无重复且排序任意的集合。因此,ss = set("htslbht") 的返回值是一个类似于 {'h', 'l', 'b', 's', 't'} 的集合,然后将其赋值给 ss。方法 sorted(ss) 的返回值是对 ss 进行排序后的结果,即执行 sorted(ss) 后,ss 的值并没有改变,最后仍输出 hlbst。本题选择 A 选项。

31. C　【解析】在 Python 中,列表对象的赋值就是简单的对象引用。本题中,ls1 和 ls2 指向同一片内存。ls2 是 ls1 的别名,是引用 ls1。对 ls2 做修改,ls1 也会跟着变化。ls2. reverse( ) 是指将列表 ls2 中的元素反转,结果为 [5,4,3,2,1],则 ls1 的值也为 [5,4,3,2,1]。本题选择 C 选项。

32. A　【解析】分析题目及程序代码可知,题意是将字典中的键值互换。tb. items( ) 以列表形式(并非直接的列表,若要返回列表值还需调用 list( )函数)返回可遍历的(键、值)元组数组。for 循环中 it 每次遍历得到的是一个元组,依次为('yingyu',20)、('shuxue',30)、('yuwen',40),然后将元组中索引为 0 的元素和索引为 1 的元素互换位置,实现字典中键值的互换,应填入 stb[it[1]] = it[0]。本题选择 A 选项。

33. A　【解析】如果文件只被打开,文件内容是不会装入内存的。只有执行读取操作的时候才会把文件内容相应的长度内容(在 read( )函数中指定读取的字节长度)装入内存。本题选择 A 选项。

34. C　【解析】由题意可知,写入文件的是 90、87、93,字符之间用逗号分隔。A 选项是将字符通过逗号连接成形如'90,87,93'的字符串;B 选项没有使用逗号分隔;D 选项由于在花括号({})外部没有使用引号,相加的结果为"90,87,93"。本题选择 C 选项。

35. D　【解析】程序先调用函数 modi( ),函数体内进行赋值操作,列表对象的赋值就是简单的对象引用。函数体内,img1 和 img2 指向同一片内存,img1 是 img2 的别名。函数调用执行后输出 [1,2,3,4,5]。然后执行 print(img1),此处的 img1 是外部变量,与函数内 img1 不是同一个变量,仍输出 [12,34,56,78]。本题选择 D 选项。

36. A　【解析】列表的索引也可以是负整数,如 l[-1] 就代表列表 l 的最后一个元素。本题选择 A 选项。

37. C　【解析】pip 工具常用的命令有安装(install)、下载(download)、卸载(uninstall)、列表(list)、查看(show)、查找(search)。-V 属于 pyinstaller 命令的常用参数,不属于命令。本题选择 C 选项。

38. B　【解析】-F 是指在 dist 文件夹中只生成独立的打包文件(即 EXE 文件),所有的第三方依赖、资源和代码均打包此 EXE 文件中。本题选择 B 选项。

39. A　【解析】第三方库 beautifulsoup4 用于解析和处理 HTML 和 XML。它最大的优点是能根据 HTML 和 XML 语法建立解析树,进而高效解析其中的内容。本题选择 A 选项。

40. D　【解析】turtle 库的 home( )函数是设置当前画笔位置为原点,方向向东。本题选择 D 选项。

二、基本操作题

41.【参考答案】

```
n = eval(input("请输入正整数:"))
print("{: * >15}". format(n))
```

【解题思路】

该题目主要考查 Python 字符串的格式化方法。Python 推荐使用.format( )格式化方法,其语法格式如下:

<模板字符串>.format(<逗号分隔的参数>)

其中，"模板字符串"是一个由字符串和槽组成的字符串，用来控制字符串和变量的显示效果。槽用花括号({})表示，对应 format() 方法中逗号分隔的参数。如果模板字符串中有多个槽，可以通过 format() 参数的序号在模板字符串槽中指定参数，参数从 0 开始编号。例如：

"{0}曰:学而不思则罔,思而不学{1}。". format("孔子","则殆")

其结果:'孔子曰:学而不思则罔,思而不学则殆。'

format() 方法的槽除了包括参数序号，还可以包括格式控制信息,语法格式如下：

{<参数序号>:<格式控制标记>}

其中,格式控制标记包括 <填充> <对齐> <宽度> <,> <.精度> <类型> 6 个字段,由引导符号(:) 作为引导标记,这些字段都是可选的,可以组合使用。

<填充>:用于填充的单个字符。

<对齐>:分别使用 <、> 及 ^ 表示左对齐、右对齐及居中对齐。

<宽度>:设定当前槽的输出字符宽度。

<,>:用于显示数字类型的千位分隔符。

<.精度>:由小数点(.)开头,对于浮点数,精度表示小数部分输出的有效位数;对于字符串,精度表示输出的最大长度。

<类型>:表示输出整数和浮点数类型的格式规则。

本题的格式要求:宽度为 15 个字符,数字右边对齐,不足部分用星号填充,模板字符串为{:*>15}。划线的空格处应填入{:*>15}。

42.【参考答案】

```
a = [3,6,9]
b = eval(input()) #例如:[1,2,3]
c = []
for i in range(3):
    c. append(a[i] + b[i])
print(c)
```

【解题思路】

a 和 b 是两个长度相同的列表变量,a 中有 3 个元素,则 b 中也有 3 个元素,a 中元素与 b 中对应元素的和则为 a[i]+b[i],则第 2 空应填写 a[i]+b[i]。列表中元素的索引从 0 开始,因此 for 循环中 i 的值应分别为 0、1、2,第 1 空应填入 3。

43.【参考答案】

```
import random
random. seed(0)
s = 0
for i in range(5):
    n = random. randint(1,97) # 产生随机数
    s = s + n ** 2
print(s)
```

【解题思路】

题目要求以 0 为随机数种子,seed() 函数用于初始化随机数种子。因此第 1 空应填入 random. seed(0)。

randint(a,b) 函数用于随机生成一个区间为 [a,b] 的整数(包含 a 和 b)。题目要求的是 1(含) ~ 97(含) 的随机数,因此第 2 空填入 1,97。

最后求 5 个随机数的平方和,n 的平方可以表示为 n**2,平方和存储于变量 s 中,可表示为 s = s + n**2,因此第 3 空填入 s + n**2。

三、简单应用题

44.【参考答案】

```
import turtle
```

```
turtle. pensize(2)
d = 0
for i in range(1,9):
    turtle. fd(100)
    d + = 45
    turtle. seth(d)
```

【解题思路】

本题要绘制一个八边形,需要使用 turtle 库,首先使用 import 关键字把 turtle 库导入。由于绘制的是正八边形,for 循环遍历中,要对索引为 1~8 的每条边依次绘制,i 的取值从 1 开始到 8 结束。因此第 1 空填入 9。

题目要求使用 turtle. fd() 函数。turtle. fd() 函数用于控制小海龟向当前方向前进一个指定距离,题目要求边长为 100 像素。因此第 2 空填入 turtle. fd(100)。

turtle. seth(d) 函数用于设置小海龟当前行进方向为 d,该角度是绝对方向角度值。在正八边形中,相邻两条边形成的外角均为 45 度,即绘制完一条边后,小海龟的行进方向要增加 45 度后再绘制下一条边。因此第 3 空填入 45。

45. **【参考答案】**

```
f = open("name. txt")
names = f. readlines()
f. close()
f = open("vote. txt")
votes = f. readlines()
f. close()
f = open("vote1. txt","w")
D = {}
NUM = 0
for vote in votes:
    num = len(vote. split())
    if num = = 1 and vote in names:
        D[vote[ : -1]] = D. get(vote[ : -1],0) +1
        NUM + = 1
    else:
        f. write(vote)
f. close()
l = list(D. items())
l. sort(key = lambda s:s[1],reverse = True)
name = l[0][0]
score = l[0][1]
print("有效票数为:{} 当选村主任的村民为:{},票数为:{}". format(NUM,name,score))
```

【解题思路】

"name. txt"文件中每行为一个村民的姓名,用 readlines() 函数读入所有行,以每行为元素形成列表 names;"vote. txt"文件中每行为一张选票信息,用 readlines() 函数读入所有行,以每行为元素形成列表 votes。用 for 循环遍历 votes 列表中的每个元素,并使用 if 进行判断,若该元素中只有一个姓名(即 vote 的长度为 1)且该姓名也在列表 names 中,则为有效,否则为无效票(将 vote 写入"vote1. txt"文件)。因此,第 1 空填入 votes;第 2 空填入 names;第 4 空填入 vote。

若判断为有效票,就将 NUM 加 1,统计出有效票数量。并将该元素作为字典 D 中的一个键,该键所对应的值为 1。在后面循环中只要遍历的元素和键相同,就将该键对应的值加 1。因此,第 3 空填入 D. get(vote[: -1],0)。

l = list(D. items())表示将字典类型变成列表类型,字典中的每个键值对对应列表中的一个元组。随后,用 sort()方法对列表 l 的元素进行排序,在参数 key = lambda s:s[1]中 lambda 是一个隐函数,是固定写法;s 表示列表中的一个元素,在这里表示一个元组,s 只是临时起的一个名字,也可以使用任意的名字;s[1]表示以元组中第二个元素排序。sort()方法的第二参数表示按哪种方式排序,若为 reverse = True 表示按降序排序;若该参数缺省或 reverse = False,表示按升序排序。这里按降序排序,因此第 5 空填入 reverse = True。

排序后,列表 l 中第一个元素(一个元组)中即为当选村主任的村民的姓名和选票数,name = l[0][0]表示当选村主任的村民的姓名,score = l[0][1]表示选票数。因此第 6 空填入 l[0][0],第 7 空填入 l[0][1]。

四、综合应用题

46.(1)【参考答案】

```
import jieba
f = open('data. txt','r')
lines = f. readlines()
f. close()
f = open('out. txt','w')
for line in lines:
    line = line. strip(' ')
    wordList = jieba. lcut(line)
    f. writelines('\n'. join(wordList))
f. close()
```

(2)【参考答案】

```
import jieba
f = open('out. txt','r')
words = f. readlines()
f. close()
D = {}
for w in words:
    D[w[ : -1]] = D. get(w[ : -1],0) +1
print("曹操出现次数为:{} ". format(D['曹操']))
```

【解题思路】

(1)本题要使用 jieba 库,首先用 import 关键字引用 jieba 库。打开"data. txt"文件后,需要用 readlines()函数读入所有行,以每行为元素形成列表 lines。然后用 for 循环遍历该列表中的每个元素并进行分词。在遍历每个元素时,首先用 strip()方法删除元素首尾出现的空格。因此第 1 空填入 line. strip(' ');再使用 jieba 库的 lcut()方法对元素进行精准分词。因此第 2 空填入 jieba. lcut(line);最后将换行符插入每个词组之间,并写入文件"out. txt"中。因此第 3 空填入 join(wordList)。

(2)首先用 import 关键字引用 jieba 库。打开"out. txt"文件后,需要用 readlines()方法读入所有行,以每行为元素形成列表 words,然后用 for 循环遍历该列表中每个元素出现的次数。因此,第 1 空填入 words。

在遍历每个元素时,若字典 D 中没有键与该元素相同,就将该元素作为字典 D 的一个键,该键所对应的值置为 1;若字典 D 中存在键与该元素相同,就将该键对应的值加 1。因此,第 2 空填入 D. get(w[: -1],0)。

题目要求的是输出"曹操"出现的次数,字典 D 中键"曹操"对应的值即为该词出现的次数。因此,第 3 空填入 D['曹操']。